国外城市规划与设计理论译丛

系统方法在城市和区域规划中的应用

[英] J · 布赖恩 · 麦克洛克林　著
王凤武　译

中国建筑工业出版社

著作权合同登记图字：01-2012-8812 号

图书在版编目（CIP）数据

系统方法在城市和区域规划中的应用 /（英）麦克洛克林著；
王凤武译．—北京：中国建筑工业出版社，2015.10
（国外城市规划与设计理论译丛）
ISBN 978-7-112-18500-9

Ⅰ.①系… Ⅱ.①麦…②王… Ⅲ.①城市规划－建筑设计－研究 Ⅳ.①TU984

中国版本图书馆 CIP 数据核字（2015）第 227920 号

本书是英国学者论述系统方法在城市和区域规划中应用的代表作。书中对如何应用系统方法进行规划资料的收集、规划预测、规划模拟、规划方案的量化评定以及规划的实施等做了比较完整的阐述。本书行文深入浅出、易读易懂，可作为研究系统规划人员的入门教本，也可供城市和区域规划设计人员和大专院校有关专业师生参考。

责任编辑：郑淮兵　董苏华　责任设计：董建平　责任校对：李美娜　张　颖

国外城市规划与设计理论译丛
系统方法在城市和区域规划中的应用
[英] J · 布赖恩 · 麦克洛克林　著
王凤武　译
*
中国建筑工业出版社出版、发行（北京西郊百万庄）
各地新华书店、建筑书店经销
北京嘉泰利德公司制版
北京君升印刷有限公司印刷
*
开本：787 × 1092毫米　1/16　印张：$13^1/_4$　字数：243千字
2016年5月第一版　2016年5月第一次印刷
定价：48.00元
ISBN 978-7-112-18500-9
（27550）

目 录

图版目录

绪 言

经过长时间的消沉之后，空间规划在近几年又开始活跃了。自 20 世纪初，城市规划在欧美一些国家被列为政府的一项重要活动以来，其成长并非一帆风顺。一方面其成就卓著，自第二次世界大战后，仅在英国就有考文垂市的重建、新城建设、自然景观地区的保护等，并建立、完善了世界上最复杂的综合规划体系。然而另一方面，人们也在怀疑规划手段是否有效，甚至对规划所要达到的目的、整个规划过程的性质、规划专业本身的意义、规划技巧以及规划教育等最根本的方面，也产生了极大的疑虑。在过去四年中，英国政府对规划的性质和作用进行了全面的审议，并开始重视空间规划与经济计划二者之间的关系，以及公众参与规划等。城市规划学会（TPI）也对会员资格，以及规划教育政策等进行了重大修订。

上述发展还只不过是一个开端，它反映规划受到了前所未有的重视，同时也说明了规划师对自己有了更明确的估价。

这些发展，彼此之间似乎毫无联系，但其产生的原因则是共同的。由于城市化区域已成为人类主要的居住形式，因此人们生活中的问题以及希望，也都在城市化地区产生。但在认识这个问题的过程中，人们深感缺乏能够指导研究工作的坚实的理论基础。因此，英国的城市规划，包括政府部门的规划，以及学术机构所做的研究，不得不在松散、脆弱的基础上，去建造庞大复杂的结构物。这个基础的构成，所包括的学科越来越多，有经济学、社会学、地理学、政治学，而许多其他学科的人士，也转而研究人类活动的空间问题。由于各学科之间的相互交叉、相互渗透，规划专业的界限也变得越来越模糊了。在美国，由于国民财富以及交通能力的增长所产生的压力，同时也由于不因循守旧、故步自封，所以在城市及区域空间分析的理论方面，取得了丰硕的成果。

现在西方各国都在对综合理论问题进行新的令人激动的研究探讨，其中较重要的有韦伯（Web ber）和福尔（Fole）对城市形式、社会过程和价值的研究，艾萨德（Isard）和哈盖特（Haggett）等人对空间结构的研究，利奇菲尔德（Lichfield）

对规划方案评价的研究，哈里斯（Harris）对规划模拟的研究。但大多数英国规划师对这些研究的某些重要方面，还几乎一无所知。一方面是由于这些论著分布零散，另一方面是各个学科之间互不交流。此外也有许多人错误地认为所有这些只不过是理论探讨，与规划实际工作毫不相干。

因此，需要将规划理论及实践（二者彼此紧密相关）的发展让更多的人知道，并提供有关处理城市和区域规划新问题的理论基础，这也是本书所要达到的首要目的。

尽管在过去的二十几年内，规划无论在理论和实践方面都取得了巨大的进展，但仍然有一些重大的问题尚不能令人满意。目前，我们仍不能找到适当的方法，在日益发展的各学科领域之间建立联系，如区域分析与新兴的“城市社会学”、决策理论与实际工作中的资料处理，或上述这些与资源管理、食物供应与土地保护。此外也有证据表明，我们需要有更高一级的理论体系。自 20 世纪 40 年代开始战略决策研究以来，运筹学已经在各个方面得到了广泛的应用，包括各种各样复杂的商业活动系统的管理，而政府部门也越来越多地应用这些工具来解决某些公共事务方面的问题。同时，以一般系统理论为基础的系统分析技术，也极大地帮助人们定义和描述复杂的现实问题。也许对综合理论的发展建树最大的是控制论，控制论主要研究在巨大的而又高度复杂的系统，特别是有生命的系统中，信息传递、交换以及控制的过程。现在可以断言，复杂的系统控制原理，是可以普遍应用的。它与所要应用的系统的实际性质无关，不管是真实系统还是抽象系统，也不论是有生命的系统，还是无生命的系统，其系统控制原理则都是共同的。

上述所论及的研究、分析、评估以及控制技术能够在人类生活的空间研究方面得到应用吗？我们确信，不但我们能够做到，而且基于种种原因，我们必须做到。正如本书的题目所示，作者的第二个目的就是对完成此项任务，提供一种可行的方法。

这本书既不是对某种新理论的阐述，也不完全是一本实践应用手册。本书目的只不过是提供一种框架结构，以使感兴趣的人能够将来自其他学科的新技术，应用到城市和区域规划领域中。此外，本书也扼要论述规划中所应用的系统分析和系统控制的一般原理，以例证说明传统的和新的方法如何以系统为框架而相互结合起来。最后，希望读者从本书中得到鼓励，能够探根寻源，并开拓新的研究领域以寻求更完善的原理和方法。

本书的完成，在相当大程度上仰赖于他人的论著，读者可详阅参考文献书刊目录。此外还有许多尚未提名的人，作者在此向他们一并致谢。书中所论思想萌发于曼彻斯特大学城乡规划系任教期间，当时康特罗维奇教授（Kantorowich）也任命不久，系里的同事们和同学们都分别给我以程度不同的帮助，使我受到了再教育，其中戴维斯（H.W.E.Davies）在逻辑分析和综合方面给我以许多具体指教；罗宾森（David Robinson）指导我如何避免轻率地下结论，是他和麦威尔（Ian Melville）开拓了我的眼界，使我能够观察到许多人文景观。同时，在许多新的知识领域内，麦威尔也是我的启蒙人；叶兹（Michael Yates）和斯康内基威尔（Mervyn Schonegevel）对我的循循善诱，使我能够理解他们的观点；蔡特维克（George Chadwick）则令我学到了做学问的方法和治学的本领，而且是他鼓励我从事本书的写作，并对本书的内容和设计作了大量的指教。其他校内外同事以及研究生们也曾无意之间给我思想的启迪。我的朋友吉尔（David Gill）不断地给予我以款待、鼓励和慰藉，并对书中的若干章节提出了宝贵的建议；霍尔（Peter Hall），在关键时刻给予我许多具体指导和鼓励。上述朋友与本书中的谬误无关，无论形式、内容、事实或现实方面的任何不妥之处，均应由本人负责。

高波尔（Elizabeth Goepel）和邱吉尔（Maggie Churchill）打印了本书的文稿，考里曼（Frank Coleman）则负责制图，在此一并向他们表示感谢。

我的妻子玛丽（Marie）坚决支持我选择能够将我的想法付诸实践的职业。同时在我离家写作的无数个夜晚，她总是毫无怨言，独自一人负担家务，照管四个未成年的孩子。本书的完成与她的帮助是分不开的，在此向她表示深深的敬意。

——于柴郡布拉姆霍尔（Bramhall），1968年夏

谨以此书献给 I.G.M

致 谢

感谢城乡规划署期学校校委会允许本书引用“规划系统方法论”文中的资料，该论文发表于 1967 年贝尔法斯特女王大学年度报告。

第一章
生态环境中的人

人作为一种动物而问世，大约不到 50 万年。这比其他较高级形式的生命的发展过程要短得多。如若和宇宙星球的生命相比，50 万年则只不过是刹那间的一瞬。在这 50 万年里，人类大多是以野生动物的形式存在的，零散分布于其他动物种群之中，以游猎、采食为生，同时与其他动物作着艰苦激烈的生存竞争（childe，1942）。仅仅在 1 万年以前，人类才逐渐具备了改造环境、营造巢穴，以满足自身需要的能力。然而在最近的几百年里，人类已能够完全控制地球上所有的生物，极大地扩大了食物及能量的来源，从而增加了摆脱自然束缚的能力，结果人口数量以惊人的比率不断增长，在近期几乎达到每百年翻一番的地步。

虽然早在 18 世纪末，工业革命爆发初期，马尔萨斯就人口增长问题发表了令人沮丧的警告——人口的无限增长必然要导致饥饿与死亡。然而一旦他所引起的最初震动平息下来之后，他的警告也就被世人所淡忘了（主要原因恐怕在于缺乏各个时期的人口统计，更缺乏对食物、住宅以及卫生健康标准的有关资料）。当时西欧、北美诸发达国家正经历规模空前的技术革命，使人民的生活条件得到了改善。然而这种急剧变化所造成的问题，不久就在农业转化为食品生产工业的农村以及人口聚集的城镇里暴露出来。

这些问题绝大部分被人们看作是彼此孤立、互不相关的，因而是头痛治头、脚痛治脚。如煤矿问题的解决，是通过两大新组合而成的势力集团——劳资之间令人痛苦的、旷日持久的斗争所达到的；某个地区如：曼彻斯特、伦敦、伯明翰、格拉斯哥的问题，是通过中央和地方权力的再分配及行政机构的改组而解决的。但当时新的交通工具，已使世界各个角落人们的不同活动相互结合在一起。例如，北美棉农和麦农的生产活动，会对遥远的英国兰开夏的纺织业主和东安格利亚地区（East Anglia）磨坊主产生影响；复杂的英国的社会经济系统，必须凭借其商船和炮舰才能存在和发展；同时英国切尔滕纳姆（Cheltenham）和哈罗门

(Harrowgate)、美国波士顿和费城*的家具制造业，也可能会使西非的大森林有朝一日彻底绝迹。

轮船、铁路和枪炮有助于人们开发自然资源，同时也给自然界带来前所未有的破坏。向西推进的铁路以及所用的来福枪曾灭绝了无数的野牛，而伴随着野牛的消亡，历经无数世纪才得以形成的植物、动物、土壤以及人类与环境之间的生态关系也会在仅仅几年的光景中消失殆尽。新的高速大型捕鲸船及其配备的捕鲸枪，已使南北冰洋的鲸鱼濒临绝迹的边缘。

机械化农业，特别是偏重于单一作物耕种——在大面积的土地上，连年种植某种单一农作物——将会产生灾难性的后果，如在 20 世纪 20 年代和 30 年代发生于美国中部的连年大旱。西欧大陆架附近的捕鱼业就技术而言是先进的，但从生态观点来看，却是落后的，它使许多食用鱼类受到了绝种的威胁。19 世纪末和 20 世纪初，大规模地运用机械化种植单一农作物，导致了农作物的大量减产。

近年来，新技术的应用对人类环境以及人类本身所造成的不良后果，正变得日益明显。人们已经担忧地认识到杀虫剂、化学肥料以及抗生、镇静、兴奋和避孕等药物的副作用。应该肯定这些药物的直接作用或第一效果是积极的，但它们的第二、第三、第四、第五效果或间接作用，将会产生复杂的回荡反映，有时会导致非常严重的灾害。

基于这种新的生态观点，使我们能够认识到，在苏格兰人工引进繁殖红鹿对其农业所造成的危害；认识到 40 多年前不小心逃掉的一对南美河鼠对英格兰东部的影响；也认识到兔子侵入澳大利亚后所造成的后果。但我们也需要从新的角度来探讨古代东方文明退化的原因，究竟应归罪于地震灾难、政治腐败、宗教战争，抑或除了上述原因的综合作用之外，还包括成功的各类单种栽培所带来的影响。

但是很多人都认为，现在已到了向人们敲响警钟的时候了，地面核试验对生态的影响，铊类（thalidomide）药物的应用，已引起了世界人民的担忧和惊恐。但人们却忽略了世界各处所发生的微小变化，其本身虽不易觉察，然而一旦它们积累在一起，将会对人类产生更大的威胁。最重要的问题还是由于人口增加超出了食物和住所的供应能力这个古老的问题。人除了求生存之外，还需要保持一定的生活质量，包括身心健康、快乐、幸福和满足。所有人类生活的需要，其源泉归根结底要来自地球本身，并依赖于人类与地球上其他生命和资源的关系。

显然在生命网中，人类的生命与地球所有的生命错综复杂地编织在一起

* 上述城市系英美的富商大贾集居地，故对昂贵的木制家具需求量很大。——译者注

(Wagner，1960)。无论从何种意义上讲，人类的巨大力量并不能使他绝对地驾驭自然；相反只会给自然以前所未有的更大的震撼和骚扰。但是地球生命物物相扣的关系，很有可能使人类对自然的任何震撼和骚扰，导致一场更为深刻的再震荡(repercussions)——通常这些再震荡时隔多年才出其不意地发生，而且往往来自我们意想不到的角落。

那种认为环境越来越都市化、人工化，会使再震荡发生的可能性变得越来越小的观点是不正确的，也是危险的。因为无论人们的活动如何专门化，人们的周围环境如何人工化，也无论人们控制环境能达到何种随心所欲的程度，人类仍然逃脱不掉世界生态系统的制约，但人们总是冒着极大的风险蔑视这一规律。当代的人虽然在装有自动空调设施的住宅里居住，在电子研究试验室工作，乘坐无人驾驶火车，使用国际图像传播电话，与电子计算机下棋，但与过去的人一样，也需要水和食物，需要第二居所，需要大片的供娱乐的土地和水面，同时也需要交换物质、情报以及人员之间的接触，其交换数量和频率也越来越大。今天，人类的一种新的集居形式——大城市连绵区（Megalopolis）已经出现（Gottmann，1961)，在美国从波士顿到华盛顿，在英国从兰开夏到布赖顿，已出现了4000万人口聚集的人文星系(Hall,1966)。一些有识之士如道萨迪亚斯(Doxiadis)(1966)预言这些大城市连绵区最终将会连接在一起形成新的集居形态——环球大都市区(Ecumenopolis)。

在这个尚处于襁褓时期的环球大都市区内的许多地方，成千上万的人仍然在饥饿线上挣扎。在中南美洲以及亚洲和非洲，仍时有疾病和饥饿发生。尽管有富裕国家的援助和迁移部分人口到异邦他乡，但均收效甚微，原因在于地球上贫富人口数量相差悬殊，贫富之间的差距还在与日俱增，因为穷困地区的人口增加速度远远超出了食物的增长。但愿少数富裕国家对世界贫穷国家能有一种同情与内疚之感，而这也只不过是追求长期的、不断的、更根本的解决这个问题的第一步。

解决这个问题必须从两个方面着手：首先需要解决的是道德问题——人与其他形式的生命之间，以及不同阶层人群之间的关系问题，人们所作的选择和决策往往促成固有关系的改变；其次需要认识所有这些关系的性质，以便能更有效地、合理地控制问题。本书旨在探讨如何认识处于整个地球生态系统内的、复杂的人类活动系统。进一步的认识将有助于讨论解决所牵扯到的复杂的伦理道德问题。针对伴随产生的伦理道德问题，深刻了解世界生态和人类在生态结构中的地位，以及如何更好地施加控制，都只不过使最终的道德价值问题更加突出。这些手段方法回避了最终问题。

幸运的是现在种种迹象表明，人们已对这些问题有所认识，尽管其进展过程会因权宜之计而受阻。特克（Tucker）（1968）曾在1968年所著的国际生物研究中写道："生物研究是为历来用于和平目的所进行的科学研究项目中最伟大的一项。就广义而言，它有助于人类对自然环境的进一步了解，从而去养育环境，而不是采取机会主义的方法，为了免除饥饿而不顾一切地榨取环境。目前人们对生物系统相互依赖的关系知之甚少，也不了解人类活动对现有系统所造成的影响。人们还不懂如何利用海洋丰富的潜在资源，同时对由于人为地改变环境而使某些物种濒临灭亡的后果也茫然无知。但是生态学家和自然学家们坚信，在对现实中业已存在的复杂有机关系进行任何重大干预之前，必须充分地认识它们……。这不是简单的学习问题，而是关乎人类生存的大事。"

上述所论似乎与我们经常要处理的住宅、停车、公共绿地、工业区位，以及商业中心改建等问题风马牛不相及，但事实却正相反。过去城乡之间泾渭分明，但逐渐地这种界限消失了，人们的生活已与整个地球表面产生了频繁密切的联系。为工作方便，我们可以把城市规划从区域规划中分离出来，但事实上我们面临的问题都是紧密相关的，狭隘地去观察和处理问题是万万要不得的。面临的挑战是，我们需要管理整个人类环境的资源，以"创造人与自然间更好的关系，不会对环境造成不可挽回的有害影响。"（Arvill，1967）

这种见解，目前在规划界得到了日益广泛的重视。但因为历史的原因，对某些问题的性质还并不十分清楚，因此也未能采取相应有效的措施。在20世纪初，由于19世纪的城镇以持续高速度增长的姿态进入20世纪，人们认识到需要创建一种全新的专业，来处理由此而产生的问题。在这方面，英国的建筑师、设计师、工程测量技术人员以及他们在法律界的伙伴，形成了组织良好、合作紧密、力量强大的规划学术集团。虽然近期来自其他学科领域的学者，特别是地理学家、经济学家以及社会学家也加入了规划师的行列，使其观点和态度产生了某些变化，但其理论和实践还主要受工程设计学科的制约。

本书的主题在于阐述规划专业在理论和实践方面都需要进行根本的变革。建筑、工程、测量、土地使用等方面的基本知识对规划固然还是非常重要的，但同时也更为需要了解掌握人文环境变化的过程、原因、方式，不同人之间所构成的复杂的关系网络以及预测变化、指导变化的复杂的技巧。

也许有意义的是给规划师们以思想启迪的一个伟大的源泉，却是生物学家帕特里克·格迪斯（Patrick Geddes）的著作——《进化中的城市》（1915年）。但是作者的许多论点被人篡改得面目皆非了。由于过去半个多世纪的干预，人类的居住环境以及人类社会已发生了重大的改变。目前时机已经成熟，应该对此加以重新检验和评估了。对未来规划的构思，应多从园艺学而非建筑学中去寻求启迪。

竞争的观念是生态学的中心。而物种发展进化论的核心则是生存竞争，它说明了经过相当长时期的演变过程，生物为适应环境而逐渐发展了各自不同的本领，产生了现在我们熟悉的动植物世界。这个过程迄今仍在发展中，可能将来还要继续发展，因为环境在改变，特别是人类的力量还在不断地增长。

在适宜的生活环境中，植物很容易繁殖。而很多动物的行为模式已经专门化了，并占有固定的活动区位。它们有供休息和生儿育女的巢穴，有供猎取食物的“工作地区”，如食肉科动物就在被捕食动物的生息地区工作；还有某些动物如海豚、猴子似乎还能选择天然游戏场，并对此加以改造。由于动物的生活活动每每发生于不同的地点，它们必须在这些地点之间穿梭往返，其交通途径相当复杂，如大马哈鱼在江河中间顺流而下游至深海，主要在那里度过它的“工作”生命，然后再溯流而上，回至江河的中上游繁殖产卵。再如在野兔觅食的草地与它安眠的洞穴之间也存在着明显的路迹。

在动物的大千世界中，各类活动区位以及交通方式，可谓复杂多变，但就单一动物而言，其行为范围和空间模式却极其有限。由于动物的大脑功能简单，它们的行动主要是一种本能的反应，因此除了“最高级”动物（人类）之外，所有动物适应环境的能力都很差。

因此，人类的进化和其他动物的进化大不相同。由于人具有能够摄取物体的前爪和可思考的大脑，在不到 50 万年的时间内，使他能够超越地球上所有其他动物，而在最后 1 万年中，人类已变成世界万物的主宰。但若追溯人类进化的历程，在初期他的行为模式以及适应空间的能力也同样极为有限。同时，其交通路线也只不过是在采食狩猎地区和居住区之间的重复往返。

人类由于学会了作物耕种和家畜饲养，因而得到了进化，但这种进化与人类另外的两大发展也是分不开的，第一，出现了劳动分工，这样一来，一个大的集团（开始通常是一个大家族、部落或种族，后来发展到一个城市社区，再后来则是整个国家）中的个人或团体，能够而且也需要去履行自己专门的职责，最初只是部分时间，后来是全部时间；第二，空间也被人加以改造，以适应人类这些专门化活动的要求。

基于上述原因，在某些原始农业社会的早期，村落就出现了以村落领袖和若干非渔猎农耕的职业手艺人（如艺术家、牧师、魔术师、泥瓦匠和铁匠等）为基础的社会结构，同时也出现了各种活动的空间分隔，例如住宅、作坊、坟地和其他举行仪式大典活动的专用地段等等，毫无疑问，这些空间分隔，必须在居住社区内外产生路径交通。

在人类早期的城市（在底格里斯－幼发拉底，印度和尼罗河流域）中，劳动专业分工已发展到相当高级的阶段（通常在一个等级制度的系统中），出现了复杂的建筑、空间以及交通渠道的组合形式。

在人类社会已高度发达的今天，在世界某些先进地区已出现了高度精细的劳动分工。这种过程而且还在继续发展，同样社会组织也变得日益复杂。一个人可以在不同的时间、地点以及不同的工作环境中，从事各不相同的工作。同样，他也可以在各种不同的政治团体、文化机构、娱乐组织以及家庭生活中，扮演不同的角色。在这个社会中职能和个人作用已经专门化了，个人的身份、地位、经济收入以及社会权利结构也在不断变化，同时个人与集体的关系、个人与个人之间的关系，个人与国家之间的关系、团体与国家之间的关系，或个人、团体二者兼而有之与国家乃至国际集团之间的关系，都在不断地变化，所有这些使今天的社会看起来像一个色彩斑斓、瞬息万变的万花筒。

与此同时，自然环境也被分割利用，加以分工，出现了环境专门化，目前这种过程还在不断加剧。其原因，部分归之于人类活动的专门化，部分则归之于人们不断、有意地创造一些专门化空间。建筑以及各种各样封闭的工程构筑物，就是这种专门化空间的典型，但也包括很多其他形式的空间。农、林、渔、采矿等其本身属于专门化的活动，因此需要位于适当的地方（这对渔业和采矿是不可避免的）或者对空间进行改造，以适于活动（如围篱、架棚和耕地）。制造业和工业占有的专门化空间非常复杂，其中有些虽然性质上截然不同，但却彼此结合形成一个庞大复杂的系统，现代汽车装配厂、化学工厂（特别是炼油厂）和钢铁厂等，均属于这一类。

同样，由于个人、社会以及家庭生活等方面日益趋向于多样化（特别是在社会财富急剧增加的情况下），必然使商业以及消费方式、他们的区位分布、彼此分工等产生变化，并重新组织安排他们的活动。

人类高度专门化的活动，虽置于人工改造或天然的空间内，但却分布于各自不同的地方，他们必须连接在一起。哪里失去连接，哪里的经济和社会就会崩溃。哪里连接较差或暂时脱节，哪里就会出现严重的混乱，人们的生活范围就将受到严重的限制。

因此交通既是人们的活动能够得以在空间上分隔开的先决条件，同时也是这种空间分隔的必然结果。自早期的乡村小路被后来城市街道、大河、水渠、管道、书信等所取代以后，交通工具就一直在翻新换代、不断改善。旧的低效率的交通工具或被新的高效率的交通工具所取代而消失，或被改为承担次要交通，例如铁路取代了运河的货运，但运河仍存在并保留了部分交通功能；更重要的变化是非物质交通的问世代替了人或物品的部分流动，例如电话代替了人和信件的往来。需要特别注意的是在活动地点与交通发展二者之间存在着一种互补关系：一方面，人文活动在空间上的分离，要求交通将彼此之间联系在一起；但另一方面，交通工具的使用，其本身又有助于空间分离。

关于生态过程，特别是人文生态过程，我们已有三点认识：

第一，人的劳动分工越来越精细，人的作用和职能以及其社会物质环境也越来越复杂；第二，为容纳这些活动，人们适应空间和直接改造利用空间（如建筑和其他土木工程）的能力也越来越大；第三，为了连接不同的活动地点，需要发展各式各样的交通工具。

这里需要强调指出，上述划分仅仅为了讨论问题的方便，实际上它们彼此之间是紧密相连的。空间的创造和使用，或容纳某种特殊活动的空间，与人类进化过程中的劳动分工或职能专门化是紧密相关的；同样，这种发展过程也会导致交通的产生，并促使它们产生进一步的发展。

在上文中，从人类的角度概述了生态系统，但是生态系统在不断地演变，这样就遗留了几个并没有得到回答的问题，即为什么生态系统在演变？如何演变？是什么力量促使它在演变？生态系统的基本特征——竞争行为——将会提供问题的答案，现在笔者仍从人文立场角度对此加以探讨。

所有的生物，不论动物还是植物，都为其物种的生存而竞争，包括互相争夺有利于其物种生存的条件。一条蛇为了进食，需要寻找可捕食动物的活动地区，同时还要隐蔽自己，以防被飞禽猛兽吞噬。它的交通路径既要有利于其突袭捕食，同时又要减少被其天敌捕捉的机会。该地区生物间一系列错综复杂的关系，也就是这个地区的生态环境。如果该地区的生态系统被干扰，比如说，老鹰数量增加，很多蛇就被吃掉了，这样被蛇捕食的动物，如田鼠和青蛙等就会急剧增加，这些小动物的增多，又会对昆虫和小草等植物产生影响，而这又会导致其他生物的食物和活动范围的减少。触类旁通，以此类推，读者可从自己的切身体会或从书本上找到很多例证。

这里有几点需要加以强调。第一，竞争行为的初始行动（如老鹰吃蛇）；第二，随之产生的生态反应所形成的后果；第三，是老鹰利己的初始行为滚动了旋转不停的球，触发了一系列影响深远、相当复杂的回荡反映，该生物社区的所有成员都受到了影响，迫使它们不得不变动调整自己。事实上，生态系统可自行调节，从而达到“顶级生态”（climax ecologies）的稳定平衡状态，这时整个生物社区里的动植物，无论捕食者或被捕食者，都需要互相依赖，才能共同生存。使这种顶级生态失去平衡的力量必须十分巨大，如冰河时代、气候或地理的剧变；同样某种超级动物的崛起，如人类的快速进化也能使顶级生态失去平衡。

在以往的无数个世纪，世界或者处于这种“顶级生态”，或者处于变化甚微而缓慢，实际上仍可看作“顶级生态”的状态。但人类的飞速发展和进化（看起来正在加速进行），使人类不仅成为世界的主宰，而且除了少数与世隔绝、人烟稀少的不毛之地（如南北极、澳大利亚中部和加拿大北部等地区）之外，受人类支配主宰的生态系统也演变得激烈异常。

但是，人作为一种物种，虽然几乎可主宰整个地球，但其本身却不能同一而论。千千万万的人，分属于千千万万个复杂的团体，有着千千万万种不同的功能、需要、渴望以及活动和活动的地方，他们彼此相互交叉、连接，构成了复杂的人文生态系统。

这个系统的发展变化，也主要受竞争行为的支配，现在让我们观察一下人文生态系统的演变，是如何发生的。为便于理解，最好从实例着手，来推演一般性的结论。假设最初有一家小服装厂，服装生产是竞争性很强的行业，这家工厂的老板 A 先生从经验得知，有些事对他是非常重要的：首先工厂要邻近批发商和零售小贩，因为他们是工厂产品的主要买主；其次他必须了解掌握服装流行款式的变化；然后手头还要掌握一定数量不同花色的原料和布匹；此外，他必须靠近劳动力市场，以便雇用到半熟练的缝纫女工。

A 先生要经常观察他周围的世界并判断他个人与这个世界中的关系。根据前文可知，人文生态系统包括占有空间和方位的活动，这些活动是由各种交通渠道连接的。由 A 先生所构成的这部分人文生态系统（厂房由 1845 个房屋组成，自 1927 年起 A 先生成为第七个非住宿性租客），主要就是一位 80 岁老妇和按年租借给他的厂房。进出服装厂的主要定期交通有：

1. 每天 A 先生从 4 英里以外的郊区住宅开一辆美洲虎牌小车到工厂上班。

2. A 先生 19 岁的儿子小 A 先生也在厂里做事，每天开一辆小货车到工厂。

3. 工厂里的 20 多个女工大多数住在 2 英里外的穷人区，每天到工厂上班，其中有的骑自行车，有的步行，还有一些则坐公共汽车。

4. 小 A 先生开小货车到仓库跑材料，取布匹样品以及向批发商店和零售小贩推销工厂的新产品，次数频繁，但距离不超过 2 英里，其中大多数是在市中心附近活动，距离不超过 1 英里。

5. 与客户间大量的电话联系，包括工厂、仓库、批发商、零售小贩等，距离多在 10 英里以内。

6. 进入厂区的感官信息资料（sense-data），包括无休止的交通噪声、灰色的天空、被污染的空气，这些构成了令人压抑的环境。A 先生、小 A 先生以及厂里的工人，对这些已司空见惯、毫不在意。街上行人对工厂的活动也视若无睹、置若罔闻。厂内机器转动嘈杂、厂房破旧年久失修，虽然这些看起来刺眼，但当地都是这个样子，也就见怪不怪了，只有那辆小货车的出出进进，还多少使人多看几眼。

此外，进出工厂的还有自来水、电力、信件、包裹、排放的污水以及垃圾等。但上述这些已足够使人了解工厂活动系统的梗概了（Chapin，1965）。

人的行为都是为了竞争，A 先生也不例外，他观察周围的世界，不断地进行有利于自己（或只是他自己认为有利于自己）的调整。他的行动有很多对于他的活动系统并无直接影响，所以无关痛痒，关键是他那些有影响的行动。假设经过一段时间之后，A 先生发现雇用和留用工人变得越来越困难，他试图给工人加薪，但这样做只能短期奏效。现在他发现问题在于当地政府所进行的拆迁改建、建立低密度住宅区的计划。这不但减少了附近地区可雇用女工的数量，而且附近地区的房租也因之提高，迫使他们去找挣钱多点的工作。甚至那些对他忠心耿耿的老工人，也因为搬到郊外，平白增加了许多交通开支，所以只要能就近做工，他们也会辞职不干。

从下一个租赁期开始，A 先生的房租可能会增加，因为市中心逐渐向他工厂这一带发展，从而提高了该地区不动产的价值，基于同样的原因，停车费也会增加。怎么办呢？他必须对此采取积极的措施。既然厂里的职工和可供工厂招募的人都已搬走，使他想过也将工厂迁走，但这会远离时装款式流行的市中心，对他的客户、批发商和零售小贩不便。房租涨价会减少工厂的利润，因此他不得不寻找房租便宜的地方。自己建造厂房是不可能的，因为造价昂贵，要大动血本。迁到郊区，离家近些，上下班方便，但也省不了多少交通费，工厂还是要对外打电话，寄包裹等。小货车停车会方便一些，但小 A 先生往返行驶的路程稍远一点。

经过对各种可行方案的斟酌和再三考虑之后，他凭直觉对各种利弊加以权衡，最后决定迁厂。选点条件是离中心商业区不能太远，又要靠近工人居住区，房租也要比较便宜，同时停车也要方便。他看了几个地方，最后选中了两幢并连式住宅（建于1870年），他打通了隔墙，修整了庭院。还好，规划当局也同意他将这处住房改为轻工业厂房，在房管部门的街区拆建计划中，这个地方也还暂时没挂上号。

与A先生新厂房为邻的，是位年近70岁的B老太太，她与儿子、儿媳住在一起。这里也是B老太太的出生地，当年电车场就在她家附近，从屋后放眼远眺，可看到田原尽处的小山，这些使B老太太总是难以忘怀。故世的B先生生前任某家保险公司子公司的经理，自他七年前病逝，B老太太就在市中心某商店里做营业员，以贴家计。她的儿子小B先生现年29岁，早年在某电力厂学徒，出徒后一直在该厂工作。工厂离家大约6英里，他太太24岁，快要生小孩子了。小B先生每天骑机动脚踏车上班，同时还在进修企业管理，每星期有三个晚上要去工学院上课。他希望过得更好一些，买一部小汽车，到国外度假。他太太曾向他建议重新买所房子（避着B老太太讲的），因为这里居住条件每况愈下，况且若能自己家有个院子，会给孩子增加很多乐趣。

B老太太对此也有同感，只是羞于启齿明言她要和儿子、儿媳住在一起；再者离开这里，对她简直是一种折磨，她不愿意天天上班都走远路，人越老越容易疲倦；更重要的是这里有她的教堂、老朋友、老邻居、老人俱乐部，而且她在这里生活了一辈子，对这儿总有斩不断的千丝万缕的情怀。

A先生服装厂的迁来，使她不得不再次考虑这些问题。这里的环境真是越来越恶劣，噪声有增无减，大清早蓬头女工成群结队地来上班，那辆小货车终日停在门外，发动机轰隆轰隆响个不停，不时还鸣几声丧命的喇叭，似乎发生了什么人命关天的大事。年轻的B太太（现在已是满月婴儿的妈妈），对此更是心烦意乱，因为孩子的睡梦总是被这些噪声吵醒。小B先生也很难安心读书，同时也在苦思如何安顿老母。经过多次合家计议，结果举家同意迁居。最好找一所带外廊的三居室新房，房租不能太贵，地点要适中。他们连续找了几个周末，看了登在报纸上的广告，也走访了房产公司，正好房产公司正在盖一栋这样的新房，地点距市中心不到7英里，虽然到市中心交通不太方便，但当地商业区也在发展，这样B老太太很可能在这附近也找到营业员的工作，这样老人家就可安步当车了。搬到这里对小B先生（他已顺利通过考试，不久就要提升）上班远了一点，路上要走10英里，而且道路弯曲，车辆也多。别处还有一所同样的房子，稍贵一些，但位置较好。最后促使他们选定这所房子的原因是政府在这里新建一条双车道马路，很快就要竣工。这样小B先生上班可抄近路，路上只需3英里。此外，聪明的小B想，这里位置好，房子以后肯定涨价。

小B太太未婚时喜欢打网球，现在孩子已6个月了，天气又不错，她球瘾复发，想再玩玩。邻居建议她加入当地的体育俱乐部，但却碰到一些困难。该俱乐部成立于20世纪20年代，地点适中，以后又连续多年投资修建了亭阁，翻新了房间、酒吧、舞厅、草坪和网球场等，设备齐全很吸引人。同时，由于人口增加，要入会的人就更多。其中网球协会压力最大，因为打网球比较普及，玩的人多，目前现有会员打网球都感到困难，吸收新会员又谈何容易呢？如何解决这个难题，俱乐部执委会也争论不休，再增设一个网球场吗？简直没考虑的余地，因为这要侵占停车场或曲棍球场，也有可能这两个都保不住。借用场地吗？也不可思议。再选地块新建球场吗？可用地块已所剩无几了，而且漫天要价，不出大价钱根本购不到地，这样必然限制了会员之间的广泛接触，而且迫使他们在新球场与俱乐部本部之间跑来跑去。变卖现有基地设施，然后再异地重建，也肯定得不偿失，而且也不可能找到比这儿更吸引人的地段。

俱乐部委员会中有位先生是运筹学的专家，他指出：很多场次虽然被租出去，但并未付诸使用，而俱乐部的规矩又不允许别的人去用，经过研究他提出了解决这个问题的方案，并宣称这是用“线性规划”所演绎出来的。很多委员并不懂什么叫“线性规划”，但却被他的方法所折服。他主张变动场次时间表，修改章程，适当减少单打场次，仅做上述改动，球场使用效率就可增加一倍。大家一致同意按他的办法试行几个月，这样小B太太和她的邻居就可以入会打网球了，尽管有些老会员在发牢骚讲怪话，对此表示不满。

我们日常的经验可证明，人与环境的关系可理解作一种生态关系或理解作一种生态系统（Wagner，1960）。就人文行为而言，在各种空间中所进行的人的活动是这个系统的要素。这些活动通过各种物质的或非物质的交流而相互作用或相互连接。个人或团体的行为均富于竞争性，其动机产生于个人或团体对周围环境的观察，受各种动机的支配，而采取各种不同的行动，如改造空间、更换交通方式、变动交通路线，也可同时进行上述几项活动或仅仅变动它们之间的关系。

显然，在上述这些过程中，行动的主体（例如个人或团体）以及行动进行的方式都是相当复杂的。因此需要，也有可能对此加以抽象和简化。查宾（Chapin）曾论证：无论个人还是团体对外部世界都有一套自己的价值观，这些价值观决定了他们会有什么样的需求和愿望，并以此为基础，确定他们的行为目标，在这些目标的指导下，去考虑行动方案、对策以及采取具体行动，当这种过程完成之后，个人与外部世界的关系就产生了变化，也可能外部世界本身以及决策人有所变动，这样一来，价值观又变动了，由此又产生了下一个循环，对这种完整的循环查宾称之为“行为模式”（Chapin，1965）。

在这里所讨论的内容主要关于个人和团体的行动，从上文中列举的几个简单例证可知，这些行动是非常复杂的，但不管怎样，其基本要素还是可以判断的（McLoughlin，1965）。

首先就容纳活动的空间而言，可发现三个明显的要素：

1. 人们可调整他们的行动，以使他们能够适应原有的空间，如体育俱乐部解决网球场的问题，就是这方面的一个例证。这种变化要素可称为“空间－行为”要素。

2. 人们可为他们的活动寻求更合适的空间，服装厂的搬迁即是一例，这必然引起活动位置的改变，其动机在于改变某项活动与其他有关活动之间的关系，这类要素可称为“空间－区位”要素（Luttrell，1962；Goddard，1967）。

3. 人们可利用建筑或其他工程构筑物，改变或重新构筑新的空间，来容纳某种活动，这方面的例子举不胜举，如工厂、仓库、商店、办公楼、车库、住宅等，此外还有游戏场、公园、体育场以及其他户外工程构筑物。B 老太太家选择新居也属此类。这种要素可称为“空间－发展”要素。

对于交通通信也可采用同样的方法予以分类：

1. 在人们日常生活中的一个常见的现象，就是适应现有的交通通信方式。例如：人们总是在左侧行驶（在英国），当车多拥挤时降低车速以及尽量在非高峰时间打电话等*；在路线不变的情况下人们还可以变换交通工具，以缩短距离和时间，比如坐公共汽车以代替自己驾驶小汽车；交替使用各种交通工具，而不是仅仅使用一种，如长途旅程乘火车、飞机，短途则换乘汽车等。这种变化着的交通行为要素，可称为“路线－行为”要素。

2. 人们习惯于在交通网中找出一条最简易的路径，以缩短时间和距离，或增加旅途情趣。小 A 先生在这方面是行家里手，他对城市了如指掌，假如情况变化了，如某路口引进交通信号管制，某条街辟作单行线，顾客住址变动，他会根据这些变动了的情况，调整他的行车路线。服装厂的搬迁，使他必须对所有的旅次都作相应的改动。A 先生和其他职工当然也会调整他们的路线和旅次。这种变动的要素可称为“路线－区位”要素。

3. 最后基于种种原因，总是需要有新的交通路线问世，新型交通技术的出现，会导致新的交通路线的产生（如 19 世纪的铁路），同时新材料或新能源需要输送，

* 在英国和其他一些国家，高峰期间电话的收费标准大约是非高峰时间收费标准的 2 倍。——译者注

也是新交通路线产生的原因（20 世纪的输油管道和供电缆等）。最常见的还是原有交通线的扩建，以满足交通流量增长的需要（小 B 先生要利用新建双车道公路就属此例）。这种要素可称作“路线 - 发展”要素。

需要强调的是，这六种要素只是为了便于阐述，才加以划分，它们不太可能单独出现，上文中所列举的例子也证明了这一点。例如 A 先生服装厂的搬迁，主要属于“空间 - 区位”变动，但也含有“空间 - 发展”变动的成分（打通隔墙、水泥铺院等），随后又产生了“路线 - 区位”变动。小 A 先生和厂里职工上班的路程变动即属此例。B 老太太的乔迁则部分是空间 - 区位变动，显然其间也难免发生其他要素的变动。但是，体育俱乐部变更、网球场使用方法，可近似看作纯粹的空间 - 行为变动。

现实生活中人们所采取的行动，以期改变环境或改变人与环境的关系，往往是各种不同要素的混合体。这些混合体彼此之间千差万别，取决于谁是行动的发出人，他隶属于哪个社会集团，他在社会上势力的大小，以及他个人财富的多寡。同时，采取行动的是家庭、社团、公司还是个人，也会导致行动种类的不同。在这些行动中，有很多是非理性的活动，并无一定规律可循。换言之，并非所有的人文行为都能给以规范性的描述，有很多纯属随机性的活动。上述所列六大要素，有助于对人文行动的理解，同时希望读者以此来对自己和他人所采取的行动加以分析研究。

最后要强调的是，系统的演变是以连锁反应的形式而进行的，这是从对生态系统的研究中所演绎出的重要结论。在前文中已论述了，老鹰数量的增加，在动物世界触发了一系列连锁反应。服装工厂择 B 家为邻，又导致了 B 家的搬迁，而小 B 太太打网球的癖好，又部分导致体育俱乐部内部章程的修改。但是这不等于说服装工厂的行动，是导致 B 家乔迁的唯一原因，同样也并不等于若小 B 太太无打网球之癖好，体育俱乐部内部章程就会永远保持不变。

重要的是个人或集团所采取的利己行动，总是要产生回荡反应，它会改变其他个人或集团所做决策的条件和背景。不论何时，人们为其本身的利益而对环境采取行动时（或求助他人采取行动），回荡反应的影响就向四面八方扩散出去，就好像在水面上投入一粒石子，激起无数的涟漪。这些涟漪即为对交通、通信、活动和空间的影响。它们与以前行动所激起的其他涟漪相交，同时它们也时而强，时而弱，时而重叠混合，时而消散无迹，其表现方式极其复杂。但是它们改变了系统的状态，因此也就改变了以后其他行动的基础，使某些人失去了采取行动的机会，或迫使他们变换行动的种类。

人类社会中千千万万的个人或团体，每日每时都做出千千万万的决定。他们的行动在生态系统中引起复杂的回荡反应，这些行动和回荡反应，以及在这基础上再采取的行动和再产生的回荡反应……循环往复，以至无穷，形成了一股永无休止的变迁之流（Hoover，1948，Chapter 9）。因为这种变迁之流，无边无际，占据了整个生态系统，故可称其为系统的变迁。这种系统的变迁，从积极和消极两方面，影响人类（以及动物和植物）社会的所有成员，因为它们无一例外地都是自己生态系统中的一分子。后面的章节将要论述规划必须能够指导以及控制系统的变迁，在接触这个题目之前，必须进一步研究个人或集团，如何萌发和抑制改变环境的愿望和动机，以及如何将这些愿望和动机见诸行动的。

第二章
改变外部环境的人文行动及其影响

行动的目的

在第一章通过几个虚构的例子，对下列论题作了概略的描述：(1) 人们的行动动机；(2) 人与环境的关系；(3) 为了改善这种关系，人们可能采取的行动。同时也论及了在人们进行或拟进行的改造环境的过程中，要考虑三个主要因素：发展因素、区位因素和行为因素。无论是对活动或活动所处的空间进行改造，还是对交通以及交通路线所进行改造，都要考虑上述因素。

本章旨在对下列论题作较深入的探讨，包括：行动的动机、行为者可能采取的行动方案、这些行动方案的有利条件和不利因素、实施行动的步骤和方法、行动方案评估的手段以及可行方案的选择等。

首先需要探讨的是人们的行为动机。从第一章和我们的日常经验可知：人们的行为动机极其复杂，难以一言以蔽之。

但作为规划师，我们仅对个人和集团行为动机的某一小部分感兴趣，这包括人们希望受教育的动机，希望娶妻生子、愉快度假，以及希望在一些创造性活动当中表现自己的动机等。此外，在人的一生当中，其绝大部分时间或多或少地总是与地点联系在一起。换言之，人们的某些活动经常在某些地点进行，而某些交通活动也往往总是沿着某些固定的路线。因此，它们都有规律和周期性可循。这些活动的规律和周期性越强，对它们也就越容易加以分析，同时与规划的关系也就越大。*

因此规划所要考虑的只是那些与地点有关的行动的动机，也即人们由于对其活动的空间如住宅、学校、工厂、商店等产生不满（这要根据他们所投入的成本及所得到的效益的比较分析来判断），从而萌发对他们加以改造的动机。规划师

---

* 很多活动都有规律和周期性，如吃饭、睡觉、洗澡，踢足球以及各种室内体育活动等，这些活动与规划师并无直接关系，但与建筑师、工程师、足球俱乐部管理员以及律师等都关系密切。

也要考虑某个地点的活动与其他地点的活动之间的关系。这些位于异地的活动的相互作用，往往要产生一系列的相关成本和相关效益。

换言之，在某个特定的活动地点（如这所房子，这个办公室、那个体育俱乐部等）所进行的任何特定的活动（居住、工作、娱乐等）在任何时间都需付出一定的成本并得到一定的效益。这些成本和效益可分为两类：一类由活动的性质以及进行活动的空间的质量和类别所决定，对此可称之为活动成本和效益；另一类与在他地所进行的其他相关活动有关，对此可称之为交通通信成本和效益。后面有关章节将探讨对这些成本和效益的定义、度量，以及分析比较等等。

本章旨在简单论证：为了改善人与外部环境的关系，人们必然要采取某些行动，因为在原地点和原空间所进行的某些活动，其总的成本和效益之比变得对人们不利了（Lichfield，1956，Chapters Ⅰ—Ⅱ）。

在上文中业已论述了人们采取的行动所导致的几种变化，包括行为变化、发展变化和区位变化。行为变化改变活动本身的性质或者改变所使用的交通工具；发展变化改变空间（如建筑等）的物质形态或改变承担交通的路径；区位变化改变活动所在的区位及相应的交通路线。

在第一章中业已强调指出：上述变化很少以单一形式出现，而是以不同的组合形式产生。在这里还需强调，人们采取什么样的行动及对各种行动确定孰先孰后的排列顺序，要受很多因素的支配，包括活动本身的性质和容纳活动的空间情况，活动和“活动人”的社会、政治、法律以及经济背景，所投入成本和所获取效益的多寡，可资利用的交通条件以及行动人或行动集团的兴致偏好等。例如，当人们觉得其住房太小时，可以对其住宅进行扩建（发展变化），也可以对其活动进行重新安排和组织（行为变化），当然他还可以换一所更大的住房（区位变化）。同样，如果一个批发零售商觉得其店铺太小，也会有同样的上述三种选择。但他们采取何种行动，则取决于他们的活动形式（什么样的家庭也即家庭人口、年龄、收入等，和什么样的零售批发），活动所处空间的类别（就住宅而言，这包括房间数量、结构状况等；而就零售批发而言，则包括电梯等垂直交通、通风状况、冷冻设施等等），可供选择的住宅和仓库及其交通条件，他们的社会经济背景以及对周围环境的爱好和生活情趣等。

行动的选择

鉴于规划要考虑的人和活动千变万化，所以很难用寥寥数言对家庭、企业或其他机关团体抉择行动方案的情况加以概况地论述。同时也正是由于人们活动的丰富多样，才使得人文环境的构成变得极为复杂。从长远观点考虑，应该对人的行为动机和决策过程，进行深入研究。但遗憾的是，目前在这方面还知之有限，即或如此，规划师也应该清楚认识到，他们所处理的规划问题，正是这些众多决策人所采取的行动的后果。有鉴如此，本书尽力回避对这些包罗万象的活动和各种各样的决策人的情况，作出任何貌似全面的评论，只不过列举几个范例对此略加说明。

至今为止，数量最巨的决策，当数家庭决策，同样居住活动用地也列于城市单项用地之首。家庭决策人在作出决策时，有一些与众不同之处，他也许首先考虑采取发展行动，包括买下房前屋后的土地，以使其花园再大一点儿；也可出卖（或出租）住房，因为他们的房间太多；还可翻新扩建，以增加居住面积；再则还可要装集中供暖设施等。家庭决策人主要根据个人、朋友、同事等人的经验和公共传播媒介的影响以及有关专业人员，如建筑师、工程师等人详略有序的推荐介绍等，而作出自己的判断选择。

如果要考虑变动区位，问题就不同了。开始似乎选择的余地非常大，然而一旦涉及具体价格、所处地段对子女上学、买东西等的方便程度，以及选择人本身的社会价值和审美观念的影响等，则可供选择的方案也就一下子所剩无几了（Wilkinson and Merry，1965）。即使要考虑的因素较少，也很难列出一个可供参考的表格。主要原因在于缺乏应有的信息。市场上的住宅广告主要有下列几种方式：(1) 人与人之间私下传递有关信息；(2) 卖方在窗上张贴告示或在报上登广告；(3) 委托房地产公司销售。这样即使在一个中小城市，买房人也必须逐一调查每个不同的信息渠道，才能确保其本人对情况能有较全面的了解。很多人都认为，进行这种综合调查，既耗时费力，同时也难以做到，所以他们自己往往不得不中途而止，因为有时好不容易找到一所合适的房子，可能却已被他人买下，而前者无奈，只得再找其他的地方。

显然，在“古典”经济学中，关于市场完全竞争的论断，并非无懈可击，因为它的成立与否取决于买方和卖方均能获知完整的市场信息。在第三章中，我们将要论证在现实世界中，住宅购买人往往选择“次最佳”（sub-optimal）方案，也即众所公认的非最佳方案。这类决策也往往被人说成是谋求摆脱非理想境况的决策，也即谋求较实际改善决策，而不是一味沉溺于寻求所谓的最佳的可能。

鉴于家庭行为的变化规模较小，同时变动频率又较高，所以讨论起来也比较困难，但仍可以列举一些例子对此加以说明。例如，房间内部活动的重新组织安排、变换房间的功能用途以及出租多余的房间等，这些都需经过认真考虑，才能作出决策。这些变化也改变了空间的利用方式，有时也改变了空间本身。这些决策只限于家庭内部少数几个人决定，可选择的方案也为数不多，有时参考银行家、律师或朋友的意见，有时也未必如此。

在决策过程方面，小企业主、小零售批发商以及各种小型私营服务业主的决策过程与家庭决策过程基本相同，但前者要更多地参考有关专家的意见（Luttrell，1962）。因为职业生涯使他们认识到专家知识的宝贵，再则专家咨询费用还可以从上缴税额中减免。此外，企业（即使很小的企业）的错误决策所导致的风险也比家庭要大得多，如同第一章所述，小企业也同家庭一样，所选择的行动方案也会导致发展变化、区位变化和行为变化。

大企业由于所做的决策风险更大，所以对问题的考虑更细致、更谨慎。最终决策由理事会做出，他们往往对所提交的各种可行方案逐一给以仔细考虑和研究。制定这些报告耗时良久，有关专家往往要花费几个月甚至几年的时间进行内部讨论。一般说来，大企业往往人才济济，拥有律师、会计师等方面的专家，足以胜任生产、设计、科研和市场等方面的需求。但即或如此，有些具体问题也需求教于该方面的特殊专家，例如，在外国投资，就需要了解该国征税方面的法规，对此，非请教特殊专家不可。

公共团体包括中央和地方政府机关，以及国家企事业单位等，处理问题的方式与同类规模的私营单位基本雷同，所不同的是它们并不受利润动机的支配，也缺乏能反映供求关系的市场机能。此外，其他有关政府部门，也可在必要时请专家咨询服务（Lichfield，1956，Chapter 18），例如地方政府所征购的土地，绝大多数需经税务局主管部门审核，他们要对各种可行方案进行分析比较，协助地方政府选择地价合理的地块。如果某政府部门需要新的办公楼，则市政建筑工程部内的建筑专家等将对各种可行方案提供咨询意见，包括对现有建筑的改建翻新，还是购置租用以及另建新楼等。

可能采取的行动的限制

人们的行动以及人们进行活动的方式，总要受到这样或那样的限制，有些行动要受自然条件的制约，包括地形、地貌、地势、狂风、暴雨、日照、洪水、滑坡等不一而足。有时人们的某些行动也会导致自然的变迁，从而又制约人们的行动，如采矿所引起的地面不均匀沉降；某些土木工程导致的洪水的威胁，以及粗放的农耕所造成的土壤流失等。

但一个地区的气候却显然不可能被改造，虽然人们可以通过某些工程项目的建造来减少其不良影响。对自然灾害所进行的任何重大抵抗，以及克服地形地貌所带来的巨大困难，总是耗资巨大的，除非集中社会的大部财力，否则难以承担，所以在作出决策之前，需要集思广益，对其成本和效益加以认真的分析和比较（本章结语将对此加以论述）。

业已占用的土地以及投资也会对行动的选择产生某些约束，例如征用现行用地或者征用高度集约型用地（如：居住、商业和工业用地等），要比征用空地、废地和其他非集约型用地，如牧场、林园等困难得多。土地市场的价格在很大程度上也对此做出了反映（关于法律和管理方面，对土地潜在使用所造成的约束将留待下文讨论）。再则土地使用集约程度越高，则对土地功能的改造所付的代价也就越大。同样，对土地投资以及地面结构物，包括工厂和固定设备资产等投资越高，则改造价格也越大。

交通不便也会对行动的选择产生一些限制。某个地段在大小、地表平坦程度、局部小气候、排水和其他基础服务设施等方面，可能都符合要求，但却与位于异地的其他相关活动的联系不便，仅此一点，也会最终使之不能入选。此外，该地块也可能与其他相关活动地理毗连，但与所需要的公路、铁路、电话等交通通信设施联系不便，也会对选择产生一些限制。如前所述，这些情况将会在其地价得到应有的反映。

每个社会所制定的法律和行政管理条例，也会对土地使用产生一系列复杂的约束（Heap，1965）。这些法规经过长时间的发展，才得以逐渐形成。比较之下，规划法规的问世要短得多，除此之外，还有各种各样令人费解的土地建设和土地使用法规。

最后，人们对环境所持有的道德观念（它们并不能全部以法规的形式体现出来），也会对土地使用施加种种限制。绝大多数限制都关系到活动所进行的方式，包括它们产生噪声的频率和数量、排放烟尘的浓度、吸引机动车辆的多寡以及容纳活动的建筑和厂房的外观等。这些限制绝大多数都囊括在有关的公共法规中（包括各种环保法令和建筑规范等）。英国的规划多年来主要对某些建设项目实施行政管理，根据规划法规，在规划官员和建设人之间，关于建筑设计和布局形式等问题，不断地进行种种讨价还价的谈判。

对行动的限制，基本可分为市场限制和法规限制两类而加以讨论。

现状自然条件和现状土地使用状态，对土地利用所形成的限制，以及克服上述限制所需成本，将在该地块的市场土地价格上反映出来，但法规（特别是规划法规）对土地利用所施加的约束，却不太容易取消，它们同样也会在市场价格上得到体现。

建设人必须对要进行建设的地区所存在的种种限制和约束有充分的了解，然后才能制定出各种可行方案，并从中加以选择。

咨询机构和咨询方法

无论人们所从事的建设类属于发展变化、区位变化，还是行为变化，也无论其以单一形式出现，还是以组合形式产生，其中只有那些无关宏旨的项目，是由直接当事人或直接当事团体予以单独完成。除此而外，几乎在建设的每个阶段或者某些阶段，总是或多或少地要有一些顾问、咨询机关以及合同人等，在某种程度上的介入。

上文业已论及在探讨各种可行方案的阶段，也即行动的前期阶段，建设人所寻求的咨询类别。在这个阶段中，律师将就可能影响每个方案的有关法律条款，以及可能导致法律纠纷的问题提供法律咨询；财会人员将就方案的财政前景，阐述他们的见解；财政投资人将对每个方案所能得到的财政资助发表意见；此外，其他有关公司以及它们的专家，也会介入某些较为复杂项目的讨论。近年来各种专门咨询机构纷纷发展起来，它们能够对某个项目提供一揽子咨询服务，受其雇用的各类专业技术人员中，包括经济师、律师、财会人员以及运筹学专家和其他领域内的专家、学者等。同每个项目的规模和性质有所不同，故其方案探讨阶段所花费的时间、涉及的范围以及复杂程度也不一样：某人欲建一所私宅，只需花上几周时间与银行职员、律师以及建筑师讨论他所遇到的问题；然而一家化学公司在国外建厂，则需耗上几年，用以进行尽详尽善的调研和谈判。*

在进行建设之前，必须首先获得或租赁建设用地，并完成相应的法律和政府管理手续。在这个阶段，律师和各种工程设计人员，包括建筑师、景观建筑师、工程师和勘测人员等，仍然是主要的咨询对象；在选址阶段，有关的建筑和施工单位也会参与讨论；一旦工程定址之后，施工单位就将开始制定详细的施工方案。这时有关咨询机构将对其业主提供一揽子咨询服务，其中包括法律、经济、财政、设计、施工、设备、维修等方面的咨询。这种一家独包全面咨询服务所具有的优点，

* 参见案例“布莱顿码头”，《泰晤士报》（商业版），1967 年 10 月 25 日。

是不言自明的。对交通设施建设的咨询服务与此大体相同，尽管在有些国家邮政、铁路、航空、公路、运输、供电、给水、排水等企业，主要由国家管理经营，因此，政府的有关部门，可相互为对方提供咨询服务，而无须同私人企业一样依赖于独立的商业性咨询机构。国家建设项目（如前所述）或者拥有集体所属的施工单位，或者像私营企业一样，以招标的方式邀请其他国营单位来承担建设。

某些新的交通通信手段，例如管线、无线电遥测线路通信、闭路电视、无线电话等促使数不胜数的新技术得到了迅速的发展。

区位变化，无论是异地安置，还是撤销原有的项目，也同发展变化一样，需要得到同样的咨询服务，因为新地点需要避免引起法律纠纷，需要经济评估，也需要足够的财源来购买必要的地产和进行必要的改造（当然这隶属于发展变化）。同样，咨询过程究竟是复杂还是简单，要视区位变化的种类而定。一个学生或者一个单身姑娘要从一所公寓搬到另外一所公寓，简单地征求一下父母、朋友等人的意见，也就足够了。然而编制为500—1000人的郡政府机关，从市中心迁到郊外，所面临的问题就要复杂得多，需要听取来自各方面的咨询意见和进行认真的准备。

搬迁行动虽然只由搬迁人或搬迁单位来承担，但其形式却千变万化，不一而足。一个单身姑娘搬家可能求助她的男朋友或她的父亲将其个人的少量物品搬到距离仅几英里的街区。然而，一个拥有多年经验的职业搬迁公司，可将一个家庭的所有物品运到世界的遥远角落，其间可能历时数月，包括捆扎、打包、存放、由公路运至码头、装船、运输保险、卸货、运至目的地、拆包等。这种服务，无论在国内和国外均需几个公司和分承包人合力承担。

然而，有些活动可很容易挪到异地进行，很少或根本无需搬运任何东西。例如，摩托车或小汽车俱乐部的成员，将他们的聚会地点从A先生处改为B先生处，就属此类，但他们的活动地点已经改变，这种改变与保姆另择新主，或政府机关迁址所引起的活动地点变化毫无二致。

行为变化的特点是，无须听取外部咨询。例如，为了安置老母，一个家庭可将住宅内部的空间利用形式作些调整，包括重新摆布家具，变换照明和取暖设施，增设柜橱等。至于做这些事的方法，则仅限于家庭成员之间内部讨论决定，很少或根本不需要接受外人帮忙。

人们利用交通系统的行为，也许更能证明这一点。例如我们通常自己考虑决定上班的乘车路线，决定是否赶乘早班火车，以及决定亲手分送圣诞礼物还是通过邮局邮寄等，所有这些均没有听取来自外界的意见。

但对较大的组织机构而言，事情却并非如此简单。现在企业、机关、学校等单位的工作，已成为日益发展的管理科学所研究的对象。它们的建议有可能导致上述组织的整个工作模式的重新改组。管理这些变化的执行机构是该组织本身(在企业内，它包括厂长和管理人员；在大学，它包括教职员工)，它们或多或少地要得到企业内部和外部管理研究人员的咨询帮助。

行动的选择和评估

上文对下列问题业已做了探讨：(1) 人们在改善其与周围环境关系的过程中的行动动机；(2) 人们鉴别各种可行方案的方法；(3) 影响人们行动方案的有利条件和不利因素，以及（4）人们实现其行动方案所采用的手段。

现在需要对人们如何确定其行动方案作稍许补充。前文已提到行动人在某地进行某项活动时，必然要付出一定的成本，同时得到一定的效益；活动成本和活动效益与在某个特定空间（如建筑等）所进行的活动本身有关，这类成本和效益，包括房租、利息、折旧损耗、地方税、维修费、工资、专业服务费以及活动所获得的各种受益；交通成本和效益与一项活动和其他活动之间的区位关系有关，这类成本和效益，包括车辆交通费、电话费、铁路和空运费用，以及通过上述交往所得到的各种方便或受益。

上述对成本和效益的分类有些武断，例如所付出的工资，可能隶属于活动成本。但实际上，在工资里可能包含了为吸引人们到交通不便的地点工作，所额外附加的工资，而这种附加工资应属于交通成本。但不管怎样，上述分类有助于我们对问题的讨论。

在一般情况下，可以假定人们选择某个地点进行某项活动，其目的在于使其总成本（包括活动成本和交通成本）最小，而使其总受益最大。换言之，这种最佳条件能使其得到最大的效益，使效益与成本之比最大。根据上述原则，人们对每个可行方案逐一进行评估，通过对成本效益的比较分析而作出最后的抉择。*

当人们确定采取行动之后，他会对各种可能性进行调查，其工作方式同人文活动本身一样，也是千变万化的。有的人可能开始先考虑区位变动，所以逐一拜访有关机构，了解市场行情；有的人可能考虑发展变化，所以雇用建筑师讨论进行重建、扩建或内部改造的种种建筑方案；有的人可能考虑交通通信变化，所以颁布禁止使用长途电话的通令，和工会商量撤销对工人的交通资助补贴，与运输

* 实际上，我们刚才所讲的（虽然使用不同的措辞）是经济活动定位或公司定位的经典理论的基础。我们应对此进行讨论，同时应对第三章出现的此理论的内在难点和缺点进行探讨。

单位讨价以降低运费，以及寻求新的资源等；还有的人考虑改变活动性质，所以对产品数量、工作时间、服务范围等作出调整。

上述变化究竟孰先孰后、孰轻孰重，在很大程度上要视活动本身的性质而定，同时在某种程度上也与决策人的个人爱好和个人情趣有关。例如，当市中心区的房租风传要涨价时，某个小店铺主人可能马上想到搬迁，然而隔壁同类店铺的主人，却宁愿继续留在这里，只在其他方面作些调整，因为他非常喜欢窗外的街景。

“古典”区位理论认为，在平等均质状态下，每种活动所处的区位都是最佳的。这种平等均质状态的形式，是由于人们长期以来所进行的一系列个别移动调整所取得的。在这种移动调整过程中，每个行动都是“合理”的，所以行动人能够处于最佳区位。但是上述所谓“合理”的行动，取决于行动人是否能够获得全面充分的信息。正如古典理论的反对派所早已指出的(而且日常经验也告诉我们)，没人能够获得这样的、全面充分的市场信息，任何购房人都知道，这样做的结果只能徒劳无益。也许与此相反，人们总是感到他们不可能对市场的所有情况都了如指掌，所以一旦拍手成交之后，他们马上就会发现另一条街还有更好、更便宜的房子在出售。

然而，另一方面，鉴于做任何事的方案都不是单一的，例如扩建、重建、降低劳务工资、搬迁……非常复杂，此外，从理论上讲，也需要考虑无数个不同方案的排列组合，这些都使得人们难以对所有的方案都加以斟酌。在现实生活中，人们只能对其中数量有限的几种可行方案加以考虑。如果是区位变动，只能对市场上条件合适的地点和建筑加以挑选；如果是对现有建筑的翻新改造，也只能对方案A、B、C等（自己或委托他人制定的）数量有限的几个方案加以考虑，因为这要受到时间、精力和想象力等因素的制约。指出这一点是很重要的，因为如决策论所述，决策人的选择范围至少在某种程度上，要直接或间接地受到他们自己个人的经验和阅历的限制，实际上方案的选择是决策人个人教养、阅历和气质的综合产物。

下面所列的成本效益一览，只不过是示意性的例证，其目的在于帮助我们了解方案评定的工作原理；若想逐一详细罗列所有的活动，无论如何也是办不到的。

1. 活动成本

（1）房产分期付款和偿息；

（2）土地税；

（3）租金和贷款偿息；

（4）建筑物年租金；

（5）维修折旧费等；

（6）电力、供暖、照明、卫生费；

（7）地方税和其他税收；

（8）专业服务；

（9）原料、组装原件等（制造业、装配厂）；

（10）厂房、设备等（建筑业和娱乐）；

（11）批发供应（零售等）；

（12）食品、服装、学费等（居住）；

（13）工资和薪水（经济活动）。

任何固定的活动（下面将对变化的活动加以讨论），总会消耗一定的成本，这可能包括上述成本之全部，也可能只是其中的某一部分，虽然活动地点相同，但活动不同，或活动相同，但地点不同，其活动所需成本也不相同。鉴于我们所考虑的只是固定的活动，也即没有显著区位变化的活动和建设等，所有这些活动成本都可以用时间单位（例如每年）来表达，对任何活动而言，所谓活动成本是指其在某地或某个空间内的上述成本的总和。

现在再分别对前文所提到的发展、区位以及行为变化情况加以讨论。

发展变化：在进行发展变化时，行动人必须逐一考虑每个方案所需的成本。按利奇菲尔德（Lichfield，1956）所论，这些成本包括征地费用、法律诉讼费、平整土地费、道路建设、上下水。

区位变化：由于区位变动，进行某项活动，所需的成本也会随之改变，其中绝大多数属于交通费用，这点留待下文讨论。区位变化所导致的活动成本改变，主要包括搬迁费、营业损失以及其他变动损失（如市政服务设施和电话等的拆除和安装；邮件改址、更动地址和电话号码所做的广告启示等）。此外还必须考虑租金、地方市政税收、建筑银行贷款的分期偿付、维修、市政服务开支以及因迁新址所需的所有其他各项开支，这些开支与发展变化的情况大同小异。这些成本均可折算成年度成本来表示。

行为变化：这类成本改变意指因改变活动本身性质或改变进行活动的方式所导致的成本改变。例如，采矿业更新采矿方法（实行机械化和自动化采煤等）；工厂对生产设备进行部分或全部改装；批发商对库房重新设计并改变进出货物的方法；零售店将柜台售货改为自选服务；以及家庭将卧室改为育婴室等。上述所有行为变化（有时伴随着区位变化和发展变化，有时也未必），总要伴随发生某些成本改变，同样这些成本也可折算成年度成本来表示。

2. 交通成本

交通成本包括：

（1）原材料的输入成本和最终产品的输出成本；产品部件的运输成本；

（2）商品批发、运送至零售点的成本；

（3）商品送到用户成本；

（4）邮件、电话以及传真等成本；

（5）无线电和（闭路）电视成本；

（6）对工人上下班交通费的全部或部分的补贴。

（7）家庭成员进行购物、娱乐、上学以及社交活动的交通成本。

（8）家庭的邮政和电话费等。

由于任何活动必然要与处于异地的其他活动产生联系，包括人员往来、邮件、电话通信等；所以随着活动的进行，上述部分成本或全部成本也随之产生，对此我们以时间单位，例如按年度等来计算，并称其为交通成本。

现在对变化的问题作些探讨。

发展变化：这类变化对绝大多数人似乎关系甚少，因为他们并不修建公路、铁路、机场，而依赖政府机关代表他们来承担这些公共项目（但却通过纳税的形式，间接地承担这些项目的修建开支），但是有关政府部门在修建公路、铁路、输电管线、地下通信电缆等公共交通通信线路时，在选线和如何建造等方面，确实颇费思虑。它们既要考虑以较小的成本获得较大的实用效益，同时也要考虑社会各方的利益，包括当地居民、地产主、机关团体、学校、环境保护社团以及政府部门等，因为只要公路的选线和电力网等建设项目影响到他们的利益，所有这些人和团体都可能对此持反对意见。

上述情况常常导致某些争执。电力供应和公路建设当局认为，以较小的成本从事每一项建设，符合社会的利益。但其他人，特别是规划人员对此则不完全苟同，他们认为：虽然上述建设项目符合大众利益，但也不能对其他方面的影响置若罔闻，包括对人的影响、对其他地区的活动、对城市的发展方向、对整个环境的观赏质量的影响等。

近年来，对社会利益的注解五花八门，但即便如此，大多数公众机关仍然将降低造价（最终也即减少纳税人的税率），作为履行其职责的主要标准。

显然，对私人开发者来说，在选定工程项目比较方案时，例如石油公司的输油管线、私营铁路等，仍然将效益成本指标作为主要判断标准。

区位变化：在交通通信中，所谓区位变化是指为了改善某种联系和作用而选择不同的交通路线。在这方面，最显而易见（对城市规划来说，意义也最为重大）的例子是通勤人在上下班时选择行车路线。天气、交通状况、每天中不同的时间、每周中不同的日子、季节，同样也包括驾车人的喜好等因素，均对驾车人行车路线的选择产生影响，这时其选择判断标准往往含糊不清，传统的降低行车成本的经济解释，显然是不够的。因为有证据表明行车人只对其行车的部分成本——也即汽油成本，加以特别考虑。此外，方便舒适、节省时间以及其他可感知的因素，例如沿途景观等，显然也对驾车人选择行车路线产生影响。

上述情况也适用于商业性公务交通。运货卡车司机选择行车路线时，要考虑路面拥挤程度（也即行车时间和方便程度）、沿途的咖啡馆、停车场、附设休息娱乐设施等因素。

此外，驾车人也要根据自己所掌握的交通网络的变化情况，而对行车路线作出某些调整。例如，某条路段过于拥挤，行车不便；某条道路正在施工，造成交通阻塞；某条路段游乐休息设施的开放和关闭；以及某条路段翻新改建后的重新通车等，都会对驾驶员选择行车路线产生影响。

在上述情况下，驾驶员要就其所知，或根据经验判断，选择行车成本小而效益大的行车路线。

行为变化：这类变化是指在交通网和交通路线不变的情况下，为了获得较高的交通效益／成本之比，行动人对其交通行为所作的调整。在这方面，最常见的例子是人们改变交通工具和调整行车时间表等。例如某个企业如果认为依赖国家公路和铁路运输单位，将其产品转运至客户会耽误时间，该企业有可能自购车辆承担该类运输。再如，出于商业竞争的需要，某家公司可能变铁路发货为航空邮寄。此外，公路网车辆密度过高，引起交通阻塞和不便，可能使某些人转乘火车；但数日之后，鉴于高峰时间，铁路票价暴涨，他们可能又会调整工作时间，以避开交通高峰，从而降低交通费用。

活动和交通成本

任何家庭、企业或者机关团体，无论它们从事任何形式的活动，其中包括居住、家庭、娱乐、工业以及教育等，总要付出一定的成本，并得到一定的受益，其中包括得到享受、获得满足、赚取利润、提供服务以及履行职责等。前文所列各项成本效益和所引例证只不过是一种示意，现实中的情况远比这些要复杂得多、丰富得多。但其基本原理则是共同的：无论是谁，从事任何活动，当其产生效益时，总要尽力使其总的活动成本和交通成本降至最低。而当情况发生变化时，无论是自身的内部变化，还是外部的环境改变，它们总要进行相应的调整，以保持或提高其原有的效益／成本之比，至少也要使之不至于因情况变化而降低。在理论上，可选择的可行方案似乎是各种各样，非常之多；然而实际上，由于必须对数目有限的方案进行研究，由于缺乏应有的信息，也由于当事人个人的偏见、宗教信仰或情绪，而先入为主地排斥了对某些方案的探讨，这样可供选择的范围也就变得十分狭窄了。行动所导致的变化主要有形体发展变化、区位变化和行为变化也即改变活动或交通联系的方式。

上述所有关于活动的决策，其行事标准是谋取个人或集团的私利，这一点反映在谋取较高的效益／成本之比，对社会和公众利益考虑甚少（即使某些代表公众利益的机关团体也是如此）。

为了指导城市和区域更好的发挥作用，满足广大市民的需要，规划师必须认识到：正是上述这些千千万万的决策（在大城市中，这类决策数量每年可高达几百万），形成了城市的发展，也造成了城市问题。

这类决策极其复杂，所以对此强行加以控制——无论是通过乌托邦的设计方法，还是通过军事化的管理条例，都是不可能奏效的。我们需要对规划的理论基础和实践实行行之有效的改造，对此将留待下文探讨。

第三章
区位理论：规划理论的基础

前一章论述了人们由于对外部环境产生不满，而使他们考虑采取某些行动以改变现状。这些行动可能产生活动变化、空间变化、区位变化或交通变化。

显然，这些改造环境的行动多多少少总是要对周围的世界，也即对其他人的活动、对其他活动的空间、对交通的模式以及对交通效率等产生震荡反映。例如，当某人决定不开小汽车而坐火车上班时，他的行动对公路和铁路交通要产生某种影响，尽管这种影响可能微乎其微，难以引起局外人的注意。但如果这位先生的左邻右舍几百人都来这样做，并持之以恒，则其影响就不可被低估，也足以引起有关公路和铁路当局的重视了。

同样，企业改变其生产模式的决策，包括改变产品的产量、生产班次、厂房的规模和区位、生产、动力、提供原材料的厂家以及产品客户等，也会对其所在地区的土地使用和交通网络产生相当大的震荡影响。这些影响有些可以很快被人们感知，有些则来之姗姗，时隔良久才产生作用，而且往往使人难以找出它们的原发生源。

我们知道个人和团体，为了本身的利益所采取的行动，能够引起社会经济和景观等方面的问题。这些问题均与土地使用有关。规划就是建立一系列内容广泛的目的和具体的目标，并据此对个人和集团的行动施加管理和控制，以减少其不利影响并充分发挥物质环境的积极作用。

显然，对变化过程的充分了解，是制定出切实有效的控制管理措施的先决条件，这种理解不能仅局限于了解人们的行为，而且还要对各种活动之间的空间联系以及它们的相互作用等整个结构框架进行充分的理解。换言之，环境可视为一种不断变化的背景，它是制约于个人行动的外部条件，同时人们所采取的行动的结果，也往往以非常复杂的方式改变了这种布景本身。如果为了社会利益而否决某人对建造出售某住宅区的申请，则必须要对这种“社会利益”给以明确的定义，并证明该住宅区的建造出售侵犯了这种社会利益。显然，这需要对建造住宅

（或建造工厂、商店、运动场、单向道路系统、仓库、大学扩建、高速公路、机场……）所引起的震荡影响的类别、震级、震源、影响范围和程度等有充分的了解。

对这类问题的理解，必须仰赖于坚实的理论基础。在上述特定情况下，有关的区位理论是我们考虑问题的基础。本章旨在对这种目前仍在进化过程中的区位理论，向规划师作一简单介绍，其中包括它的起源、发展和现状、它未能解决的问题以及它未来可能的发展方向等。这些无非是泛泛而论而已，其目的在于承上启下，在前面章节所论的个体行动和后面章节所论的规划技术所寻求的社会目标之间建立某种联系。对区位理论感兴趣的读者，可参阅本章后面的参考书目，以便对此作进一步探讨，这对提高规划技术和规划分析方法也是必要的。关于人文区位行为的理论研究还十分落后，但这并非意味人们在这方面一无建树，而是强调指出：尽管零敲碎打、断断续续地对很多区位问题作过探讨，但对此仍缺乏系统、全面和持之以恒的理论研究。在19世纪和20世纪，人们在很多狭隘的专门领域取得了辉煌的研究成果，但对各个学科领域之间联系的探讨，在综合研究和研究的广度方面，则被人忽视，基本上一无进取。19世纪的思想家不得不作出革命的姿态，因此，在这一时期内，并无总体区位理论问世，也就不足为怪了。如图尔明（Toulmin，1953）所论，只有当人们对某种规律产生怀疑的时候，某种新的规划才能得以出现。在此之前，无非是单纯地重复以前的经验，这些相对来说是收效甚微的。只是在一个世纪以前，甚至半个世纪以前，人们才开始重视研究人类对地球使用的模式。

1826年农业学家屠能（Thünen）提出了围绕城市（市场）中心，各种不同用地形成了一圈又一圈的同心环式地域。这种同心环理论的理想条件是：一个孤立国，其领土是平缓毫无变化的平原，各地的土壤条件完全相同，从中心以至任何一点，通往四面八方的运费都相同。土地持有人都能以最佳的经营方式，获取最大的利润。在很大程度上，这种理论是土地使用方面的宿命论，其采用的唯一度量，是各种产品相对不同的市场价格。在经过相当长的一段时间之后，条件产生了变化，这种同心圆式的土地利用模式，才会随之发生变化。也许屠能理论的主要建树，在于其提出了各种不同用地的分类结构以及创建了均衡土地使用状态的理论。换言之，该理论描述了一种终极状态，如果没有干扰，系统将不断向这种状态趋近。然而，该理论承认存在变化的可能，但其形式比较简单，同时断断续续。

在此之后，一直到19世纪末，对区位，特别是农业区位的研究，似乎处于停滞状态，因为这一时期欧洲由于工业化的暴发，城市正以前所未有的速度发展。到了19世纪末期，劳哈特（Launhardt）在对某些工业区位的研究中，应用了几何图形的原理。在20世纪初，麦金德（MacKinder，1902）和韦伯（Weber，1909）开始了对现代工业经济的主要单位——企业的区位的研究。他们认为（制造业）企业的区位选择，主要考虑将运费，特别是原料运输费、产品部件的聚集和组装运费以及产品外运费等生产成本降至最低。这些费用是第二章中所论交通费的一部分。如胡佛（Hoover，1948）（参见第三章）所指出的，虽然韦伯进一步发展了原料市场和产品市场引力的理论，但他在分析方法上，却犯了严重的错误。他不能充分认识到交通线路选择、道路交叉口以及长途运输经济的重大意义。第一次世界大战以前，区位理论主要拘泥于对个别虚拟企业的研究，这种假想企业的区位，是由企业家根据对原料市场和产品市场之间的距离引力而作出的理性选择。因此企业的最佳区位，也就是各种力量交会的力量平衡中心。显然这种分析是借助物理学所作的比喻。

在两次世界大战之间，对区位理论的研究，主要向两个方面发展。第一，屠能对农业区位的分析方法，被借用于对城市地区不同用地的分析。在这方面，芝加哥大学的学者，如帕克（Park）和伯吉斯（Burgess，1925）等人形成了强有力的学派，他们主要应用生态学原理，分析城市用地的区位模式。某些术语如“城市地理”和“城市社会学”，也成了这类研究的别名。与早期工业企业区位研究完全不同，这些研究将土地使用模式，作为研究的起点，而后将这种模式与农业用地布局进行类比，同时也与由于植物与动物种群之间生态竞争而导致的不同的区划进行类比。这类研究的不足之处，在于其假设人们对生态“力量”的反应是不自主和盲目的。此外，为了能与屠能的中心圆作类比，而牵强附会地对城市资料作了不适当的删减和选择。上述研究的伟大贡献，在于其激发了人口学、社会学和地理学对城市进行的大量研究。正是在这些研究的基础上，更完善的城市区位理论才能够得以问世。同时，它也使人们认识到，需要从生态的观点来考虑区位的变化。

这种创新在霍伊特（Hoyt，1939）的研究中，取得了成果。霍伊特应用生态竞争理论，也即在城市发展变化的情况下出现的“侵犯”（Invasion）与“演替”（Succession）现象，论证了城市居住区变化的模式。

此外，生态学家对同心圆式城市用地的研究，也促使其他学者，特别是克里斯塔勒（Christaller，1933）对中心城市区（也即屠能所论的市场所在地）的研究以及对中心地系统的空间布局和中心地规模等级级差的研究。在克里斯塔勒的研究中，论证了各种服务设施的设置与它所需要的人口规模以及维持上述人口所需地域规模和中心地本身规模之间的关系。克里斯塔勒绝妙地论证了，在指定的条件下，由各种等级的中心地所组成的网络，呈六角形的地理分布。同年，科尔比（Colby，1933）论证了在城市中同时存在向心和离心两股力量，从而使某些设施产生聚集，而另外一些则出现分散。他也批判了克里斯塔勒静态平衡的假想研究条件，并认为虽然这种假设对于理论研究是必要的，但事实上，世界是变化不羁的，不可能保持静态平衡状态不变。

在20世纪40年代，上述从服务设施着手所进行的研究又得到了进一步发展，其中最杰出的是劳森（Lösch，1940）的论著。此外，对工业区位、中心地的规模、中心地网络和中心地等级分布以及服务区的形态等方面的研究，也得到了进一步的发展。尤尔曼（Ullman，1941）以中心地理论为基础，对城市的规模、城市间的距离以及城市中用地的分布进行了研究。此后他又与哈里斯(Harris,1945)合作，对城市用地模式进行了同样的研究，从而将早期的城市用地的同心圆和扇形理论发展成多核心理论。胡佛（Hoover，1948）对企业区位理论作了意义重大的补充，进而包括区位变化的处理、区位之间的竞争以及政府政策对企业选择区位的影响等。

简言之，截至第二次世界大战之前，对当时区位理论的研究状况可作总结如下：尽管各种各样的人，出于各种各样的目的，对区位理论的很多方面进行了大量的研究探讨，但在对人文活动区位和空间模式理论阐述的两个方面，则千篇一律：

1. 在静止平衡条件下，活动区位和空间模式的变化是外部干扰的结果。一旦干扰逝去，其活动区位和空间模式又趋于新的静止平衡状态。

2. 为了选择最佳的活动区位，人们所作的区位选择决策也是合理最佳的。

在过去的20年内，上述基本假设受到了严厉的批评。当人们环顾现实世界时，很难发现任何地方处于静止平衡状态。变化似乎是永存的，它是我们生活中必不可少的一部分。城市在生长、发展、萎缩乃至于消亡。一度繁荣的地区，目前在忍受艰难和贫困，而过去穷困的地区则出现了昌盛和繁荣。很多地区，特别是世界大都会区的内部结构，似乎处于永恒的波动之中，不仅有日复一日的起起落落，也有世纪之间的更替和周而复始。确实，如果将每天每日作为诊断变化的脉搏，现实世界似乎在如此短暂的时间内处于静止平衡状态。在17世纪以前，除了偶有一些重大事件发生之外（阿姆斯特丹在1609年后；伦敦在1666年大火之后），人在有生之年所看到的事物似乎总是处于静止平衡状态。同样，今天世界上一些人烟稀少的低度发达地区，似乎仍然可用静止的词句对其加以描述，因为它们的变化十分缓慢，以至于经过漫长的百年时间之后，它们还是保持老样子。但在世界上越来越多的地区，情况却正与此相反，变化已是无处不在、屡见不鲜了（Turvey，1957）。

此外，区位决策的静态平衡理论遗忘了时间流动对决策的影响。在本书第一章对人文生态的论述中，可看出决策人彼时彼地所做的决策，要受对既往事件的回顾和对未来前程之展望的影响。一方面它们要总结历史上同类决策的经验，参照前车之鉴；另一方面，也要考虑其他人在未来所可能采取的某些决策，对自己产生的影响，这些构成了决策人彼时彼地的决策环境。根据生态观点，决策人即对现实环境进行观察，又对未来加以预测，在这两种情况下，他都要利用信息。

这些牵扯到对所谓合理最佳决策理论的另一类反对意见。一直到 20 世纪 40 年代，关于经济行为以及活动区位的解释，仍然以最佳决策假说为其理论基础。这里我们不想使读者卷入关于所谓最佳问题的长长的哲理讨论：在此仅指出，所谓最佳决策的制定，意味着决策人要对所有的相关信息进行系统的研究之后才能做出也就足够了。此外，最佳决策也意味着决策人所能获得的净受益为最大。换言之，也即所有其他可能方案的选择，其结果都是不能令人满意的。

这些假说构成了整个经济和区位理论的基础。它们在 1944 年受到了纽曼（Neumann）和摩根斯特恩（Morgenstern）的猛烈批判。常识经验告诉我们：人们的决策往往依赖于极不完整的信息资料，同时也依赖于对竞争者可能采取何种反应的臆测。此外，数量相当多的决策属于“次最佳”，人们总是接受次最佳的结果。纽曼和摩根斯特恩在决策理论中引进了两条非常重要的概念：决策人占有资料信息的情况和他们对所冒决策风险的态度。他们将商业、政治、军事方面的决策与博弈战略结合起来，并借用和发展了数学中的概率论。

在过去的 20 年中，决策理论得到了突飞猛进的发展，它以博弈论、选择概率和随机过程、次最佳决策论以及连锁决策反映为其理论核心，从而极大地改变了很多军事、商业和工业组织的面貌和性质。自从 20 世纪 50 年代以来，决策论与古老的区位理论相结合所产生的影响，已引起了规划界的极大关注，因为理论与实践的进展总是亦步亦趋，互为补充，互为促进的。例如在战后不久，道路工程师在从事设计时仍然简单地从工程方面着手，孤立地看待每一个问题，如拥挤的路口、弯弯曲曲的道路走向等，对这些问题的处理也往往头痛治头、脚痛治脚。但是道路系统的概念，也即由节点和连线所组成的道路网络的概念逐渐发展起来。人们认识到要想设计改善交通，就必须掌握整个道路系统的特点。例如，某条路段通行能力的提高，会吸引更多的车流，因而使其他路段的流量相对降低。米切尔（Mitchell）和拉普金（Rapkin，1954）阐述了交通是用地的函数的概念。换言之，路面上行驶的车辆，其目的在于使不同地点的活动之间发生联系。例如上下班的客流是工作场所和居住区的区位和规模所决定的。货物运输的产生是由于原料产地和工厂的分离、产品部件产地与装配总厂的分离以及生产产品的厂家与销售市场的分离所造成的。

在芝加哥和底特律的交通规划中，已应用上述概念来辅助设计。如果单位用地上的交通发生率能够求知，同时未来城市用地或活动模式也可求得，则交通工程师就能据此预测城市中每个地区到其他所有地区的交通流量。然后再采用反复试验的方法，制定出能够满足将来城市交通需求的道路规划。对道路工程师来说，用地模式同财政预算、地形地质测量、施工单位等因素一样，是他们从事设计的先决条件。实际上他们就是根据将来城市用地模式而规划城市未来的道路系统。这些进步彻底地改变了道路工程专业的面貌。在过去工程技术人员只是从事传统的物质设计，以满足一定的造价和功能要求，现在则不得不研究人们在出行、交通路线选择以及不同交通工具使用方面的行为模式。

此外，交通工程专业在其他很多方面，也逐渐进行了改进，包括对各种车辆分行的处理；对公共交通和私人交通、公路交通和铁路交通的综合利用；对乘车人的实地抽样调查，以获取大量原始资料等；此外由于计算机的广泛应用也极大地改进了对资料信息的处理方法。

截至20世纪50年代末，很多大城市和大城市地区，都制定了极为复杂的综合交通规划。但制定这些规划所依据的用地模式的资料却十分粗糙。这种做法就像使用哥伦布时代的航海罗盘操纵现代的喷气客机。虽然当时已开始利用新的方法分析用地模式（如华盛顿地区规划中所采用的），但这些方法仍然十分简单粗糙，难以满足交通规划的需求。当时用地和交通的关系，仍然被视为一种从属关系，而不是相互依存的关系。交通、交通工具和交通设施对用地模式（它们本身也是人们所作选择和决策的产物）的重大影响，则被人们忽略和低估了。此外，这些规划都是一次性规划。虽然当时的规划师已经认识到：在规划交通设施建设期间，几年甚至几十年的时间会溜过去；但他们却未能认识到，在此期间注定要产生的交通模式和用地区位的改变。

温戈（Wingo）和波罗夫（Perloff）早在1961年对这些问题业已有了明确的认识，并对华盛顿的规划提出了批评。他们认为：“由于城市交通对企业和个人区位行为所存在的影响，所以可将交通视为城市地区的主要空间组织人。”他们又进一步强调指出：然而，一旦承认区位行为是城市交通系统的一个组成部分，则该系统以及城市经济结构、土地使用等，应统一视作一个更大的城市系统。在这个系统中，企业和个人交通行为要从属于城市经济活动，而经济活动模式的产生和形成，又是交通条件发展变化的结果。因此，应将交通系统予以扩展，同时也要认识到：空间利用与交通工具之间的关系，以及交通通达性和用地之间的关系是相互依赖和相互制约的关系。

除温戈和波罗夫之外，其他人在 20 世纪 60 年代也先后强调应动态地观察城市问题，要指导人们思考在时间和空间流动的过程中所发生的变化。特别值得一提的是米切尔在这方面所做的研究，遗憾的是他并没有做出重大理论阐述。他主张在规划实践中，应将未来视作动态的图景，而不是静态的图画，显然这种思想来源于发展和变化理论的启迪。在他主持的对宾夕法尼亚 - 泽西（Penn-Jersey）的交通研究（虽然该研究取名为交通研究，但其研究内容为该区域的发展过程）中，建立了可供预测该区域未来用地和交通变化的模型。在这个模型中，考虑了政府在未来可能采取的各种政策，也考虑了家庭以及企业在用地、区位和交通等方面，在未来所可能做出的各种决策和选择，从而制定出无计其数的可供研究的未来变化图景。

综上所述，20 世纪 60 年代初，关于人文区位行为的理论，得到了迅速的发展。摆脱了早期静态平衡理论的束缚。这种静态理论虽然承认在用地和人口模式方面存在的变化，但很少从行为学的角度对此加以阐述。从人文区位理论的研究中，我们可以看到变化的重要性及其地位。无论在各种活动之间的联系方面（通过交通通信进行），还是在空间结构发展演变方面（它是个人、团体、企业等，改造环境行动的连锁反应），变化都占据着中心位置。后者又促使人们注意对决策过程和决策方法进行研究。

上述理论发展，在很大程度上应归之于大型城市交通研究所收集的大量资料信息，包括人口、经济、用地以及交通资料信息等。同时也由于计算机的迅速发展，从而能够对理论进行各种检验和测定，其规模和速度在十年前简直是不可思议的。同样，规划理论和实践也进而包括处理城市和区域活动系统、各种活动之间的相互影响和相互作用以及各种各样的人在用地区位和交通路线选择方面所持有的不同的价值观念等极为复杂的问题。

基于上述状况，哈里斯（Britton Harris）在 1960 年所作的杰出论文中讲道："根据至今为止，人们所作的理论研究结果，似乎可以得出并不肯定的结论，我们面临的问题，必须从系统的研究中，才能得以解决，因为整个城市功能系统，是制定关于城市发展决策的外部环境。但目前对决策单位的分析研究还相当落后，这应成为将来我们研究工作的重点……但是，现在我们已走上了通往系统分析的道路。”在这方面存在的主要困难，如哈里斯所论，来自城市系统的复杂性，同时也由于成千上万的决策人享有不同的法律和社会地位，因而拥有千千万万种不同的行为哲学和行为模式，他们的行动决定着城市的发展。有鉴于此，系统研究工作在相当长的一段时间，将会面临着严峻的考验。

在过去的几年中，系统研究已经取得了某些进展，有的发展深化了以往的理论，有的则提出了新的立论和见解。但是我们仍然面临挑战，如查宾 1965 年所论：“目前关于城市空间结构的理论研究参差不齐，总而言之还有漫长的道路要走。”在 1964 年，出版了题为“城市结构探索”的重要论文集，迪克曼（John Dyckman）对该文集的内容作了总结，并指出了所有论文所共同强调的要点是变化的过程，也即强调变化的产生、发展以及它所引起的其他反应的方式。迪克曼引用了甘斯（Herbert Gans）对生态学派的抨击。甘斯认为，生态学的观点只有在下列情况下，才具有价值：其一为所研究的对象，不管是植物、动物还是人，必须毫无选择的能力；其二是研究的对象，必须处于一种极端贫乏的环境中。但是我们认为，上述评论是站不住脚的，因为所谓选择的能力和贫乏的存在，都只能相对而言，这对于人类与人类环境而言也不例外。

整个世界可以看作一种生态系统（它又可再分为很多子系统）。不管人类近来怎样利用其巨大的脑力，而成为世界的主宰，他仍然是这个世界的一部分，这是至今为人们所忽视的极为危险的事实。人类适应环境和改造环境的能力虽然十分惊人，但也只能是相对其他生物而言，这里并不存在专为人类制定的特殊法则。正如奥威尔（Orwell）所论，选择的权利是均等的，所不等的只是有些比另一些更均等而已。

同样，贫乏也只能相对而言。例如，新石器时代所出现的农业，使食物的奇缺有所解除；18 世纪和 19 世纪出现的新技术，又减缓了能源的紧张；而 20 世纪出现的信息技术又弥补了信息的不足。再如有的人可能缺少食物，而有的人则缺少交响音乐；有的人家希望得到一把炉边座椅，而有的人家则垂涎于周末度假的林中别墅。不论是谁，也不管在何时何地，贫乏总是存在的，因为人们总是不断地给它以新的定义。

所以甘斯并未提出驳斥生态学观点的坚实论据。在后文中我们将要论证，从生态系统的观点出发，探讨人类的区位行为，有助于我们建立坚实的理论基础。

近年来，关于人类空间区位的研究杂乱无章，很难对此加以概括总结。不但有关的学术文章多如牛毛，而且其学术背景、学科领域以及研究方式也十分繁多。仅就查宾所论，除了其本人所建学派外，还有政治、经济、社会、建筑、城市设计以及交通通信等众多学派。虽然学派种类繁多，但共同强调的学术要点，无外乎以下几个方面：

1. 有必要对系统进行连续的而非断续的分析；

2. 系统必须要考虑活动之间的联系，因为某一方面产生的变化，必然要影响改变其他方面所赖以存在的环境。此外，要认识到反馈的作用，并据此对最初的规划进行调整；

3. 人类活动具有很大的随机性，要以概率论的观点而不是以宿命论的观点观察发展变化；

4. 政策、规划与行动之间是相互作用的——一个阶段紧接另一个阶段，其间并无间隙。

根据上文所述，尽管涉及人类区位行为的研究种类极其繁多，但在某些方面它们仍存在共同之处。这就使人想到，是否存在某种科学的体系，可以帮助我们理解和研究人类的区位行为。这种设想是非常激动人心的，因为它也意味着我们可以找到对区位，也即对规划本身实施管理和指导的理论工具。

我们认为：这种科学体系就是关于人与环境关系的**系统观点**（Chadwick，1966；McLoughlin，1967）。在上文中业已对系统的定义作了泛泛的探讨，下面将对系统的理论——也即本书的理论核心作进一步的阐述。

参考书目

人类区位行为相关论著选编（按发表时间排序，亦可见书后所列参考文献）

1826 Johann Heinrich von Thünen, *Der isolierte Staat in Beziehung auf Landwirtschaft und Nationalökonomie*, Hamburg. (See Chisholm, 1962 and Hall, 1966.)

1902 H. J. Mackinder, *Britain and the British Seas*, D. Appleton Century Co., New York.

1909 Alfred Weber, *Ueber den Standort der Industrien*, Part I, 'Reine Theorie der Standorts', Tübingen. (See Friedrich, 1928.)

1923 H. H. Barrows 'Geography as Human Ecology' *in Annals of the Association of American Geographers, 13.*

1925 Ernest W. Burgess, 'Growth of the City' *in* R. E. Park *et al.* (eds.), *The City*, Chicago University Press.

1929 C. J. Friedrich, *Alfred Weber's Theory of the Location of Industries*, Chicago University Press.

1933 Walter Christaller, *Die Zentralen Orte in Süddeutschland*, Jena. (See Baskin, 1957.)

Charles C. Colby, 'Centrifugal and Centripetal Forces in Urban Geography', *Annals of A.A.G., 23*, 1–20.

R. D. McKenzie, *The Metropolitan Community*, New York, McGraw-Hill.

1935 Tord Palander, *Beiträge zur Standortstheorie*, Uppsala, Wiksells boktryckeri-AB.

1939 Homer Hoyt, *The Structure and Growth of Residential Neighborhoods in American Cities*, Washington.

1940 August Lösch, *Die Räumliche Ordnung der Wirtschaft*, Jena. (See 1954.)

1941 Edward Ullman, 'A Theory of Location for Cities' *in American Journal of Sociology*, May.

1944 J. von Neumann and E. Morgenstern, *The Theory of Games and Economic Behaviour.*
1945 Chauncy D. Harris and Edward L. Ullman, *The Nature of Cities.*
1948 Edgar M. Hoover, *The Location of Economic Activity*, New York.
1949 Richard U. Ratcliff, *Urban Land Economics* (esp. Chapter 2).
1954 Robert B. Mitchell and Chester Rapkin, *Urban Traffic: A Function of Land Use*, Columbia U.P.
August Lösch (see 1940), *The Economics of Location*, Yale U.P.
Edgar S. Dunn, jr., *The Location of Agricultural Production*, Gainsville, Univ. of Florida Press.
1955 Martin Beckmann and Thomas Morschak, 'An Activity Analysis Approach to Location Theory' *in 'Kyklos' vol. 8.*
Richard U. Ratcliff, 'The Dynamics of Efficiency in the Locational Distribution of Urban Activity' *in* Robert M. Fisher (ed.), *The Metropolis in Modern Life.*
1956 Walter Isard, *Location and Space-Economy*, New York, Wiley and Sons.
Melvin L. Greenhut, *Plant location in Theory and in Practise: The Economics of Space*, Chapel Hill, Univ. of N.C.P.
Gerald P. Carrothers, 'An Historical Review of the Gravity and Potential Concepts of Human Interaction' *in Journal of the American Institute of Planners*, Spring.
1957 Tjalling C. Koopmans and Martin Beckman, 'Assignment Problems and the Location of Economic Activities' *in Econometrica* January.
Kevin Lynch and Lloyd Rodwin, 'A Theory of Urban Form' *in Journal of the American Institute of Planners*, November.
Ralph Turvey, *The Economics of Real Property: An Analysis of Property values and Patterns of Use*, London, Allen and Unwin.
1958 Brian J. L. Berry and William L. Garrison, 'Recent Developments in Central Place Theory' *in Papers and Proceedings of the Regional Science Association, vol. 4.*
F. Stuart Chapin, jr., *Urban Land Use Planning* (1st edn.). (See 1965.)
1959 Berry and Garrison, 'The Functional Bases of the Central Place Hierarchy' *in* Mayer and Kohn (eds.), *Readings in Urban Geography*, Chicago Univ. Press.
Charles T. Stewart, 'The Size and Spacing of Cities' *in* Mayer and Kohn, *op. cit.*
1960 Albert Z. Guttenberg, 'Urban Structure and Urban Growth' *in Journal of the American Institute of Planners* (May).
John D. Herbert and Benjamin Stevens, 'A Model for the Distribution of Residential Activity in Urban Areas' *in Journal of Regional Science* (Fall).
William L. Garrison, 'Toward a Simulation Model of Urban Growth and Development', Lund, Sweden, Gleerup.
1961 Brian J. L. Berry and A. Pred, *Central Place Studies: a bibliography of theory and applications*, Regional Science Research Inst.
Britton Harris, 'Some Problems in the Theory of Intra-Urban Location' *in Operations Research 9* (Fall).
Walter Firey, *Land Use in Central Boston*, Cambridge, Mass., Harvard U.P.
Lowdon Wingo, jr., *Transportation and Urban Land*, Washington, Resources for the Future Inc.
1962 Walter Isard and Thomas A. Reiner, 'Aspects of Decision-Making Theory and Regional Science' *in Papers and Proceedings of the Regional Science Association, vol. 9.*
Michael Chisholm, *Rural Settlement and Land Use: an essay in Location*, London, Hutchinson U. Lib. (N.B. Chapter 2 summarises *von Thünen* (1826)).
Richard L. Meier, *A Communications Theory of Urban Growth*, Cambridge, Mass., M.I.T. Press.
F. Stuart Chapin, jr., and Shirley F. Weiss (eds.), *Urban Growth Dynamics in a Regional Cluster of Cities*, New York, John Wiley and Sons.
Richard L. Morrill, 'Simulation of Central Place Patterns over Time' *in Lund Studies in Geography, series B, Human Geography 24*, 109–20, Lund.
1964 William Alonso, 'Location Theory' *in* John R. Friedmann and William Alonso (eds.), *Regional Development and Planning*, Cambridge, Mass., Harvard U.P.
Edwin von Böventer, 'Spatial Organisation Theory as a Basis for Regional Planning' *in Journal of the American Institute of Planners*, May.
Brian J. L. Berry, 'Cities as Systems within Systems of Cities' *in Papers of the Regional Science Association, vol. 10* (reprinted in Friedmann and Alonso, *op. cit.*).
Melvin Webber (ed.), *Explorations into Urban Structure*, Philadelphia, University of Pennsylvania Press.
Ira S. Lowry, *A Model of Metropolis*, Santa Monica, Cal. The RAND Corpn.
1965 Britton Harris (ed.), Special Issue on Urban Development Models of *Journal of the American Institute of Planners* (May).
F. Stuart Chapin, jr., *Urban Land Use Planning*, second edition (especially Chapters 2 and 6), Urbana, Univ. of Illinois Press.
Peter Haggett, *Locational Analysis in Human Geography*, London, Edward Arnold.
1966 Britton Harris, 'The Uses of Theory in the Simulation of Urban Phenomena' *in Journal of the American Institute of Planners* (September).
Peter Hall, *Von Thünen's Isolated State.*

第四章
变化的引导和控制：规划是对复杂系统的控制

本书下列章节将论述有关规划的技术，包括规划过程、规划目的和规划目标的建立、规划信息、规划模拟与规划模型、规划设计以及规划方案的评价选择和实施等。

系统概论

本章所论为本书的基础，也即环境是一种系统，因此可引用控制论原理对其实行管理。系统在一般情况下被描述成一个“复杂的整体”、“一组互相联系着的事件或事物”、一种非物质事件的物质组织形态，以及“一组不可分割的互相联系式互相作用的目标”*。近年来，系统思想已得到很大发展，形成了众所周知的“总体系统理论”（von Bertalanffy，1951），同样博弈论（Churchman，Ackoff and Arnoff，1957）也得到发展，进而应用系统原理对真实世界加以系统的分析。另一方面控制论（Wiener，1948；Ashby，1956）则研究对复杂系统，包括有生命的系统和无生命的系统控制管理。

在本书第一章我们看到，对人与环境的关系可用系统——实际上是生态系统的术语加以描述。比尔（Stafford Beer，1959，第二章）提醒我们：“对任何具体系统的定义都只能是武断的，（因为）……宇宙似乎是由一系列无休无止的系统所组成，其中每一个系统都是比其更大的系统的一部分。这种形式正同一环套一环的永无止境的连环套一样（图 4.1）。系统可以开放，进而包括更广阔的领域，同样它也可以封闭……以便于我们考虑影响某个简单整体的外部作用时，将其视为某个系统的一部分。所选择研究的系统必须包含相互联系着的部件，同时在某种意义上，这些部件本身也是一种完整独立的整体。但该系统本身又是一系列这

* 《牛津英语辞典》

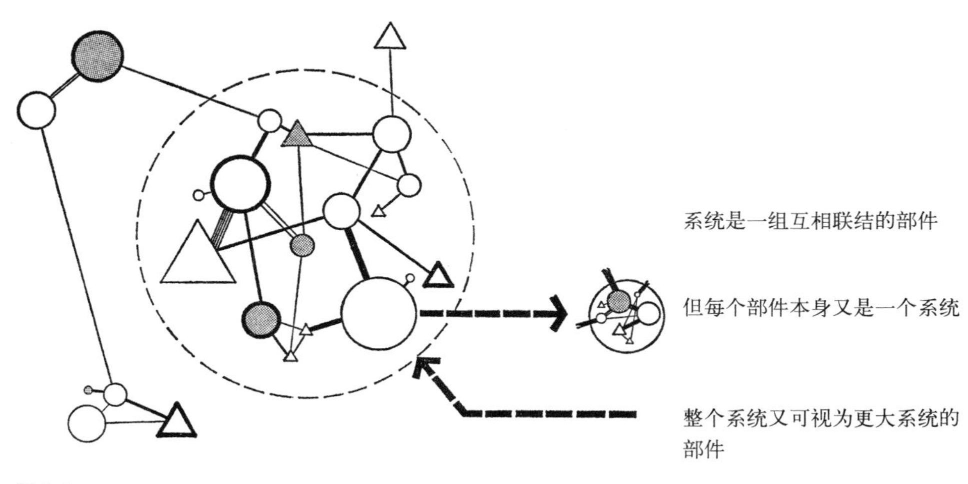

图 4.1
系统图示

类系统的一部分，而且它们又依次成为一系列更大系统里面的子系统，所以对系统的阐述绝非易事。”

人文环境系统

现在讨论一下对人文环境系统的定义。首先需要确定组成该系统的部件是什么，然后还要确定系统各部分之间怎样进行联系和互相作用。构成人文环境系统的部件是人文活动，特别是那些倾向于在某些地点、地区或区域发生的活动（Chapin，1965，p.90—95）。这些活动虽然种类万千，但它们与地点的关系则有的密切、有的疏远，其间可排列成疏密有致的连续梯度。例如在家庭生活中，看管孩子、接待亲友等活动与地点的关系极为密切，相反某些个人情趣、爱好，如照相等，则与地点联系甚微，因为任何一个地方都可能成为摄影猎取的场景。虽然人文活动与地点的关系有疏有密，但它们并非一成不变，有的要从密切转为疏远，有的则从疏远转为密切，对此韦伯（Webber，1963，1964）曾做过充分的论证。虽然作为一种生态系统，人文环境系统的部件只是那些与地点联系紧密，且一再发生于某地的活动，但我们要牢记其判别界限是流动多变的。

在这些部件之间起连接作用的是交通，同样我们所考虑的只是那些再发型，同时在空间上相对聚集的交通（Meier，1962）。这些交通使得各种人文活动能够相互作用、彼此连接，从而形成人文活动模式。交通形式可能多种多样，例如无线电通信属于与地点毫无关系的交通的范例，但与此正相反，铁路则是与地点关系密切的典型。再则，交通作用的种类也很多，有的涉及物体的传送，如货物、人员、信件的运输，有的则涉及人体五官接收感受的印象。这里为方便起见，可将物质交通（包括人和货物运输）单独分类划作交通系统中的一个子系统。同人文活动一样，交通与地点的关系也有疏有密。我们业已熟知，信件是一种与地点有关的物质运输，它也可以用与地点无关的电话所取代。再如，电视可将足球大赛的视听影像传到世界各地（尽管它还不能传递一场激烈比赛中所出现的如火如荼的气氛）。同样我们所关注的系统连接，仍是那些再发型且与地点有关的交通。

所以在确定我们所要研究的系统时，首先要确定活动和活动之间的交通联系。对上述系统也可进行形象思维，如比尔（Beer，1959）所述："我们可用点来表示各种各样的活动，活动之间的连接则以线来表示；有些点可能与其他所有点都有联系，但有些点可能只和与它相邻的点连在一起。用这种方法，系统可以看作是一种网络。"

此外，我们所研究的系统具有空间形态。活动要在空间中进行，其中包括建筑、广场、公园、海滨、湖泊、矿场、森林和机场等适当的空间，并不一定意味着要对物质空间进行改造。例如，赛车场、度假海滨和沙滩、用于赛船的天然湖泊、供人攀登的山脉等均属此类。所以所谓适当的活动空间，是指人们经常而有意识地利用的空间，而并非指土建工程（Lynch，1960）。

上述评论也同样适用于交通的物质形式——路径，这些交通路径，有的是人工建造，如道路、步行小径、铁路、管线、电缆等；有的则取自天然，例如河流、航空线、山谷等。

系统与结构

我们所研究的系统由活动组成，活动之间由交通予以连接。这些活动和交通，绝大部分要利用物质空间和交通路径。但我们绝不能认为它们是一成不变的(Buchanan，1966，第三章以及补编卷 2)。有很多活动空间，一再变换活动的内容，也有很多交通路径不断地变换交通形式（Cowan，1966）。城市和乡村的发展对此提供了历史的见证，教堂改为仓库，仓库后改为赌场；住宅改为商店，商店又改为办公室；而皇家公园又可能部分改为停车场。同样，很多不同的活动可能使用同一个空间或路径，对此可称之为多种利用。例如湖泊可用于取水、捕鱼和水上娱乐。而道路不但用于通车，还可用于停车、售货和公共集会。

我们不要被这些概念问题搞得垂头丧气。需要牢记的要点是：系统并不是真实世界，而只是观察真实世界的一种方式。对系统如何定义，部分地取决于该系统的设计目的。对系统较陌生的读者，大可不必性急。随着对系统的了解，对上述概念问题也会逐渐清楚明了。对规划师来说，其主要困难在于他们过去过分注重有关物质空间的资料。在此需要指出的是：物资设施固然是十分重要的，但更重要的是人文活动及其交通。它们是认识系统并对系统加以控制的关键。除了帮助我们认识真实世界之外，系统观点具有很大的实际应用价值。关于系统的定义，组成系统的部件以及系统各部分的连接等问题，下文所论规划技巧部分，将会对此给以解答。

对组成系统的活动和连接活动的交通，还可进一步分门别类地加以描述。例如，对活动的描述可分为对家庭活动、生产活动、娱乐活动和教育活动等不同类别活动的描述。而对交通的描述也可分为对交通内容或交通形式的描述，也可二者兼而有之。例如，根据交通内容的不同，可分为货运、客运或信息传递。按交通形式划分，又可分为道路车辆运输、无线电信号传递、管线输送、电话、视觉图像传递等。如果再分得详细一些，又可引申出游客乘车、警察无线电传呼、天然气管线等。

对上述组成系统的活动和交通，也可用不同的方法分别予以量化。例如，对活动可以分别用数量来表示，其中包括人口数、就业人数、固定资产数量、建筑面积等，也可以用密度来表示，包括人口数 / 英亩、就业人数 / 英亩以及营业额 / 平方米（建筑面积）等。

交通可用流量来表示，例如车流、信息流、电流、客流等；也可用流量密度来表示，例如，人车次 / 小时和百万加仑 / 日等。

城市系统观点的发展

大约 15 年前，上述关于系统的观点就在底特律和芝加哥的交通研究中得到了应用（Mitchell and Rapkin，1954）。城市从此被人视作一种系统，它的构成部件是根据活动或功能而划分成的一些面积较小的地块。城市的交通通信，特别是道路交通将系统的每个部件连接起来。在此之后所进行的一系列交通规划，都以这种系统观点作为研究问题的基础。当时认为，如果未来的土地利用形式能够确定，则相应的交通模式也可确定，所以可据此设计出适当的交通系统来满足城市的要求。

到了20世纪50年代末和60年代初，上述观点基本上遭到了人们的否定(Wingo and Perloff，1961)。因为土地使用和交通流量之间的关系是一种互相影响、互依互存的关系，人们不可能预先确定20年后的土地使用模式，然后再据此推算届时的交通流量，同样也不能预先确定未来的交通流量，然后再据此推算届时的土地使用模式。理由非常简单，因为随着土地使用的改变，交通流量也在不断地进行调整、变化；另一方面，随着交通情况的变化，城市用地也要不断地重新分布，以获取较大的交通通达性。所以城市的发展方式取决于城市用地的调整和交通设施的引进所产生的一系列影响（Beesley and Kain，1964）。

在最近十年，城市已不再被人们视为一种类似机械的工作系统，它已被人们视为一种不断演变的复杂的系统。这种看法无论对规划的理论还是实践都产生了广泛而深远的影响。

若对任何动态系统施加控制，必须首先了解该系统是怎样发展的：假设取消一切外部干扰，听其自然，系统将如何发展；如对其施加某种限制或刺激，该系统又将怎样变化等。任何人想要管理控制任何事物，必须首先要自问，如果怎样，将要怎样？有效的控制管理必须建立在对事物深入理解的基础之上，同时它也必须经过试验和学习才能掌握。

但是在现实情况下，人们常常不能进行实地模拟试验，有时因为太危险，有时则因耗资巨大。所以在上述情况下，我们只能模拟实际情况，建立相应的模型，通过试验了解系统的反应（Harris，1965）。有关这方面的例证，实在举不胜举，如在航空工业中所使用的模型飞机和风洞；水利工程中所使用的水塔模型以及将动物代替人体试验，以获取有关的人体反应资料（这种试验业已遭到很多人的反对）。假如模型是好的（时间是检验的唯一标尺），它会重现真实世界所可能做出的反应，十分准确地回答类似“如果……将会……？”的问题。

当然规划师对城市未来的某些方面加以预测，并非始自今日。现在我们已能够对人口、就业、消费能力以及对复杂的交通模式和商业中心销售额等方面加以预测。这主要应归之于很多其他学科的技术进展。

但直到最近，规划师还不能将城市视作一个整体来加以预测，包括预测城市未来的形态、城市的活动分布和城市的交通通信以及城市地区的特点等。因此，规划师对“如果……，城市将会……”等问题还不能扼要地予以回答，他们一直缺乏对城市整体加以预测的能力。但我们应该知道我们所制定的某些政策措施，对整个城市的影响，其中包括绿带政策、绿楔政策、自然文化保护地区政策、各种不同的道路模式、交通规划、停车管制、城市中心商业、就业区的扩大以及对同一种政策，选择不同的时间予以实施等等。

我们应对每一种可能性都逐一加以检验，以便发现哪种方案最符合我们的要求。当然，在某种程度上，我们也一直在这样思考问题，例如，我们总是要考虑各种不同的政策和它们所可能引起的不同的政策反应。我们也已对私人工业、商业、住宅投资人的情况进行了研究以发现他们的行动目的以及对各种不同的政府政策的反应。但问题在于当我们对诸多此类问题之间的相互关系加以研究时，它们在不同的时间所引起的数量繁多的直接影响以及间接影响则总是千丝万缕地相互交叉、重叠在一起，令人难分难解，对此若不借助其他工具的帮助，人类的大脑实在难以应付。城市的复杂程度远远超出了人们头脑容量的极限，我们不可能在我们的大脑中塑造城市的模型。

我们知道，城市中存在着各种各样的关系，可谓包罗万象、数不胜数。但如果对其采用正确的描述和鉴别方法，也可以用数学术语来表达。对城市随时间而产生的变化，可以转化成数学公式，借助电子计算机和相应的指令，我们可在几分钟内观察到一个大城市在几十年内的发展。实际上，城市中各种活动的区位变化，道路交通及铁路交通的流量，城市地价变化，城市的改造更新，城市工商业的发展变化以及城市发展演变的轮廓等，都可以用模型或模型组加以模拟。这样我们能够研究未来任何特定时间、特定条件下的城市状况，也可研究整个城市的变化、演变轨迹，这就如同观看关于城市未来的电影一样。对城市未来预测是否准确适当，取决于对所模拟的城市系统的描述是否清楚明确。对系统的模拟能够迫使我们探索真实世界的工作状况。关于预测和模拟的研究将留待第八章进行。

以系统的观点看待规划

综上所述，如果城市可看作受很多因素影响而不断变化的动态系统，那么对动态系统的城市所进行的规划也必须是不断变化的动态规划。对此米切尔（Mitchell，1961）曾论述："城市规划是关于城市变化的状态、速度以及关于其量变和质变的规划——也即关于城市发展变化过程的规划。所以它是动态的而非静态的规划，规划应从现状出发，面向未来的变化。"

规划的基本形式应该是说明书，具体阐述在一系列确定的时间间隔内（假设每隔五年）城市的演变方式。这些说明书包括一系列的图表、数据和文字，说明农业、工业、商业、居住、娱乐等主要活动以及相应的交通通信网络的规划安排，其时间间隔为五年，同时对城市用地和交通流量，将分别给以定量和定性的描述。

因此，规划师需要拥有关于人口分布、小汽车拥有率、人们的购买力、工业和商业建筑面积、停车场和交通量等方面的大量资料，以便于对规划目标进行阐述。此外，上述资料的形式要有助于直接应用于规划的制定和管理（这点非常重要，下文将要详述）。规划所列的数字要有一定的幅度，不但适用于近期比较肯定的情况，也要适用于远期很不明确的情况，因为对人文行为预测是极不可靠的。

当然，上文仅对主要规划文件做了论述，除此而外，还需补充关于用地、改建、道路建设、学校和住宅等方面的更为详细的研究。在有些地区，对建筑的拆除和保护，旅游和游乐等也会成为特别的研究项目。这些详细规划，部分来自内容广泛的总体规划，但同时也有助于对总体规划内容的修改与提高。这些专项研究，可能在对城市总体发展模型的塑造模拟中，早已得到了应用。规划文件的各种图解，也应该仿制成关于城市未来的电影胶片，每张胶片都表示城市在未来某个时期的状况。这样城市在未来将要历经的全过程、就能被清楚地显现出来。规划文件的文字和数据部分，也可采用同样的方法用以表达城市所规划的发展过程。对此布坎南（Buchanan，1966，折叠页 p.7—13）提供了杰出的范例。

总之，这些规划必须描述我们对动态的城市系统所希望遵循的变化轨迹和程序。这些规划将囊括各个时期城市土地使用和交通情况，并表示城市向哪方面发展，怎样发展等。关于规划制定的方法以及规划的形式和内容，将留待第九章探讨，第十章则讨论规划方案的选择，也即规划方案的评定。

规划的实施、指导和控制

对上述规划的实施，基本属于控制范畴。这里所说的控制，是系统工程和生物科学所论及的控制，并非指狭隘的限制和禁止，而是全面的控制，其中包括积极的刺激和干预。对此，可定义如下：

> “控制能使事物发展遵循规划所制定方向，换言之，它能使偏离系统目标的变化，维持在可允许的限度之内。”（Johnson，Kast and Rosenzweig，1963）

这是广义的定义，适用于对任何事物的控制，包括生物控制、经济控制、工业控制以及政治控制等，它既适用于极其简单的肯定系统，也适用于高度复杂的随机系统（Rose，1967）。下面我们将要讨论这种控制如何应用于城市和区域系统。

实施城市规划，也就是要求城市必须遵循规划所制定的发展过程，确保在每一个重要方面都不能超越所允许的限度。这样的控制过程，人们并不陌生。

例如，简单的恒温器根据偏离设计温差的情况，而对热源加以控制。在比较复杂的工业生产过程中和在高度复杂的人机系统中，其控制原理有如人开汽车，也较为复杂。

控制的一般原理可称为“误差控制调节”（Ashby，1956，第十二章）：系统与控制器相连接，而控制器则不断地接收关于现实状态偏离设计要求的信息（图4.2）。不论何种控制均包括如下四种共同的特征：

1. 需要加以控制的系统；
2. 对系统的设计要求即系统的理想状态；
3. 测定系统实际状态以及对理想状态的偏差的仪器；
4. 提供用以校正偏差使之不致超越允许限度的工具和方法。

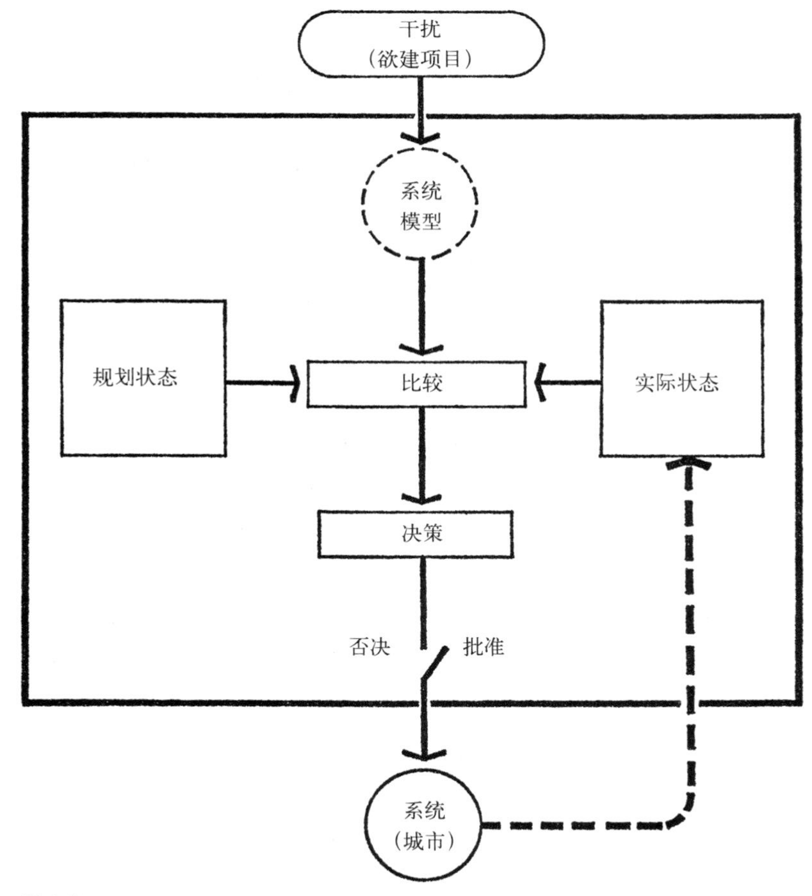

图 4.2
控制偏差程序

对规划师而言，需要施加控制的系统，当然是城市，城市规划则表达对其所要求达到的理想状态。对城市每个时期的实际情况，则通过各种调查加以测定，并与规划状况进行比较。截至目前，并不存在什么问题。但使系统不致偏离轨道的调节校正手段如何呢？城市系统的构成部件是城市活动用地，而交通通信是系统各部件之间的联络体，因此它们的增减和变化影响着城市的演变。若对城市的演变施加控制，必然要通过对土地使用和交通的调节来进行（McLoughlin，1965）。这种调节主要有以下两个方面：

第一，直接干预控制，这里主要指政府直接从事承担的各类公共项目，包括医院、学校、住宅、市政设施、道路、公共汽车、铁路、停车场、机场等。

第二，间接干预控制，这里指政府实施对其他私人机构和社会团体所从事的活动的批准和否决权（Llewelyn-Davies，1967）。

在这种控制过程中，规划师的作用犹如驾驭城市的舵手。他的前方目标是驶向规划所预定的航程。为此他需要不断地观察，以确定城市所处的方位。他的主要驾驶控制手段有两种：其一是他对政府投资、建设以及有关政策方面的影响；其二是他用批准或拒绝的方法，也即"断"/"启"开关来控制其他非政府建设活动（图 4.2）。

但这里仍存在一个悬而未决的问题，即规划师如何知道在何种情况下，他应该说是，还是否，同样他如何知道对政府的有关建设方针，应持何种态度。这正如汽车驾驶员开车一样，他要观察前方的道路，而且根据经验他也知道怎样把握转动方向盘，何时踩刹车、加速以及换挡等。对此，规划顾问委员会在 1965 年的报告中曾论道：

> "规划当局应对建设项目加以审议，以确定其与规划所制定的政策目标是否一致。"［规划顾问委员会（Planning Advisory Group），1965，p.46］

所以，这类问题正如同开车一样，可根据经验得到部分解答。但若对城市等极为复杂的系统施加控制，仅凭经验是不够的，必须借助模型的帮助，这点前文业已提及，在此再次重申一下。模型不但有助于规划的制定，同样它也有助于对规划的实施。在控制或实施规划的过程中，我们要经常自问：如果批准或拒绝有关申请，城市将会怎样？它是否仍继续按规划制定的过程在发展？这就要求我们必须能够预测可能发生的情况对城市产生的影响。否则的话，一旦事情发生，系统可能早已偏离预定的轨道，对其进行校正就显得为时太晚（图 4.3）。因为模型可模拟城市的反应，所以它有助于我们解决此类问题。无论是模拟大型建设项目对城市的影响，还是模拟很多小的建设项目对城市的累积影响，都可借助模型的帮助。

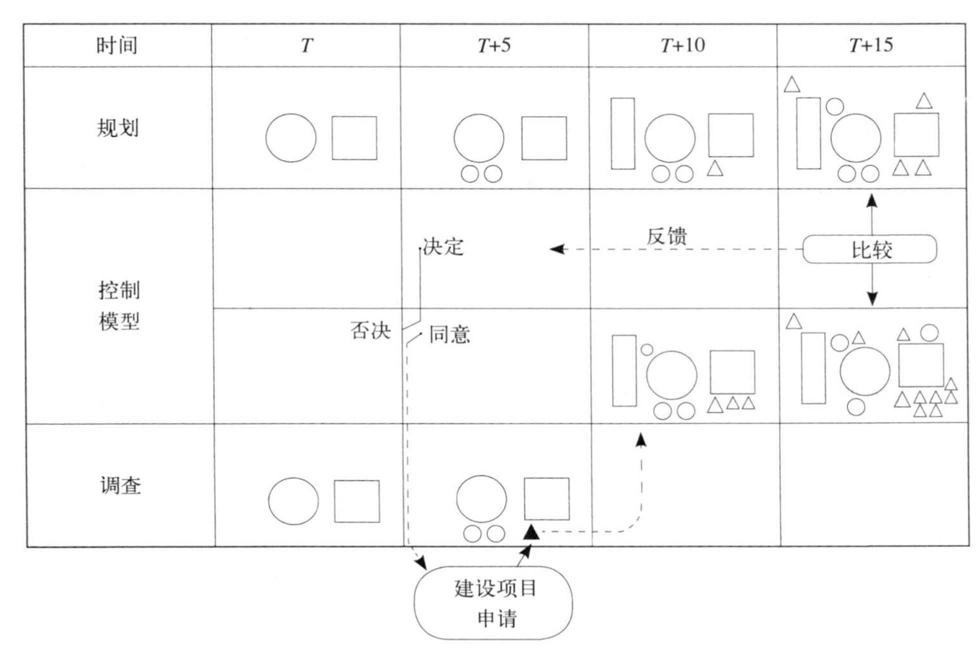

图 4.3
控制偏差原理在规划中的应用

模型能够扩大规划师的经验和眼界，同时模型也是一种预警器，告知人们何时需采取调整校正行动。借助模型的帮助，规划师能够对旨在使系统不致失控，或旨在使系统不致偏离预定轨道，而采取的各种各样的政府政策或政府干预措施，加以试验模拟。因为在模型设计中考虑了时间的变化，所以各种干预政策在近期、中期和远期对城市所产生的不同的效果，也可在模型中反映出来。对此米切尔（Mitchell，1961，p.171）曾指出：

"这种连续的规划过程将接收、吸取关于城市变化以及各种规划项目对城市所产生的影响的信息反馈。因为城市的发展过程能够测定，所以这种规划过程也能够指导城市的发展，其工作原理极像导弹，根据所接收到的有关偏离预定航线的信息反馈，来对其航线加以校正调整。"米切尔对此又补充强调：规划的时间性非常强，主要表现在以下三个方面：

1. 规划是连续的，因此不存在什么确定的规划；

2. 规划的目的在于影响和利用变化，而不是描绘未来的、静态的图景；

3. 规划只是众多关于建设方案、资本分配、资源利用等方面长期和短期计划的部分表达。

最后，如发现需采取重大干预或系统严重偏离轨道，则必须重新制定规划。因为原来制定规划的目标和假定条件需要重新审议。这可能导致制定新的需重新遵循的城市发展过程。而上述无休无止的循环过程，也就此终结。在第十一章中将会讨论关于规划实施、控制和重新审定的细节。对系统的控制取决于获取有关的信息资料，以及对这些资料的模型处理，这将留待第七章讨论。

系统控制的作用

现在回到系统是整体而彼此相连的观点。在第一章中，业已论述了我们的系统就本质而言是一种生态系统的观点。不论衡量的标准如何，它的复杂性都是不言而喻的。比尔（Beer，1959，p.10）曾论述一个仅由寥寥可数的几个分子所组成的系统，可能会含有 $2^{n(n-1)}$ 种不同的状态，所谓状态也即系统的每个连接部件，一断一连所产生的模式。这样，一个仅由七个分子所组成的系统，可能会有高达 2^{42} 种不同的状态。对此，我们无须大惊小怪，因为我们已经知道，人与环境的关系是极其复杂的。但我们必须认识到规划师的性质和地位，认识到我们过去所沿用的直观的规划方法，实在难以完成其所从事的极其复杂的工作任务。

对此，我们是否束手无策呢？难道我们应该承认失败，并就此罢手了吗？鉴于种种原因，我们对上述看法，实在不愿苟同。截至不久之前，人们还在应用一开始似乎就注定要失败的方法，来处理极为复杂的系统。在研究天生复杂且随机性很强（例如有机体）的系统时，采用一次变动一种因素的方法。但不幸的是，很多其他因素也同时随之改变（对此科学家也并非不知）。但在最近几年，控制论已经问世，并得到了很大的发展，其理论奠基人维纳尔（Wiener，1948）曾将其定义为研究动物和机械内部控制和联络系统的科学。应用控制论技术，使人们能够推断有机体控制系统的结构。例如在视网膜与视觉神经之间所存在的联系等。后来随着显微技术的发展，证实了这些推断的正确性。斯诺（Snow）伯爵最近在历史协会所作的演讲中，阐述了人类进步过程中所出现的三次重大转变。第一次是 1 万年以前出现的农业 - 城市革命，其结果导致了以农业为基础的早期城市胚胎的形成；第二次是在 18 世纪和 19 世纪，可用能源的增长使人们能够使用机械来改造世界，并创造了巨大的物质财富；第三次也即目前我们正经历着的控制革命，在这场革命中人们开始认识复杂的系统及如何为了人类的目的对其实行控制。所以，控制革命是迄今为止意义最为重大的革命。对此艾什比（Ashby，1956，p.5—6）博士指出：控制论的问世向人们提供了研究和控制极其复杂系统的有效方法。它有助于我们解决很多极为复杂，目前还令我们束手无策，一筹莫展的社会、心理以及经济问题。

在医学、管理、航天以及生物科学等方面，控制论正日益发挥着巨大的作用，其原因在于控制论所研究的对象是复杂而有概率性的系统以及如何对系统施加控制。在本章及前一章业已论述了人文区位行为的研究（其原本起始于其他学科的研究），现已成为系统研究的对象。这主要归之于理论与实践的密切结合。现在实践人员，无论他们是否接受系统观点，均发现系统科学日益有助于理解复杂的行动。系统理论的最新进展（虽然还未在实践中加以检验）与规划师关系密切，因为它主要涉及系统的变化特点以及如何应用控制论对系统加以控制的可能性。

接受这些关于系统的理论是很困难的，因为这意味着必须修正，甚至抛弃自己一生当中所形成的很多固有观念。我们提倡应用系统观点，仅仅因为我们相信：该理论所解决的问题，远比它所产生的问题要多得多，同时系统观点也有助于我们了解人与环境的关系以及对它们加以指导和控制。

在此，我们建议读者不仅要阅读书中所列的参考书籍，同时也要将理论与现实世界以及个人经验结合起来。只有将理论与实践相结合，才能从中获得最大的效益。从下章开始，我们将对规划技术加以探讨，其中有些技术是成熟的，并得到了广泛的应用，有些则是新技术，目前还处于试验阶段，所以对这两者必须加以区别。我们希望，当读者读完后面的章节，再回顾上述理论，将会进一步体会其中的意义。

第五章
规划为一循环过程

前面的章节业已论述了人在生态环境中的地位以及为了改善人与环境的关系，人们如何对环境加以改造。我们也知道我们要处理的系统是极为复杂的概率系统。在这个系统中，人们的活动、容纳活动的空间以及连接活动的交通通信在不断地变化。这些变化必然产生一系列的回荡反映，它们改变了系统本身，同时也促使其他人进而萌发动机以改变他们自身的处境。

据文字记载，人类企图控制发展变化所采取的行动，可追溯至很久以前。一般情况下，在民主社会，这种干涉是为了整个社会的利益；而在专制独裁的社会，这种干涉则反映了少数权势人物的愿望。在这两者之间，固然也存在很多差异，但这种干涉，总是来自当权的个人或集团与社会上最有势力和影响的阶层。古雅典人为了保护通往比雷埃夫斯（Pireaus）港口的通道，曾在道路两旁筑起了防护墙；罗马帝国在其全盛时期，曾在罗马古城引进了交通管理制度；而在中世纪，很多城市都曾对入城货物和商人贸易施加了管制。以上所列，仅为各个时期封建领主贵族大亨对人员、土地以及动物之间的关系施加控制干预的少数实例。在近代，在财富和权力高度聚敛的德国和法国，产生了卡尔斯鲁厄（Karlsruhe）城和凡尔赛（Versailles）宫，而在比较民主的荷兰和英国，则制定了阿姆斯特丹（1609—1610 年）和伦敦规划（1666—1667 年）。但需要注意的是，上述工程固然伟大，但其直接影响仅局限于当地，它所引起的回荡反映，也耗时良久才发生。虽然这些工程耗资颇巨，但因当时交通通信能力有限，使它们的影响在短期内只能限制在很小的空间范围之内。

18 世纪英国发生了激烈的转变。一方面，不断聚敛财富的富商大贾和暴发户们，为了炫耀其地位的显赫，争先恐后地将成千上万亩土地改建成花园式的宅邸。为了取得宜人的景观，他们会将整个村庄统统迁走。另一方面，科学技术的发展和应用，也极大地提高了农业和畜牧业的生产能力，因此在 1780—1820 年期间，为提高农牧业产量，充分利用科技方法，英国开展了圈地运动，为便于对下文的理解，这里将突出强调圈地法案的两个主要特点：(1) 该法案影响极广；(2) 通过议会立法，使国家能直接施加干预。

如霍斯金斯 (Hoskins，1955) 所指出的：小型乡镇采矿和制造业的出现是工业革命初期的显著特点。但在大规模的生产方式和先进的交通通信技术问世之前，它们的影响和副作用不可能扩展得很远。但不久英国就出现了快速汽车和火车。它们将各种不同的活动连接起来，也进一步促进了人们的相互影响和相互作用，其规模之大闻所未闻。同样，电报、新闻、广播和全国性的报纸，由于能够传递信息流，也发挥了与汽车和火车相同的作用。

交通通信在过去 150 年间，对发展所产生的促进作用，自然是勿需待言的。同样，在此期间，政府所通过的各种法案，所采取的各种措施也举不胜举，其目的在于通过控制交通、工业、住宅、商业、游乐等构成社会生活的各个方面，来驾驭社会的发展变化。这些措施和法规，绝大多数都涉及对物质空间环境的控制，对此无须费笔赘述，因为他人早有论及 (Ashworth，1954)。但有一点需强调指出，19 世纪和 20 世纪初期所颁布的法规措施均强调对行动本身的控制管理。举例言之，根据 1875 年的公共卫生法，住宅建设须得到卫生当局的批准，方可实施。各地根据卫生法和其他有关法规，所制定的有关管理条例也非常简单，其流行方式，是根据卫生标准的要求，对具体建设项目简单予以批准或否决。虽然以这种简单的行否方式来处理防潮、街道宽度及通风等问题，确实是无可非议的，但对复杂的人类生态系统却不值得提倡。

在英国的维多利亚和爱德华时代，所制定的控制规范，在内容和形式上均类似于"汝勿准"之类的警察法规。在过去的几千年中，由于城市的规模较小，事物之间的相互影响和作用极为有限，这种控制方式却也能够发挥作用，但用它们来处理巨大、复杂，而且彼此之间有着千丝万缕联系的人文生态系统，则无论如何是行不通的 (Beer，1959，第三章，第五章)。

在前面章节，业已论证了系统观点有助于阐述和理解人文环境关系，本书后半部分，则集中论述如何以系统观点为基础，对人文环境施加控制。一般而言，简单的确定性系统 (deterministic system)，如钟表和蒸汽机可用简单的方式，例如操纵杆、调节器、阀门、齿轮等加以控制；但极为复杂的概率性系统 (probabilistic system)，例如人文生态系统，则必须通过复杂多变的手段加以控制。它们不可能像警察法规一样简单，而必须对系统施加敏感性强且具诱导性的管理。换言之，要应用控制论原理才能对其加以控制。在第四章中，阐述了任何系统的控制器必须与被控制系统形式相同。据此可以断言，规划过程也必须与其要施加控制的人文生态系统形式相同（后面的章节将对规划系统加以详细阐述）。鉴于这个问题极为重要，同时也便于读者了解下面章节的内容，有必要在此简单阐述一下行动和规划的过程。

在第一章阐明了社会上的个人和集团，所采取的行动如何改变着人文生态系统。这些行动如前所述（Chapin，1965，p.33），仅是行为模式在循环过程中的某些环节，其整个循环过程可阐述如下：

1. 行动人和行动集团首先要观察环境，然后根据个人或集团的价值观念来确定对环境的需求和愿望；

2. 确定抽象的广义的目标，可能同时也确定实现目标的具体明确的标准；

3. 考虑达到标准和实现目标，所应采取的行动过程；

4. 对行动方案加以检验评价，通常包括是否具备实施条件，所需成本和耗用资金，行动所能获取的效益以及它们可能产生的后果等；

5. 在上述过程完成之后，行动人或行动集团即采取相应的行动。这些行动改变了行动人或行动集团与环境之间的关系，同时也改变了环境本身，而且经过一段时间之后，也改变了人们原来所持有的价值观念。然后又要继续重新调查环境，又形成了新的目标和标准，这样，一个循环过程完结了，新的循环过程又重新开始，如此周而复始、循环往复、无穷匮也。

规划作为对上述复杂的系统变化施加控制的手段，应具有与上述行动模式相同的形式。但基于下面章节所阐述的原因，它们之间的关系不可能尽善尽美或达到完全同步，但毋庸置疑，规划过程应尽可能与行动过程亦步亦趋，紧密相关。为了对社会上的个人和集团的行动所产生的效果加以控制和指导，社会也必须采用与个人和集团行为模式相同的控制形式。下面从整个社会的角度来重新阐述上述五个阶段所组成的循环过程。

第一阶段，也即观察环境阶段。在这个阶段中人们产生了某些需要和需求，其中某些需要和需求，可能通过对环境采取行动得到满足，同样，决定是否进行规划也需经历同样的过程。这种规划程序古已有之，并非始自今日，但在近期由于人口的飞速增长以及人类行动对地球生物所产生的影响，使规划的作用变得更加突出了。但我们所说的规划，则指的是对土地使用和交通的控制，其中也包括有目的地促进城市进行某些发展。这种规划的起源并不久远，在英国和德国，仅仅起始于 19 世纪和 20 世纪初。至于何时决定采用规划，则无法考定。但它们决不是政府部门和城市当局心血来潮所致。相反，进行规划是社会长期发展演变的必然结果，因为受自由放任的原则所支配的社会，发展到某种程度，必然要使国家感到需要采取一定的措施对其实施干预。同样，规划也不能替代早期的控制管理措施，若公正言之，早期的控制管理措施也似乎可划归规划的范畴。一般而言，规划总是和早期的控制管理措施结合在一起的，例如住宅法、采矿和加工业的控制方法以及对交通的管理方法等，这使我们的研究产生了很大的困难。规划之所以问世，在于需要用它来部分弥补其他政府决策所遗留的空白（Dyckman，1961）。因此，也使得政府政策的制定和执行与规划混淆在一起。最重要的问题，还是如何对规划系统下定义，但是要做到这一点，则必须首先认识规划所涉及的对象，也即真实世界。在前面的章节，我们对此已略有阐述，在后面的第十二章将要对规划的行政机构加以详论。然而，目前所论仅为规划程序的第一阶段，是决定采用规划，这个阶段不是终止阶段，因为决定采用规划，并不能使社会一劳永逸。这也犹如逆水行舟，不进则退。对规划的需要，规划的作用和目的、空间规划和其他规划的关系、进行规划的行政手段等许多问题。均需要社会各方人士，加以定期的讨论和检验。

第二阶段，制定目标阶段。制定规划目标的过程与个人、集团和社会的行为动机模式极为相似。没有人会认为，他所采取的行动毫无任何动机和目的可言，虽然有时很难明确阐明人们做某件事的原因。人与其他动物之所以有别，也在于此。通过语言和文字，人能够与亲朋好友以及专家、学者讨论他们做事的目的和目标。执政的政府和在野政党，需要把它们所追求的目标向民众阐述，以寻求选民的投票。要做到这一点，它们必须首先判断选民的需求、愿望以及价值观念。同样，规划也要能够确定规划所寻求的目的。这是第一阶段，也即采用规划之后，所必然的进展，因为采用规划本身，也需要有某些目的支持才能自圆其说，所以规划目标制定阶段，就某种意义而言，只不过是第一阶段的延伸。它进一步使规划所寻求的目的明了和具体化。目的（goal）一般比较笼统含糊，虽然也并非绝对如此，所以在实现目的的过程中，需要有比较明确肯定的目标（objectives）作为补充。例如,假设规划目的确定为“增加城市及周围地区的各种室外游戏机会”，那么该规划目的所依据的某些规划目标，则可能是（1）使距城市中心 10 英里半径之内的公园面积增加一倍；（2）在距大多数家庭半小时行车距离的范围内，征建 5000 英亩的河畔湖滨游乐面积。

规划目的的制定十分重要，因为许多规划程序，直接取决于所建立的规划目的。一旦规划目的和目标决定之后，紧接着成千上万、大大小小的各种决策，也会接踵而来，随之决定。除非这些规划目的和目标再次得到补充和修改。假若对规划目的和目标不能清楚地阐述，那么随后所采取的行动，便会不知其可。无目的规划使规划机构很容易成为信风标，随着其他变化摆来摆去；也有可能成为私人或其他公共机构的替罪羊，而代人受过；此外，规划也会被人假手，借以谋取他人之利。目前论及规划目标的文章屡见不鲜，这并非因为规划总是无目的的规划（虽然在这方面是不乏其例的），而是由于规划目的常常得不到很好的表述，有时也由于它与其他社会公众目的相抵触，还有时则因其仅仅是规划师本人的目的，而非规划所服务的“业主”的目的，对此将留待下一章详细讨论。这里只需指出：除非将行动与目的联系在一起，否则对行动方案或行动方案的评价的讨论，既不可能也毫无意义，无论行动的主体是个人、集团或社会均为如此，概莫能外。

第三阶段，也即确定行动方案阶段。个人或集团对行动的选择，通常受财源、法规、个人或集团的爱好等因素的制约。事实上选择的可能性是很多的，例如，在第一章中所论的搬家，其形式就五花八门，即或在初期看起来选择的余地似乎极为有限，也仍有多种可能可供挑选。决策人往往主观上有意地将考虑范围加以限制，以便使选择能够成为可能。此外，也很重要的是，决策人所作选择的范围往往局限于其本身的经历，非经验过的可能则被排除于选择范围之外。如本书第一章所论，假若在体育俱乐部中，没人通晓运筹学和有关规章制度，则不可能考虑修改网球场使用预约登记章程。

在考虑行动方案时，无论是个人、集团或公共规划机关，所面临的问题都大同小异，但后者的情况要比前者复杂得多。现在人们已经认识到，规划对很多大大小小的公共机关、私人企业团体或个人以往所作出的千千万万的决策，都产生影响和冲击，这些决策是对各种各样的刺激所作出的形式不同的反映。规模较大的政府机构团体所作出的决策，在很大程度上反映了政府的政策；中等单位，如地方政府和企业要根据国家政策、金融市场、生产技术、交通运输和通信手段等作出反应，但也有很多不可预测的随意决策。至于个人、家庭、集团等所采取的千千万万的行动，是对不同的政治、经济和社会“气候”所作出的反映，其行为方式部分受上述气候的制约，部分受当地生态系统条件的限制，同时也有一部分，可能纯属随意表现，无任何理由可加以解释。

可行规划方案的产生，需借助系统模型的帮助。系统模型将政策，也即政府可直接或间接控制的因素，作为影响系统变化的变量来测试：在各种不同政策条件的影响下，系统状态随时间而发生变化。例如在英国，上述政策变量可包括提供建设资金、铁路运输政策、公路修建、贫民区的改建、住宅建设用地的提供、工业和办公机关的区位等，对这些变量可进行各种假想的组合，然后根据模型测试各种可能产生的结果。每组假设变量（例如在下列变量假设条件下：基建资金有稳定的来源，逐渐加速实施修建道路和贫民区改建计划、取消限制城市发展的绿带、取代乡村公园政策、对铁路通勤实施补助等），都将产生相应的一组人口和活动分布以及交通网络和交通流程状况。当然，上述方案并非全部都能以空间形式来表达。许多供研究的规划方案必须用文字和数字来表示。同时也需注意某些规划目标和某些规划项目来自其他机构，有的可能自上而下，来自上层（例如，从中央到区域，又从区域到地方）规划机构；有的可能自下而上，需上送审批；还有的可能来自其他平行机关，例如其他公共设施机关企业、私人工商业代表机构等。

上述问题以及其他关于规划方案选择和评价方法，将在第九章中予以详述。

第四阶段，也即对规划方案的评定选择阶段。在这个阶段中，开始要对诸对可能的规划方案进行筛选，最后保留少量的规划方案留待做进一步的修改和评定。评定规划方案时，首先要确定两个重要问题：(1) 要评定的规划项目是什么；(2) 如何测定这些项目。同个人或集团往往以其自身利益为出发点来谋求最佳行动方案一样，规划师也必须以整个社会利益为衡量标准对规划方案加以评定，这是规划师考虑问题的最高准则。此外，个人对自己的目的和目标往往比较清楚，可以直接一一罗列所要评定的项目，例如潜在的住宅买主所开列的评价项目，可能包括：屋室条件、房屋结构、花园大小、住宅位置、自然环境以及购物是否方便、子女就学、探亲访友和左邻右舍情况等。他会将上述因素与房屋售价、常年维护费用以及其他无法量化的因素，例如居住的舒适和惬意程度等，加以权衡比较。同时他也知道他个人的收入、需求和喜好等，也会随时间的流逝而发生变化。因此，这些因素也会影响到他的决策和选择。

但规划师的任务却要困难得多，虽然规划师也需制定所应进行评定的一揽子项目，但他要代表的却是巨大的、由各色人种和不同的利益集团所组成的整个社会。此外，规划师所要评定的也不是在某个特定时间所做出的某项单一的决定，而是对随时间流逝所发生的一系列决定（尽管其表现形式可能为每隔一年、二年或五年）进行评估。所以，在评定时，他必须把未来各个时期内人们的需求变化以及评定标准的改变考虑进去（例如，交流方法、空间标准、游乐休息方式的变化等）。看起来，这似乎令人垂头丧气，但另一方面，它也是一种挑战。同时这也提醒我们：规划师的工作，涉及对极为复杂的，且具有概率性的系统的控制管理。因此，规划方案的评定，只是其中的一个问题而已。但有一点可以肯定，也即被挑选进行评估项目，必须与前面所确定的目的和目标有着直接的关联。所以在这里我们再次强调了规划过程是一种连续统一的过程，虽然对规划方案的评估技术，目前仍处于襁褓时代，很不成熟（因为规划的发展起始于 20 世纪），但也取得了长足的进展，足以保证对规划方案进行有效的评估和选择。

第五阶段，也即采取行动阶段，这点亦与个人或集团的行为模式相同，但二者之间也存在着天壤之别，不可同一而语。鉴于个人的资源有限，也受其他多种因素的限制，他所采取的是单一的行动，仅仅希望在今后一段时间内，改善个人的状况；然而规划师的行动，则涉及对大量连续不断涌现的行动，所造成的结果和影响的控制和管理。鉴于在控制论中所阐述的同步原理，这种对连续过程的控制，也必须是连续的。换言之，在规划的循环过程中，所谓的行动阶段是永不间断的。当然，这并非意味着规划师就像船上的水手一样，每周七天，每天 24 小时都要连续作业。相反，规划师倒有点像培植花草的园丁，需要经常、定期观察园林的变化，有时修剪枝叶，有时除除草，有时则植点花木等。同时，每隔一段时间，再进行一次全面彻底的检查，以确定园林的发展是否基本符合理想状况。

因此，规划机构的心脏是对发展的控制，也即对各种有关变化的决策的控制管理，因为改变环境的行动，是使系统产生变化的主要角色，它们改变了人文生态系统的状态。对于有关发展的建议或建设规划要根据系统模型加以鉴别和判断，这种模型与前文所论的规划方案模型相同或类似，也有可能就是规划模型本身。在这个系统模型中，可对欲拟发生的发展变化加以模拟，以测定它们对系统的影响，检验其是否与现行规划方案产生重大偏差。对大型的规划项目，例如：发电站、钢铁厂、高速公路、水库，虽然可能在规划阶段，就已经将它们存入系统模型；但在拟建之前，还需重新检验它们对系统的影响，其原因在于：(1) 这些项目本身可能与原来规划情况大不相同；(2) 输入系统中的外部环境也可能与当初规划所预测的情况有别。

随着时间的流逝，环境要发生变化。在规划的全过程中，经济、政治和社会背景，个人、集团以及整个社会的愿望、需求和价值观念，都要发生变化。对变化的某些方面，也许只是变化的大概轮廓，人们能够加以预测，但对变化的细部却很难预见。

这样，在规划的最后一个阶段完成之后，需要对这部控制机器进行彻底的检修，又要对规划进行检查和修改。这样，按照上述过程的规划，又开始了下一轮循环。这里需要指出的是：并不能将规划过程中的行动阶段，简单地划分为对发展变化的连续控制和对规划的重大检查修改两个层次。在下文中，将会更详细地论述，行动阶段是由等级网络构成的。一般而言，对规划进行重大检查和修改间隔时间较长，其间规划也需要进行一些零星局部的检查和变动，也需采取一些特殊行动，接下来才能做到日常的控制。

现在可以对上述规划循环过程进行简要的总结：

1. 决定采用规划以及采用何种规划方法（严格讲，这并不是主要控制循环过程）。这一阶段，有其本身的循环过程，它所需时间较长。其间要对规划的行政体制和技术手法进行修改，也需要对规划人员进行重新教育和对规划专业机构进行改组。

2. 确定物质规划的目的和目标，这需要所有相关机构的合作，同时也要确定物质规划和其他规划的关系。

3. 研究各种可行的规划方案，这要借助模型的帮助，以说明各类活动和干预所产生的变化，对系统带来的影响以及系统的反应等。

4. 根据给定的社会价值和估算的成本效益，对规划方案加以评定，以选择确定理想的规划方案。

5. 实施规划所采取的行动，这包括政府所进行的直接建设以及对其他公共和私人建设项目的控制。控制的目的，在于防止拟建设项目对系统产生不利的影响，使其偏高预定的轨道。这里需再次使用在第三阶段中所建立的环境模型。显然为使这个过程能够继续进行，我们需要……

6. 不断地检查、修改规划，每隔一段较短的时间，进行一次小的检查修改，若间隔时间较长，则需要进行大的变动调整。这样做是必要的，因为我们所面临的是不肯定的概率系统，对其变化难以做出肯定的预测。在规划的检查和修改时，既要考虑原有的规划项目所做的预测可能与实际情况不符，也要考虑当初规划所处的政治、社会和经济环境的改变以及人们需求、希望、价值观等方面的变化。

这样，我们就又回到了上述循环过程中的第二阶段，有时甚至重新回到了第一阶段，关于规划的详细技巧，留待后面的章节予以讨论。

第六章
规划目标的确定

确定规划目标在规划循环过程中的地位以及与其他规划阶段的关系，在前一章已做了论述。虽然规划的每一个阶段与其他阶段都是密切相关,不可分割的（例如调查的方式要受规划的形式和规划地区类型的影响，而对规划的重新评议、修改，可能会导致对规划目标的变动），但我们还要强调确定目标阶段是规划中最重要的阶段，因为在这个阶段所做出的战略决定，会对其后做出的一系列其他小型决策产生至关重要的影响。这种关系可称为政策决策层次关系（Stuart Chapin，1965，p.349 及以下）。例如，假设规划的第一级，也即最高决策是要在城市静止发展和无限度地发展之间作出选择，那么，可以设想，在这两种极端选择之间还会存在着各种差别。但无论做出何种选择，都会对关乎财源、公共健康、安全、城市生活和娱乐设施等方面的社会、经济和公众利益决策产生影响。若选择控制城市规模的决策，规划的实施则需考虑在限定的规模内，最终取得城市内部功能的平衡问题。若选择无限制发展的决策，则需要渐进地满足不断增长的需要。第二级决策，则主要涉及城市结构或城市形式。例如，城市布局采用集中形式，还是分散形式；是相对集中，形成几个较大的中心，还是比较分散，形成数量较多，但规模较小的中心。另外还要考虑选择各种可能的土地使用布局和相应的交通系统。第三级决策则涉及居住密度、街区内部道路系统、功能分区等问题。

当然，这并非意味着政策决定要严格按照上述程序进行，实际上也未必如此。之所以要援引上述虚拟例证，无非是要说明决策的做出，是依照关乎逻辑的决策树状结构而进行的。

同样，确定规划目标也是十分重要的。它可为日常规划管理提供参考的依据，因为在树状结构的决策系统中，较低层次的决策，需待较高层次的决策明了之后，才能做出。例如，对临街店铺和民房的改建，若不考虑未来街道的宽度和走向，是不可能决定的。而街道宽度和走向，又必须等到其所在的城市地段（也可能是整个城市）的道路交通系统决定之后，才能确定。因道路系统的设计需考虑沿街城市用地，所以它又需等待城市用地模式确定之后，才能确定。

温戈（Wingo）和波罗夫（Perloff，1961）认为这些关乎政策的问题，总是逐渐上升的。例如，若在几种可能之间选择关乎区域长期发展的方案，就不能根据交通运输是否有效来决定，而要将该区域总的社会经济效益作为选择标准。显然，这要求我们将区域看作生产单位，侧重考虑它为该区域和其他地区提供商品和服务的能力，以及地方工业在区域和国家市场上的竞争力量。

上述论证并非强调每种无关宏旨的决策，都必须等待区域、国家乃至一个大洲的规划明确之后才能决定，但有些规划师偶然也持这种观点，其理由仅仅在于较低层次的决策，对较高层次的决策选择影响甚微。我们论述的目的，无非是强调广义总体规划要考虑详细规划决策。在很大程度上，这样的规划有利于较详细决策的选择。因此，在讨论制定规划目标时，必须充分了解各种目标可能带来的内容广泛且长期的影响。

广义总体性的规划目标，必须附有详细具体的目标作为补充（Young，1966）。其原因在于：(1) 对广义目标的阐述，难免含糊和笼统，这会使人们感到茫然，不知为实现这种广义目标应该做些什么，而规划师也会因缺乏公众的支持和反应而感到灰心丧气（Meyerson and Banfield，1955）。然而若将广义的规划目标，转换成详细具体的目标或行动，人们就容易对此产生兴趣，也能做出积极的反应，热望参加对规划的讨论；(2) 在根据某项特定的目标而制定规划时，必须同时具备能够测定实现规划目标进展的方法，否则会由于不能及时勘误，而失去对规划实施的指导和控制，整个规划过程也因为变得主观和随意，有鉴于此，我们需要制定详细具体的规划目标，并用它们来测定实现广义规划目标的进程。

对此可进一步举例说明。假设广义的规划目标是“为某地区的所有居民提供最方便的购物中心”，这种政策阐述，因其较含糊，所以还不能够作为规划制定和实施的基础。它缺乏规划所需要的具体目标和标准。这些具体规划目标和标准可能包括：(1) 使所有居民抵达购物中心的总里程最小（规划设计目标）；(2) 使每户距购物中心的平均距离不超过 4.3 英里（规划实施和控制目标）（对比 Friedmann，1965）。

再假设规划目的是：“增加该地区居民的生活居住面积”。根据这种广义的规划目标，其具体规划目标可能是；将该地区的平均人口毛密度从 1961 年的 12.9 人／英亩，降至 1985 年的 11.0 人／英亩，其中最低人口净密度可为 10 人／英亩，最高为 60 人／英亩。

显然，根据上文所述，同样的规划目的，由于规划师不同或规划的地区不同，可能所采用的规划目标也大不相同。再则为了促进规划师与政治决策人之间的“对话”，增进相互之间的了解，规划师有时也故意将规划目标加以变动（Leven，1964）。虽然不同的规划目标和标准可能异曲同工，都会实现相同的规划目的，但其成本和效益却彼此有别，不可等同而论。规划目标（或规划目标组）可由规划子目标或某项特殊的具体行动方案所组成。例如政府在市政设施、土地整备、公共建筑以及公路建设等方面的投资等。上述各项不但需要有基本建设投资，也需要有运营管理开支。对这些项目进行成本和效益分析，有助于在规划师、政策决策人以及公众之间开展对话，以便明确建立相应的规划目标。

近年来，有许多人都在强调：将长期总体性目的转换成短期具体目标的重要性。对规划怀有极大兴趣的政治学家阿特舒勒（Altshuler）论道：“真正综合性的总体规划目标，不可能成为对具体方案进行评估的依据，人们很难对这类目标产生政治兴趣，也很难在这类目标的指导下，制定出合理的规划。有鉴于此，很多规划师希望能够制定中期规划，也即规划目标虽然笼统，但却切实可行”（Altshuler，1965a）。

物质规划目标颇多，其中有的目标古已有之，并非始自今日。有的则较新，新近才为人们所接受；有的规划目标在发展中国家较流行，有的在发达国家则较普遍（Young，1966，p.77）。

追求城市或区域环境的美学质量——特别是视觉质量是最古老的规划目标之一。早在古希腊的城市规划设计中，就可发现这种影响的痕迹。后来文艺复兴时期在意大利、法国、西班牙和北欧的许多城市中，更可寻到这种影响的足迹，其中尤为明显的是巴洛克（Baroque）的规划。专制君主为了显示自己的权力，对城市进行了精心规划和设计，借以烘托他的领导作用。现代城市规划运动在 20 世纪初起源于欧洲和北美，其目的也主要是为了追求城市的视觉美。在美国，现代城市规划启蒙运动之一，实际上也被称为“城市美化运动”。

现代规划运动起源的另一个目标则关乎大众卫生和健康，特别是关乎居住区的卫生和健康。阿什沃思（Ashworth，1954）曾详细地论证了在维多利亚时代后期，英国中产阶级对 19 世纪中叶，英国住宅情况的不满和抗议，导致了英国法定规划的诞生和规划专业的问世。韦伯（Webber，1963b）也曾说，在美国“保证家家户户拥有体面的住宅和适宜的生活居住环境的国会目标，则始终是规划界所奉行的准则和所追求的最高目标”。

近来，城市或区域的“经济健康”也成为主要规划目标之一，但有很多人认为：这应属于其他规划师，例如经济规划师的范畴。也有的人认为应设置专门机构，负责城市的经济规划。有的则持反对意见，强调经济规划师和空间规划师应隶属于同一机构，协调共事、一起规划。对此，我们将在书末章节加以详细讨论，这里只需强调指出：无论对其加以何种定义，经济发展、经济成长和经济健康的重要性正在与日俱增，作为规划目标，它们至少有某些部分与实质规划休戚相关，因为经济活动离不开土地和空间，而且对区位也非常敏感，所以经济活动的发展和繁荣，要受到它们所占有的土地空间和区位的影响制约，而空间和区位则无疑隶属于实质规划的范畴。

这种区位关系或通达性的问题，虽然问世并不久，但已经成为实质规划的主要目标之一，以至于人们担忧这可能会使其他规划目标的重要性黯然失色。但不可否认通达性或活动之间相互作用的机会是非常重要的，因为距离是人们相互作用的障碍。大城市之所以在今天的时代，得到了发展和繁荣，其原因就在于它们的空间布局极大地扩大了人们之间相互接触的机会。因此，我们所寻求的城市模式应有利于增加人们进行各种生产性社会交往的机遇。

虽然规划师想要达到的重要规划目标，仅是为数有限的几个，但其特点在于规划师们力求在同一个规划方案中，同时满足其所建立的全部或大多数规划目标。换言之，规划所强调的是“综合性”，它所追求的是社会的总体效益，而不是任何单方效益。例如单纯追求公众的健康、城市的经济发展或单纯追求人们相互作用的机会，以及有关人们生活的其他方面等等。正如迪克曼（Dyckman，1961）所论：“规划的任务就在于弥补其他机关部门所做决策的不合理性。由于追求部门本身的利益，它们在做出决策时难免为了眼前的利益，而忽略对长远的考虑，同时也不顾及对他人的影响，也即忽略局部行动对整体系统所产生影响和作用。”

换用较通俗的语言，追求综合规划以及追求综合的规划目标，其原因主要在于人们认为：私人决策人（家庭企业等）和各负其责的政府部门决策人（如负责建造马路、电站、公共交通、住宅、医院等），所关顾的只是他们个人或所属部门的局部利益，因此规划师需要根据城市或区域的总体效益，对各个方面加以协调、统一和管理，而且要考虑城市或区域的长远效益。

在相当长的一段时期内，这种综合规划的思想一直占据主导地位，无人对此表示怀疑。但最近几年。由于决策理论的问世以及它在政治、公共管理以及企业界的应用，使人们对“综合规划”的概念产生了极大的疑虑。阿特舒勒论述：综合规划师声称其制定的总体规划，反映了社会大众的利益，因此要成为其他部门专家工作的指南，要据此评定其他专门项目，也要据此协调各个专门机构的工作等。他强调为了做到综合规划，势必要求规划师明确了解所谓社会总体效益的含义，至少要明确规划所处理的局部问题与社会总体效益之间的关系。同时也要了解事情的来龙去脉、因果关系，并能够判断评定规划所拟议采取的行动对社会所产生的净效益。除此而外，他还引用了大量的例证说明这种理想化的规划所引起的实际困难。当然，规划师或许能够具备肤浅的全面知识，并借此评定其他专业发展项目对城市总体效益所产生的影响，但由于人们过于注重某些单项规划目标的实现（例如城市中心区的经济发展等），这也意味着必须放弃所谓综合规划的立场。

根据阿特舒勒的论证，弗里德曼（Friedmann，1965）承认综合规划的定义过于泛泛，很不严谨，几乎无所不包，有经济发展、社会福利、教育、住宅、城市改建、公共交通、公众健康、文化娱乐、土地使用管理以及城市设计等。它极大地扩大了规划的专业领域，所以规划人员需要更广博的专业知识和能力。因此没有人敢于斗胆声称他是全才，能够单独胜任、具备制定综合规划的能力。因此，技术专家们取代了综合规划师，它们影响着城市发展决策的制定，虽然美国的经验也证明了这一点，但规划师也承认由于各方面专家各行其是，分别决策，必然牺牲城市整体和全局的观点，而这恰恰是规划专业所声称由他们所占有的世袭领地。

弗里德曼很巧妙地解决了这个问题，声称人们对“综合”产生了概念上的误解，错误地认为所谓综合规划就意味着规划师是全能的，通晓各方面的知识，能够制定符合社会总体效益的城市总体规划，并告诉其他人应该干什么和不应该干什么。他认为城市规划所强调的综合性，是指要将城市视为一个系统，其间各种社会和经济变量都是相互关联影响的。它们也有其空间表现形式，这与我们所论的系统观点完全相似。因此，所谓综合原理在这里就意味着：(1) 建设发展项目要与城市系统相一致；(2) 对这些项目的成本效益衡量，要以城市总体效益为基础加以评定；(3) 在单项计划中必须考虑其他所有的相关因素。

此外，同其他工作一样，规划目标的确是也需要有相应的衡量标准。我们业已论证任何系统都是一种等级级差系统。规划师所处理的城市系统也不例外。对于建筑师和工程师而言，组成城市系统的某个单一部分（例如居住区、排水系统等），其本身也是一个系统，需要各自寻求最佳的解决方法。但它们有可能受到某些约束（例如 450—500 户；每天 950 万至 100 万加仑等）。只要不影响规划师所处理的城市总体系统，不论住宅和市政专家们提出什么样的设计方案，都无关宏旨。如果规划师在确定城市或区域系统时，能使其他专家在各自领域为谋求最佳效益（例如设计商业中心时，规划只需规定建筑面积为 25 万平方英尺左右，拥有400辆停车空间……条件，至于怎样设计，则容许设计人员具体发挥），这样就有可能考虑建立起城市或区域的综合规划目标，以满足各种活动对空间系统的需求。

当我们考虑的是国家计划而非城市或区域规划时，上述内容则变得显著、突出。这里我们暂且不论制定国家计划所采用的方法是否适当，例如在社会主义和共产主义国家，或近来在英国所制定的国家规划（1964）。但有一点则是显而易见的，即相对容易将国家的计划目标予以量化。在这方面制定国家计划的人员，在量化规划目标时，可选择的方法很多，如：人口、收入水准、各部门的生产、消费、固定资产分配、投资、储蓄等等，不一而足。这些指标均可根据更广泛的指标加以推算，典型的例子有如：英国国家计划所采用的国民生产总值（GDP）。在英国的这份规划文件中，其计划目标等级系列是非常明显的。首先确定国民生产总值年增长率为4%，据此推算各部门相应的增长比率，然后再依此类推，计算出每个具体经济类别的增长指数等。但在城市规划方面，我们至今仍然难以找到对城市状况加以量化的简单的衡量指标，规划师常常苦于不能告知何时城市发展良好，何时情况不佳。在量化城市社会现象方面，规划师所表现的无能也反映了我们在城市理论方面的缺乏（Altshuler，1965a）。

在这种情况下，我们只能使用现行的城市社会量化资料，使它们能够更好地反映地区系统的整体状况。根据前面的章节可知，我们应谋求广泛的度量指标来检验城市的活动、交通、空间等的使用效率及它们彼此之间相互配合、协调的关系等。此外，我们可以留心系统范围的指标如城市生产总值、课税价值总值和人均课税价值（Hirsch，1964）。同时，通过集中度或分散度去衡量指标（Haggett，1965，p.229—231）将系统作为一个整体来衡量其整体通达性，也可分别量度人们在上班、上学、购物、娱乐等方面的交通通达性（Farbey and Muvchland，1962，p.33）。此外，对于城市的视觉、听觉、嗅觉等感官环境，也要加以某种程度的定量和定性描述。最后，城市系统也是动态的系统，随着外界条件的变化，它也要不断地发生演变，因此，该系统必须具有某种灵活性或变化适应性，以便在不同种类以及不同程度的外界刺激下均能很好地工作。

为了便于理解，这里虚拟一些例证，以说明采用何种规划指标体系来表达规划目标。

衡量活动和空间的规划指标，可取若干种不同的形式。就经济活动而言，可能要参照全英国平均水平，将规划区的生产总值维持在一定的增长比率。但目前英国的绝大多数地区，对生产总值均无法测定，因此只能以就业人口增长、人均收入的增长以及制造业的产值增长等形式来表达。当然也可改换其他方式，将城市经济增长指标规定为高于全英国（或该地区）平均水平的 $x\%$，或是超过该地区以往的经济增长比率。在英国大部分地区都把降低失业率作为规划目标。当然总的说来，这种做法无可厚非，但对于地域较小的规划区，其适用性却值得怀疑。另外一种常见的作法，同时也是一种颇受政治家们和各级政府官员赏识的做法，是将增加就业岗位定为经济发展的指标。但列文（Leven，1964）认为这种单一指标存在很多问题，并论证了在制定城市或区域发展战略时，规划师能够也应该根据多种规划指标来制定彼此相关的各种政策。在列文的区域发展战略中，所罗列的多种目标不但包括总就业人口增长，也包括政府服务性开支、产品增值、产量以及人口流动等诸多方面。他反对将每周工作时数的多寡作为衡量发展的指标，其理由是劳动时数只是一种行政决策（当然已婚妇女的劳动时数与身兼双职人员的劳动时数却不在此列）。

关于居住空间和居住活动的规划指标可取下列形式：增加房地产总税收，或增加每人每户房地产税收。因为房地产纳税额的多寡，反映了许多其他相关因素，其中包括住宅质量、舒适程度、居住环境等（条件越好，纳税越高——译者注）。在英国通常也将在某段时期内，对破旧房屋翻新改建的比例、数量或地区等作为规划指标。当然也有的地区将消除过度拥挤作为规划指标。

关于休息、娱乐活动或公园绿地方面的指标，同居住和住宅一样，也是规划历史的一部分。它们可包括消极和积极两个方面，也即一方面采取措施防止生活和工作环境出现拥挤和单调；另一方面提供绿地空间和户外游戏、娱乐设施，其中包括有组织的体育运动竞赛等。很多国家长时间来一直沿用简单的空间指标，例如在英国，规划中广泛采用的英亩 / 千人指标。近年来这种作法逐渐受到了人们的批判，因为它缺乏灵活性，不能反映不同地区、不同阶层的不同需要。此外它也缺乏准确性，一方面人们怀疑将简单的比例数字规定为规划目标是否合适；另一方面，只根据对现今需求的感性知识，就确定规划指标也是不恰当的。在英国和美国，休息，娱乐活动的急剧增长主要归之于个人活动的增加，如登山、航海、钓鱼、高尔夫球、合家郊外野餐观光等，而并非归之于有组织的集体活动，如足球、网球、曲棍球和橄榄球等。对于个人娱乐活动来说，制定简单的空间指标或比例是不合适的。再则，随着人们活动范围的不断扩大，除了面积广大的地域而外，其他指标几乎都变得毫无意义了。

近年来，对游戏娱乐行为和需要的研究，虽然数量有限，但也足以说明我们应将重点放在提供游戏和娱乐的机会，而非仅仅致力于达到某些空间标准。对此可在下面关于通达性的章节加以讨论。

关于交通通信的标准，也即关于人们用各种交通通信工具传递信息、人员往来、运送货物的难易程度，很久以来就是物质规划的主要内容。有些术语，例如“缩短人们工作旅程”、“改善交通”以及“缓解干道拥挤”等，一直是规划师的老朋友。这些是人人都会接受的规划指标，无须对此费笔赘述。例如对工作距离的规划指标可定为人均距离不超过 5.3 英里；改善交通的规划指标可以用车辆平均行驶的速度的形式来表达。在伦敦中心区，规划师多年以前就采用了这种规划指标，并将车辆行驶速度的提高作为他们工作成功的标志。缓解干道拥挤可以用在高峰小时各定点之间所需交通时数的减少来表达。此外，也可将减少高峰时间交通流量（可通过错开上下班时间来达到）作为规划指标。这可用高峰小时（例如早 8—9 点和晚 5—6 点）的交通流量与全日交通总流量之比来表示。

对于复杂的交通形式，也可通过简单的指标加以衡量。这正如海格特（Haggett，1965，p.248—249）所引用的威斯康星交通规划所做的那样。当时规划指标是缩短儿童上学的距离（这要受到其他规划指标的限制）。假设 X_{ij} 为居住在区 i 到区 j 上学的儿童数量，d_{ij} 为区 i 至区 j 的距离，规划指标是使下列函数值为最小：

$$\sum_{i总}\sum_{j总} d_{ij}，x_{ij}$$

在上述实例中，所要做的是调整学区范围，以最大限度地减少儿童上学的距离。然而其原理也可应用于其他方面。例如我们可以对就业岗位和居住区的规模和区位加以调整，最大限度地减少工作距离。

交通通信（communication）是一个总体词汇，而运输（transport）则只不过是交通通信的一个重要组成部分，目前人们不断增加对非物质的交通通信形式的利用，特别是情报信息输送量几乎是与日俱增。在不久的将来，电话、传真、闭路电视等通信工具将占据重要地位，因此可以肯定它们也将成为规划的主要目标。但这些通信形式对区位无甚要求。而其他形式的物质交通如道路、港口、机场等则不然，要求靠近使用人。因此在物质规划中，其地位可能不会像今天这般显要。

有时城市系统的总体目标是减少工作岗位和人口在城市的聚集。有时总体目标则简单地强调分散人口和就业。同样也可对这个复杂的目标加以简化。斯图尔特（Stewart）和沃思兹（Warntz）提出了测度人口分散程度的数学公式，对此他们称之为“动态半径”，即：

$$\sqrt{[\Sigma (pd)^2]/P}$$

这里 P 为城市各子区的人口规模；

d 为各子区距平均中心的距离（见下文解释）；

P 为城市总人口。

所谓平均中心，可将普通统计方法等差中项、中位数、众数等概念应用于二维空间而求出，这样任何人口、就业等活动、地理分布的平均中心都可根据下列公式得出：

当 $\int d^2 \cdot G\ (gA)$ 为最小值时，可确定其重心位置，所以 $\int d \cdot G\ (gA)$ 为最小值。

在上列两式中，G 是区 gA 内局部小地区的密度，d 为每部分至所论的平均重心的距离。用同样的方法，众数可确定为密度面上的最高点。利用这些标准，可测知密度现状，建立规划指标，以及监测其变化发展情况（Haggett，1965，p.230—231）。

任何物质规划，几乎无一例外，均要包括关于环境质量的规划目标。有很多规划甚至建立了具体的实施标准。例如某煤矿区的规划，为提高环境质量可明确阐明在第一个五年时间内，要对四个干石堆加以平整、覆盖表土和植树，同时也要把四个矿坑改造成假山，并加以绿化，以美化道路景观。很多英国的矿区，如兰开夏郡、诺丁汉郡等，都是这类规划的范例。

与此相反，有些地区得天独厚，富于传统的建筑风格和美好的自然景观，其规划目标则强调城市的保护（Smith，1967）。举例言之，其表现形式可能为“沿河一带是城市独特的景观地区，对此必须加以保护，要防止任何破坏性建设项目在此发生”。

但环境质量问题并非总是如此简单。有时也有很多困难。举例言之，农业技术的发展必然要导致乡村自然景观特点的改变，对此我们如何确定自然景观质量的标准呢？若纯粹从视觉质量而论，某个自然景点吸引的观赏人流究竟达到何种程度才算过度呢？有些目标，例如新的住宅建设要美观、排列有序、设计良好、要与周围的景物协调、尺度适宜等。对此类规划目标如何明确阐述，并将它们转换成具体设计标准呢？

显然，在上述情况下，要取决于人们的价值观念，个人的喜好以及主观判断等因素。这并非意味这类目标不可能得到清楚的阐述。恰恰相反，而是强调定性规划目标同定量规划目标一样，也要尽可能表达得具体明确。环境质量的某些方面，在某种程度上是可以而且也应该加以测定的，特别在非视觉质量方面，如噪声、空气污染程度等。在测定视觉质量方面，已经进行了某些有趣的试验，但现在判断它们的成功与否，还为时过早（Lynch，1960；Appleyard，Lynch and Meyer，1964）。在这种情况下，我们只能听凭主观判断的仲裁，因此规划师对此类规划目标应该尽可能明确具体地阐述。在实施过程中，若涉及某些具体问题，要讲明取自何人的主观判断，同时决定在何种程度上要听取公众的意见。

最后要讨论的规划目标是最新的，也是现今最流行的规划目标，也即规划的"灵活性"。对灵活性产生兴趣，显然反映了规划师逐渐认识到社会、经济和技术的飞快发展，必然导致物质环境系统结构（其中包括构成该系统的部件以及各部件之间的相互关系）的巨大改变。灵活性也就是指系统的结构能够对不断产生的变化作出相应的反馈，从而使整个系统受到很小的破坏和干扰。借用生物学上的术语，可对此称为适应生存。

在探讨城市发展方案时，布坎南（Buchanan，1966，补编卷 2，p.20 及以下）认为由于在城市规模、布局方式、发展时机等方面所存在的不同，城市的成长模式可能也会千差万别，但它们基本可划分为三类理想的城市结构，也即向心式、格网式和带形格网式，并可根据下列五种标准，分别衡量它们的优劣。

1. 城市中的居民在选择、交通通信以及相互交往方面享有最大的自由；

2. 在城市发展的各个阶段，城市结构均能有效地承担其功能，而无须依赖其本身做进一步扩张；

3. 一旦城市结构形成之后，它要能够根据变化的需要加以调节，其结构部分也要能够自我更新；

4. 在城市交通以及住宅组群等方面所做的硬性标准，不能影响限制城市结构的多样性；

5. 城市结构应能正常成长发育，不能畸形和变态发展。

系统控制论和信息论主要起源于对生命系统、高度复杂的无生命系统和人机系统（它是生命系统和无生命系统的合成）的研究。生命系统对环境的应变能力，或对疾病和外伤所导致的自身系统变化的应付能力，主要归之于生命系统的多余贮备（Ashby，1956，p.181；Beer，1959，p.47）。换言之，在正常情况下，生命系统往往贮存着比正常功能需要多得多的备用部件。

物质规划由于受建筑和工程专业的影响，倾向于根据僵化的标准对各种活动和交通用地进行准确的数学分配。例如每千人用地 7 英亩，12 英尺长的单位路面上每小时通过车流 800 辆等。但由于系统是高度复杂的，具有极大的灵活性，因此要求采取一些后备措施。实际上，即使在某些设计十分僵硬、呆板的城市中，在某些方面也留有余地，这就是人们在利用空间和道路等方面的适应能力。

怎样才能在规划中引进“留有余地”的概念呢？怎样量度留有余地，并据此对各种规划方案的灵活程度加以分析比较呢？显然我们可尝试对下列项目加以评定：

1. 空间对活动变动的应变能力；

2. 道路对交通变化的应变能力。

在制定规划时，必须保障地主和其他人的产权，所以要以某种形式明确告知何时、何地、要进行何种活动，哪些是规划允许的等等。规划中的弹性，可取若干形式。例如在最近编制的一份规划中阐述：“远期留存用地可通过安排短期临时项目的方式加以保留。”但在交通网规划中，则最好采用留有余地或具有灵活性的方式。在这方面，生命系统再次为我们提供了范例：虽然人的动脉和静脉所留有的余地较为有限，但人的大脑所做的多余储备却极其充沛。

上述原理可实际应用于道路系统的规划。显然，如果在 A 点与 B 点之间只有一条通路可达，那么任何意外情况的发生，比如说交通事故、桥梁倒塌、交通信号灯失调等都会产生严重的同题。如果考虑了储备，在 A 点与 B 点之间另有其他道路可通，则情况就会大不一样。在前文所引证的布坎南所提出的五条判断标准中，可以看出对这个问题已有了明确的认识，其中特别强调了道路网系统要为人们方便迅速地换乘不同形式的交通工具以及每种交通工具的变换驶达提供机会。

海格特（Haggett，1965，p.238—239）论证了分析比较各种交通网络的某些方法，其中颇有用处的是测定网络各点之间的连接程度（设其为 β），其值可由连线数除以交点数求得。显然，如果交点数相同，β 值越大，则连接程度越高，那么就意味着城市交通网络越方便。

接下来需要讨论的是实际确定规划目标和规划标准的方法。这里只好以英国为例，显然它与欧洲其他国家的情况大不相同。同样，为简单起见，我们假设的情况是首次进行规划，或者是对原有规划推倒重来；也可能是新的规划部门刚刚成立，总之是基本从零开始，这种假设对于我们探讨问题是必要的。

确定规划目标和标准绝非易事，它需要时间、忍耐和理解。在专业人员和政治家们之间进行商讨，是问题的实质（Bor，1968）。这里所说的专业人员，不仅包括规划师，同时也包括工程师、建筑师、律师、教师、福利专家、运输管理人员、游乐专家等人。他们也对政治家提供咨询，而且从事日常的行政管理和政策实施工作。同样，所谓政治家也并非仅指选举产生的人民代表，同时也包括许多正式或非正式的个人或团体，例如工会、管理协会、教堂、福利机构、体育俱乐部、邻里社团、宗教社团，在有些情况下也包括社会大众。

总而言之，进行对话的目的，在于使规划人员和其所服务的主人之间，进行面对面的接触。所有关乎规划的信息、设想、愿望、建议和问题都将得到检验，规划人员和其“客户”之间接触的结果，最终必将导致双方集中于一些关键问题进行讨论。

在确定规划目标的第一阶段，规划师必然撒开大网，尽可能搜集所有客户感兴趣的资料。这可从报纸、广播、电视等新闻媒介获取，也可从各种民意团体的年度报告、大事记、会议资料等材料中提炼。显然，地方议会讨论的议题最为重要，但公开发表的报告往往提供第一手资料，而地方报纸由于能够反映民意，因此从其新闻和编者按语栏目中可窥知人们最为关心的问题。

这样通过诸多不同的渠道，通过对各种各样新鲜资料的广泛猎阅，以及通过对以往材料的认真发掘，规划人员可收集大量的有关资料。然后需仔细研究，剔除那些轰动一时、昙花一现的非本质问题，将注意力集中于会引起人们长期关注的大事。同时也要确定哪些问题隶属规划处理之列，哪些与己无关。例如，在地方报纸上可能持续几年连篇累牍的报道人们如何抱怨某些居住区与市中心之间的交通极不方便，同时也大量报道人们对家畜在人行道上随意大小便怨声载道。显然，这两个问题都是公众所关心的问题，但前者规划机构能够处理，而后者则显力所不及。

前面的章节业已论述了人们的愿望可分为两类：有的想纠正邪恶，有的则渴望美好。但很多愿望都是模糊不清，难以表达的。再则，如果人们感到实现某种愿望的可能性十分渺茫，他们往往会对此缄口默言，并不表示公开的支持。

因此，作为规划师，培养探知人们因某种原因而不愿公开表达自己愿望的能力是非常重要的。有时他也需考虑将这些愿望纳入规划目标之列。再则规划师也应从专业人员的角度，提出某些建议，即使这些建议目标无人阐述。

研究上述情况之后，再经过和其他专业人员的商讨，规划师即可将所拟订的规划目标呈交给政治家。但如何表达这些规划目标，则万万不可掉以轻心。要将每种广义目标转换成详细具体的内容，甚至要推演出可实现上述目标的各种可能方案。对每种方案的假设条件也必须阐述清楚。将要彼此矛盾的目标和彼此无利害冲突、协调一致的目标一一鉴别清楚，然后再剔除那些彼此相克的目标。

在探讨如何表达目标方面，所花费的时间是会收到一定效益的（Joint Program，1965）。这里要特别注意做到：即简洁又完整。因此审慎地使用简单的图解、表格等使人容易理解的工具，是值得提倡的。

对规划目标和规划标准所可能产生的影响，必须阐述清楚。虽然规划所列目标，可能主要隶属物质规划范畴，但其表达形式和风格必须被整个社会、特别是被社会上有政治影响的人们所理解。然后要收集人们的初步政治反应，其方法多种多样，有时民选代表可要求规划师考虑接受他们的批评和建议，然后将经过修改的规划目标再呈送他们，有时民选代表也会越俎代立庖，亲自将规划目标陈述书广泛散发，以便收集公众的反应，或者他们也可以指示其他人代表他们去做，然后向他们报告结果。至于究竟采取何种方法，则取决于具体情况。例如规划地区的性质，规划方案的背景，规划地区的政治传统和形态，甚至取决于某些关键人物的个性。

最后，根据所征集到的反应，规划师还要再次与政治家直接讨论，重新修改前面所制定的规划目标，这可进一步借助技术手段。例如规划师所进行的人口、经济和土地发展模拟试验，以及政治家提出的更具体合理的建议。

如果能够对某些情况加以模拟，则上述过程的进展将更顺利，各种关乎建立规划目标的对话和讨论也会更富有成效。至于采取何种模拟形式，要取决于具体技术条件、资源以及资料等情况。但如果能够对城市的发展过程，特别是各种不同的土地使用、经济成长、城市保护政策对城市发展过程的影响等加以模拟，我们的规划将会得到极大的受益（Webber，1965）。对模拟技术的讨论，将在第八、九、十章中进行。但这里需要指出：大规模地应用计算机和数学方法来对整个城市和区域系统加以模拟，目前尚为时过早。此外，这种模拟应隶属于规划机关的技术项目，放在本章讨论似乎有点离题。某种形式的博弈模拟，适当辅之以展示人口增长、就业需求、土地发展模式等简单、便捷的模型似乎更切合实际，同时也有助于我们确定规划目标。

经过一段时间，也许经过提出规划目标——有关人士讨论——搜集反馈——重新制定规划目标等几个循环往复的阶段，有关各方对一系列规划目标最终达成了协议。这样规划工作才能正式展开。对这些规划目标必须记录在案，以便规划师和政治家查阅，最好再通过报纸、广播、电视等大众传播媒介，将其公之于众，表明有关当局业已正式将它们列为规划目标，并要求规划人员按此要求进行规划。

其后随着规划的实施，规划所存在的问题以及公众的和机构反应都可暴露出来，因此需要对前面的规划进行修改（参见第十一章）。这样上文所论过程又会从头开始。

在本章的结尾，应该强调指出，确定规划目标，并无一定之规可循。无论对一般地区而言，还是就某个特殊地区而论都是如此。约翰逊（Johnson，Kast and

Rosenzweig，1963，p.310—311）等人认为："根据系统规划原理，有三种不同层次的规划：(1）总体规划，制定方针、政策和目标；(2）财政规划，确定建设项目所需资金的分配；(3）详细规划则是一种工作计划。发现问题和对问题加以定性描述是规划工作的主要内容之一……总体规划因涉及建立广义的规划目标和制定政策，因此通常总是不确定的，其中含有很多未知因素和变量，对它们也很难予以量化……因此需要创造性的思考和构思。这也是一种创新的过程，因此要求参考与人类进展过程完全相同的无结构体系。"

第七章
系统的描述：规划资料的需求

占有资料和使用资料是一切非盲目行动的基础，规划当然也不例外。本章主要讨论规划需要哪些资料，怎样获得、组织和使用这些资料，以及收集使用资料与其他规划工作的关系等问题。

20 世纪的规划是信息意识很强的规划。规划运动的主要理论家——格迪斯（Patrick Geddes，1915）曾提出，规划需要内容广泛而深入的信息资料，以明确要处理的问题，了解规划工作的背景并掌握可能发生事件的尺度、规模和限制等。现在业已为人所熟知的"调查、分析和规划"的循环过程，对此也给予了明确的阐述，上述循环是以对事物或简言之对位置、工作及人的不断认识为核心而进行的。格迪斯的影响无论从积极还是消极方面而言都是巨大的。其积极作用在于他提出了先诊断后治疗，先理解后行动的规划原理。但由于对其原意的误解和断章取义，也产生了为收集资料而收集资料的恶劣倾向。人们毫无选择地，一味沉溺于收集各种事实、数据、印象、图纸、图例、表格等，但糟糕的是，这些资料与所做的规划却毫不相干。在这里调查或收集资料似乎变成了一种宗教仪式，其目的在于拜求某个"规划之神"，保佑规划本身，至于如何使圣餐变成耶稣的血肉（即调查变成规划）则是人所不知的迷，与其他圣事活动不同，这种圣化缺乏内在精神转化为肉眼可见的外在标志。

如前所述，规划是对系统变化的控制。这个系统是由含有区位和空间要素的人的活动和交通所组成的。有鉴于此，我们可知规划所需要的究竟是哪些资料。一般而言，这些资料必须能够描述所要施加控制的系统状况。对此还可做进一步扩展：由于该系统是随时间等因素而变化的动态体系，所以还需要知道该体系所组成的局部和连接方式的变化，以及整个系统的变化等。此外，还需要掌握造成上述变化的原因，以便能有效地对变化加以控制。

本章主要探讨对变化状态的描述，至于如何确定变化的结构，特别是变动原因等，则留待第八章予以讨论。

系统的描述

怎样描述系统，用通俗的语言来讲，也即怎样从事规划调查工作呢？读者（特别是如果读者是一个做实际工作的规划师）最好能暂时排除头脑中所固有的概念，来重新探讨这个问题。

为切实可行也为克服理论上的困难，可对连续不断变化的事物采取逐段观察描述的方法，小气象站绘制气温和气压图像就是采取这种方法。在图上可列纵横两条轴分别代表时间和气温或者气压。据此，所观察记录的数值可以用点状形式在图上表示出来。然后再将这些点用平滑的曲线连接起来。可是我们这样做似乎有点自欺欺人，因为实际上我们并不知道在两次观察之间的温度或气压。但是就短期目标而言，这样做已足够了，而且经验也告诉我们，这样做是可行的。

对于一株生长着的植物也可采取同样的观察描述方法，其结果可列下表：

时间（小时）	0	12	24	36	48	60	72	84
高度（毫米）	110.0	110.2	110.5	110.8	111.2	111.6	112.0	112.7

从上述简单的描述中，可推导出很多或许有价值的分析。例如其平均生长速度是 0.032 毫米 / 小时，开始 12 小时的平均生长速度是 0.017 毫米 / 小时，而最后 12 小时的平均生长速度是 0.058 毫米 / 小时等。

但在很多情况下，我们希望知道的变化并非仅仅局限于一个方面。换言之，我们要测定的与时间有关的变量是很多的。对一个小孩的成长，可通过每月测量其身高、体重和胸周，而加以研究。这样可得下表：

年龄（年 / 月）	10/0（10 岁）	10/1（10 岁 1 个月）	10/2（10 岁 2 个月）	……	12/0（12 岁）
身高（英寸）	58.0	58.3	58.6	……	63.8
体重（磅）	84.0	86.0	88.0	……	113.0
胸围（英寸）	27.5	27.7	28.0	……	30.2

这样，对一个不断变化的极其复杂的系统（一个人）就可用一个含有三个变量（身高、体重和胸围）的矢量来加以表示，其测量间隔为一个月。在这里身高的增长和体重的增长（横列向量）是不同的，但可以对它们加以比较，或者合并而成身体指数如：

$$\frac{\text{身高（英尺）}^2}{\text{体重（磅）}} \times 100$$

同样也可用竖列向量来表达整个系统的变化。

当然，这种描述因其所考虑的变量数目有限，使其不能得到广泛的应用。上述三个变量对儿童保健诊所是足够的，如果该诊所拥有可加以分析比较的成千上万个儿童的健康记录。但仅凭这些，我们对儿童的智力、眼睛的色泽、交往、创造力、爱好以及家长的职业等还是一无所知。学校的教导主任需要指导全校一百名应届毕业生，选择未来所从事的事业。而学校的体育教师需要挑选代表学校参加体育比赛的校队。显然他们彼此需要的资料是完全不同的。

复杂的系统可以用少数几个变量来加以描述，以满足某种特殊需要。在任何时间单位内，都存在着一组变量，对此可称之为向量。它表达了系统在该时间单位内的状态。一系列时间单位内的连续的向量，则可说明系统变化的过程或轨迹。例如：

时间	t_0	t_1	t_2	t_3	t_4 ……	t_n
	a_0	a_1	a_2	a_3	a_4 ……	a_n
	b_0	b_1	b_2	b_3	b_4 ……	b_n
	⋮	⋮	⋮	⋮	⋮	⋮
	z_0	z_1	z_2	z_3	z_4 ……	z_n

上式中 t_0、t_1、t_2 等表示时间，而 a_0、b_0 等，则代表变量 a、b 等在时间 t_0 时的数值；依此类推，a_1、b_1 等代表在时间 t_1 的数值等。该系统在任一时间，假如在时间 t_3，可用下列向量表达：

$$\begin{pmatrix} a_3 \\ b_3 \\ \vdots \\ z_3 \end{pmatrix}$$

而这个系统的轨迹则需要由完整的矩阵来表示（Jay，1967）。

下文将讨论上面所述的一般原理如何在规划系统应用，例如在由交通联系的某种空间活动系统描述中的应用。对这种规划系统的描述必须具备下列特征：

1. 测定和描述所构成规划区的每个规划子区的各种活动；

2. 测定和描述每个规划子区内的各种形式的空间变动；

3. 测定和描述所研究地区的各种交通关系，包括各种区位固定的活动和其他活动之间的交通联系；每个规划子区的内外交通以及整个研究地区的对外交通等；

4. 描述所研究地区和研究子区的内外交通特点，包括交通格局、交通形式以及交通能力等；

5. 能够表达上述（1–4）各系统的变化，因此需要描述系统变动状态序列，也即系统的变化轨迹；

6. 能够揭示空间活动和相应的交通联系所产生的原因，以便将该系统与人的价值观念以及人的行为动机直接联系起来。

下文将要探讨系统描述的工作原理。鉴于实际问题会千差万别，仅就规划区的规模和规划的形式而言，也往往大不相同。因此，对系统描述的要求，也会有略有详，不可同一而论。因此，有必要按详略程度的不同，加以分门别类。由于尽善尽详的资料能够提炼总结而成对系统概况的描述，但对系统概况的略述，却不能被分解成详细具体的表达，因此，下面将探讨的笔触从详细具体逐渐转至广泛概括。

活动和空间

首先探讨如何对活动进行描述。活动是规划系统的组成部分，怎样对它们加以适当的描述呢？如上所述，一个系统在任何一个确定时间的状态，都可以用向量来表达。所谓向量也就是一系列变量的集成，其中每个变量在确定的时间，都有其相应的数值。

如克劳森（Clawson）和斯图尔特（Stewart，1965）所言："因为人的每一个行动总是发生于时空的某点，所以人从生到死所做的每一件事，都与土地上的活动或土地使用形式有关。然而，其中有些活动如农业等，与土地关系特别密切。而有些活动则与土地关联较少。这样，依据人与人所使用的土地之间的关系的紧密程度，各种活动可排列而成一个连续不断的序列……。只有那些在某种程度上，与土地产生直接联系的活动才能列入我们的探讨范围，同时并依据其联系程度的不同加以区别对待。"

古滕贝格（Guttenburg，1959）提请人们注意"土地使用"一词的意义，已变得越来越模糊，因此，需要对此加以澄清。克劳森和斯图尔特则认为，该名词的意义要明确，但也不能过于刻板。因此，对活动的正确分类，应该满足下到要求：

第一，这种分类要泾渭分明，做到只包括活动本身，而不能使活动与承载活动的土地、容纳活动的建筑以及支配活动的动机等相混淆；这样做虽然困难很多，但为使收集的有关活动的资料具有价值，则必须这样做。因为人们在收集活动资料的同时，也收集关于土地改造的资料、土地使用的资料以及其他种种关乎土地的资料。然后又以同样的程序和方法予以加工、整理。

第二，这样活动分类应该灵活，可详可略，既可做出多种组合，又不改变分类本身。

第三，这种活动分类，应当以调查人实地观察到的事物为基础，以免其观察记录掺杂个人分类偏见。

第四，资料收集要以可辨认的及地理上相对独立的最小土地单位为基础。例如，一个农场可依不同作物、林木、农庄等再划分成不同地块，而同是居住活动的居住区也可依使用单位的不同，再加以划分。

第五，分类资料要适合于计算机等工具的加工处理。

第六，分类应能够被补充和修改，同时并不改变其基本特点。也不至于影响以往记录的使用。

克劳森和斯图尔特认为，迁就满足上列理想的分类，可掌握下列一种或几种原则：提供给规划师应用的大量资料来源，并不能一一满足上列要求，但是若能够借用其他资料作补充，或与其他资料结合起来使用，也就勉强可以了；规划当局以及其他政府和地方机构，多年来业已收集了一些资料，因此新的资料系统必须考虑与原有资料系统保持一致。但是要力求避免某些倾向，如进行一次性的突击调查。这种调查，对于连续不断的资料系统而言，并没增加什么新东西。再则也要避免同样流行的广义的分类（如居住、工业和公共绿地等）。因为对这些分类不能予以再划分，除非从头再做一次调查，但这样做则耗资颇巨。

掌握了上述原则，又依据什么对活动加以分类呢?

一般而言，国家政府机构对经济活动有其排列和分类。英国的标准产业分类法，就是一个很好的例子。它将产业划分为八大部类，然后又细分为152个最小产业类别。

对家庭活动的分类，则不能生搬硬套上述方法。虽然几乎每家每户都有一个或几个人天天要去上班、买东西和上学。同时大多数家庭有时也会合家外出，寻求各种娱乐。但这些活动的模式，则绝不可同一而语。换言之，也即不同的家庭对人文生态系统所产生的影响也是不同的。根据有关研究可知：家庭活动的行为模式与家长的职业和教育水准、家庭人口数量、家庭人口构成、家庭收入以及家庭的种族和宗教信仰等因素关系十分密切。因此，在任何一个特定的研究区内，都可将家庭分为不同的类型。据此，再将家庭活动细分为不同的类别。例如，家长收入较高或从事技术管理工作，其家庭收入大部分会用于购买耐用消费品和服务，同时上班及上学路程也较远，使用小汽车频率也较高，到异国他乡的长途旅游次数也较多。然而收入较低以及从事非熟练体力劳动的家长，其家庭收入的大部分用于购买日常用品，很少在服务方面破费。大人往往就近上班，而子女也往往就近入学，同时尽量使用公共交通，而在有限的外出旅游中也往往不敢远足，只不过是就近玩玩而已。

用同样的方式，按照对系统所产生的不同的影响，很多不同类别的福利与社会活动能够彼此区别开来。例如消防站开动马力大、噪声强的救火车的次数，既无规律，也不可预测。但儿童健康诊所对很多病弱（但同样吵闹）儿童的诊治却有一定的规律，也可以对此加以预测。它们都属公共福利活动，也都有活动的地点。因此，对规划师都很重要。但由于它们对系统的影响不同，所以据此很容易对它们加以分门别类。*

在英国对活动和空间加以分类的工作，要数克劳森和斯图尔特（1965）近期所做的工作为最佳。这在上文中已作了介绍，在此无须费笔赘述，仅强调指出它的重要性也就足够了。现在英国规划工作中，所应用的方法很不实际，它将活动和用地、建筑结构、产权等混在一起（如“居住”、“绿地”、“办公楼”、“军事用地”等），缺乏统一的定义和详细分门别类的原则和标准。这与现代资料信息的处理方法的

---

* 我们恰巧回避了一个重大问题：我们（或任何其他）系统的构成分子如何确定？上文中已经谈到采石场和工厂、住宅、消防站和诊所均为系统构成分子，但它们确实也是具有自身权利和复杂性的系统吗？在第四章涉及此问题时，我们得知“如希望考虑影响到单一实体的相互作用，则需将此实体定义为系统构成分子”（Beer,1959）。如希望得知一个系统如何影响住宅、消防、儿童福利等活动或被其影响，那么从定义上它们必须是系统构成分子且描述明确。

这是用另外一种方式阐述必须要有灵活性，因为定义为系统构成分子的“活动”，可以是一个工业区里一家或五十家制造企业，也可以是居民区一户或两千户人家。我们将看到，各种程度的汇聚或拆解部分原因出于选择（定义系统构成分子），部分原因出于必需，我们只能依数据可用性以及采集、储存和处理的困难而定。人口普查中有大量个人和家庭信息。某些机构（其中有计划部门）能够获得普查统计区（E.D.）最精细列表——即一名普查员在普查日所负责的区域，含 250 户住宅 800 个人。如需更精确信息则需逐户调查，成本昂贵。因此对人口、家庭活动、住宿等方面按普查统计区是最好、最现成的拆解。但如果用较粗线条描述系统，这些信息经常被列为普查统计区组别（或汇聚）信息。但请记住先前声明：我们可以观察系统对一切定义为不能再小的构成分子的影响（反之亦然）。如果决定某一 3000 人组别为系统构成分子，那么我们可以研究（和预见）系统中的转化对 3000 人作为整体的影响，而不包括居住在某条街的 200 人分组。

要求是极不适应的。

要改变上述状况，需要做很大的努力。标准产业分类、农业部和林业委员会所使用的分类方法，以及人口统计分类方法，显然是制定统一的《国家活动分类》所需参考的基础。但在该分类法问世前，我们再次向读者推荐克劳森的活动分类法，并希望这种方法能够在英国得到应用。

规划所处理的系统的重要特点，是它具有空间或区位特性。当然所有的生态系统都具有上述特性。在这些生态系统中，它们的构成分子在空间中相互作用，而新的分子和交通联系也在空间中产生。因此，对这个系统必须用空间或区位术语来加以描述。在上文“系统的描述”一节里1、2、3、4项中所述的子区，对此亦做了伏笔。用空间术语对系统加以描述是必要的，因为：(1) 由于人们对活动的空间安排的变动（如第一章所论）使系统产生了改变，所以对该系统的描述必须涉及它的空间布置；(2)交通联系总要牵扯到所研究地区的*A*点或*B*点。此外，对规划师而言，交通也即指在*A*点所进行的活动与在*B*点所进行的活动之间的联系。

区位与单位面积的确定

我们所说的空间是指容纳或可能容纳活动的空间。它由地球的表面所构成，包括水面、天空及地下的空间。作为规划师，我们主要关注的是相对独立的空间单位，对这些空间单位的描述，必须掌握下列有关资料：

最重要的是区位与边界，克劳森和斯图尔特论述：“人们必须明确所收集应用资料的地域范围的界限和它的地理位置，不管该地域是指国家、州、郡、城市、农场，还是指一个面积较小的地块。”鉴于我们论题所采用的顺序是先局部后整体，所以首先讨论对较小的地块的调查问题。所谓地块是指“在研究过程中，可以应用调查技术加以确定的最小的土地单位”。在居住区内，它可能指每户的私人居住用地。但有时地块所有权同属一家，例如一家钢铁厂，但除了冶炼以外的其他各种活动，如停车场、办公楼、仓库等也应定义为单一的地块。一般而论，一张地图往往绘制不同活动的用地面积、地表状况、土地产权、地形地貌等的区别。同时也显示复杂的各种界限所构成的网络，其间各种界限所限定形成的面积，也即该项研究所确定的最小土地单位（图7.1）。

用于调查之用的原始地图，应该清楚地表示出每一地块的界限，以便将各个地块区别开来。在英国，由于有精确的军事测量地图，所以每个地块的界限和地

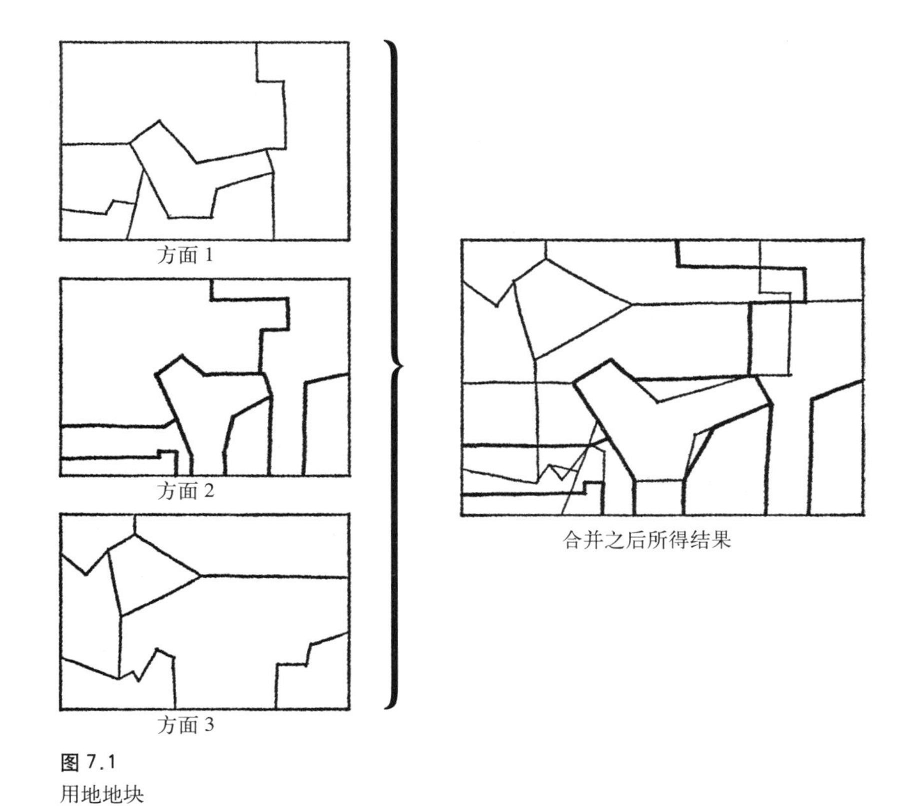

图 7.1
用地地块

理位置都能在图上表示出来。目前，英国本土上的任何一点的地理位置，都能够用代表全国测绘坐标格网的两个字母及十位阿拉伯数字加以表示，其误差不超过 ±1 米。在一般情况下，我们并不需要如此精确。然而，一个百米见方的方格可以用两个字母（它们可用来表示该方格所在的边长为 100 公里的大方格）及六位阿拉伯数字来表示。例如，曼彻斯特大学的行政办公大楼所在的百米格网编号为 SJ 845965，该编号是唯一的，不会出现重复。在比例尺为 1 ∶ 2500 和 1 ∶ 1250 的军事测量图上，每一自然地块都有相应的数字编号和以英亩为单位的面积指数。

然而，因为收集、整理、使用资料的目的各不相同，也会有不同的确定、地块界限的方法。规划师、工程师和地理学家认为笛卡儿坐标和方格网对他们有用；而人口学家、社会学家和经济学家则需要反映地方政府（和其他政府单位）、贸易区、经济区情况的各种表格。这样，我们希望，甚至必须对同一地块以多种方式加以描述。每一系统所收集、贮存的资料，在多数情况下，都能够很容易地转换成其他系统所需要的资料……。收集资料所划分的单位或建筑街区越小，在转换成其他系统所需资料时，也就越不易于失真（Clawson and Stewart，1965）。

对规划师来说，这种最小的单位是每一栋单一的住宅和每家店铺。对此，在比例尺为 1 ∶ 1250 的军事测量图上，以 10 米见方的格网，可以准确地加以表达。对于一个面积有限的地区，代表方格的文字编号（如 SD 等）可以省略，不会因此产生误解，仅用精确到 10 米的数字坐标，如 7316/8548 等，也就可以了，这些数字表示地块的中心区位（在后文中将要讨论这样做将有助于对较大地块的分析）。例如，一个中心编号为 7398/8562 的地块可能有一部分位于标号为 73/75 的一公里见方的方格内；另一部分则位于其东侧标号为 74/85 的格网内。因此在对其进行分析时，不会出现交待不清的情况。毫无疑问，该地块的中心是在标号为 73/85 的格网内，因此，所有关于该方格网的资料（例如关于人口、建筑面积、交通出行、零售商店等资料）都将该地块的情况包括在内了。

空间和土地的改造

空间还具有可变化性的特点，以适应活动的需求。活动和空间改造二者之间关系极为密切（Lynch and Rodwin，1957）。空间愈专门化，它与活动的关系就越紧密。为了便于理解，对此可略举几例加以说明。

炼油厂或炼钢厂，除了满足其所设计的冶炼功能外，很难将它们改为他用。大型火车站是路轨、信号、电缆、站台、餐馆、办公室和商店等所组成的综合体。除非付出高昂的代价，对其加以大规模的改建，否则难以改为他用。此外，由于其他一些原因，公墓、体育场、公共厕所、核电站等空间也很难变换使用用途。

上述难以变换使用用途的空间，只是空间中的少数，绝大多数空间都是多功能的。例如教堂可改为油漆仓库，仓库可改为电视播音室，老的校舍可改为工厂的车间，住宅也可改为店铺、游戏室、学校等，高原沼泽地可以变为牧场或坦克试验场，湖泊可以用作水源、划船、游泳和钓鱼，牧场可变为林场或耕地，而耕地则可改为住宅用地等。*

---

* 在交通和通道方面也有类似情况。通道包括传送广播和电视信号的“以太”（以前的名称）网、飞机空中走廊、徒步山道、海洋、河流、输水渠道、输送燃料、水和废物的管道、输电线路还有常用道路和铁路。通道可以或可能容纳一项或多项交通联络。

交通中可使用为其他目的而设计的通道：用于工业用途定期往来游艇的运河；沿废弃铁路修建的高速公路。

有相当数量的搬迁活动，都要考虑利用异地原作他途的已有空间，因此关于搬迁的决策在很大程度上要受到下列空间（这里所说的空间，包括建筑）因素的制约，其中包括空间的区位、空间的类别及对空间改作他途需加以改造的程度和改造费用等。在决定搬迁之前，决策人对上述问题必然要认真考虑斟酌。鉴于活动的搬迁对规划系统的变化影响颇巨，因此有必要将地面空间的改造情况记录在案。

古滕贝格（1959）建议采用二级记录方法。首先记录的是土地使用情况。一般而言可将用地分为五类：(1) 未开发的土地；(2) 未开发但可利用的土地；(3) 已开发但无构筑物的土地；(4) 已开发但无永久构筑物的土地；(5) 已开发有永久构筑物的土地。接下来要记录的是建筑的类别，因为这反映了土地使用人或潜在的土地使用人所需要的室内空间形式和质量。这里他将建筑物细分成 80 种不同的类别。

虽然古滕贝格的方法十分有用，但其缺点是过分注重建筑空间，却忽略了其他的空间形式。克劳森（Clawson）和斯图尔特的方法较其更有可取之处，他们将空间改造形式分为对土地的改造和地上空间改造两类。对土地的改造包括平整地面、排水、修建路基和堤坝等，甚至也包括很多灌溉、盐碱地改造等农业工程。地面上的改造主要是指建筑物，其形式极广，即包括简陋的茅舍，也包括巍峨高耸的摩天大厦。除此而外还有上下水管道、电力输送线以及在自己属地周围圈起的篱笆等其他非建筑形式的地面改造。有些构筑物可能位于地下，如地下油库等。

在每个地块内所发生的上述空间改造形式都要一一记录在册。例如某地块可作如下记载："在地表覆盖厚约 2 英尺的腐殖土"或者在 1961—1962 年期间栽植了白桦、橡树、"花楸等混合林"。最为常见的记录是关于建筑物的，例如，"多层建筑，有面积为 1000 平方英尺的半地下室，15 层—17 层闲置未用，总建筑面积为 17270 平方英尺"。再如，"单层建筑，20 开间，砖墙承重，内有钢柱，总建筑面积为 250000 平方英尺，开间尺寸为 250 × 50（英尺）；北侧地面沥青铺装，面积为 1000 英尺 × 220 英尺 =220000 平方英尺"。在上述例子中，并未涉及活动。在第一个例子中，只简单地记载了多层等特征，并未涉及它曾用作地下停车场、商店和办公楼等；在第二个例子中，虽记载较细，一一罗列了该单层建筑的细部，但也并未提到它是大型食品公司的批发仓库，附设卡车和小汽车停车场，因为这些具体情况业已在关于活动的栏目中，得到了详细的记载。

市政工程建设，如敷设煤气管道、电线、电缆、上水管、下水道等，因其为线形走向，情况比较特殊，难以确定它们究竟应归属哪个地块，对此可作如下处理。所有基本类属于传导性的活动，均可划归交通通信之列，而其站场和中转点则视为活动。这种处理与我们所论的城市系统理论相一致，也即系统是由活动（系统的要素）和交通流（系统的连接）所组成的。

这样，在火车站，汽车站、污水处理厂、停车场、发电站、煤气站内部，所进行的事情可列为活动；而铁路上行驶的火车、公路上运转的汽车、下水道里流淌的污水、街上的小汽车、电线里传导的电流、电缆中传播的电信等，均类属于这种或那种形式的交通流，它们输导着物质、人员、信息和能量。

在这种情况下，可记载有固定位置的中转和终点站场（如污水净化处理场、变电站、水塔等）及具体设施项目（如直径为 36 英尺的滤化池，20 英尺见方的沉淀池，10 英尺 ×100 英尺 ×25 英尺的淤泥干化场，其余为绿地草皮，总面积 13.25 英亩；砖混结构建筑内装 6.6 千伏 / 1.1 千伏变压器，面积为 50 英尺 ×13 英尺，四周围有铁丝网为保安全）。

关于调查土地使用情况，还有一点需要论及。我们业已强调指出，将活动和活动所需空间和设施分开而论是存在一定困难的。例如炼油活动离不开炼油所需的复杂的结构；再如采煤活动也离不开坑道、井架以及所有其他辅助设施。对此最好牢记我们所需资料信息的用途。对规划师而言，资料的作用在于对系统加以描述，借以说明活动与容纳活动的空间和设施之间过去和现在的关系，并根据所收集记录的资料来判断：如果活动易位，空间和设施将会产生或希望产生何种变化。纺织厂可否改作其他工厂或仓库？什么样的建筑和用地可以很容易地改为停车场、网球场或公园绿地？建筑的哪个部位最容易进行翻新改建（这里仅就建筑结构的拆除难易而论）？

如果能够这样看待问题，则我们会认识到：活动愈专门特殊，则其所需空间和设施被改为别种用途的可能性就越小，因此对其所进行的描述就越粗略（例如钢铁厂、石油化工厂、体育场和电话交换台等）。与此相反，活动与其所需空间之间的关系愈不密切，则它们就越有可能被其他活动改造利用。因此，对其所进行的描述就应越详细。

活动的强度

我们也需要对活动的强度加以调查。这可通过对每年某种活动所投入的劳力、人力、物力和财力来测定；也可通过对其每年的产出，如谷物产量、工业产品和商品销售额等来进行；还可以单位面积上的人员和建筑密度等来表示。但表示活动强度的方法，在很大程度上要取决于活动的种类。例如，办公活动以单位办公楼面积的职员人数表示，居住活动以人口净密度来表示，商业活动以单位面积营业额来表示。活动强度通常和空间的改造有紧密的关系。例如，将低密度住宅区改造成公寓式住宅群，可提高居住活动的强度。再则商业改为超级商场式的经营方法，也会对其活动强度产生影响，虽然在很大程度上这只是变换管理方法而已。

更重要的是选择不同的面积单位将会得到不同的活动强度记录。海格特（Haggett，1965，p.200—210）曾论道所选择面积的大小和形状会影响资料的真实程度。最常见的例子是人口密度图示，若以城市为单位，则其密度为中等，但这里显然掩盖了某些密度极高的地段和某些密度过低的地区。但若以区、教区和人口普查区为单位，则上述问题就会逐一显示出来。

上面所论，再次说明了详细资料的价值。此外，利用详细的资料可演绎出关于总体的情况；但反之则不然，根据概略描述的资料很难推断出个别详细的情况，即使可能，也耗资颇巨。目前虽然不可能对所有的活动强度都用一种密度单位来表示，但不管怎么说，要尽力减少表示活动强度的方式。或许我们可以发现，大多数活动的强度是能够以单位面积的人数和货币流来表示。例如，对采矿、农业、加工和商业等活动的强度，能够简单的以每年资金的投入或产出来表示。文化、娱乐和教育活动的强度，可以用每年游人数量或游人开销金额数量来表示。重要的居住和家庭活动强度，人们业已习惯用人／室和栋／英亩来表示。但若以家庭收入或人均收入来表示，对很多规划都是颇有价值的。例如，交通规划可根据人均收入或家庭收入情况，来考虑将来交通模式和小汽车拥有量；而关于家庭用于购物和服务业的消费情况，是商业中心规划必不可少的信息资料（曼彻斯特大学，1964，1967）。这些表示方法之所以有用，其原因在于如果家庭主要人物的收入、职业和教育程度可知道的话，则对其家庭的许多行为模式（如上下班所使用的交通工具，娱乐休息活动以及购物方式等），都可准确地加以预测。

空地或未用地

关于空地、闲置地或未用地的资料，也是规划师所需要的一种重要资料。初看起来，这个问题非常简单，但若仔细琢磨，它又非常难办。例如所谓空地是指无任何活动的地块吗？是永久没有活动，还是暂时没有活动？若指后者，所谓暂时又到何时为止呢？此外，由于原居住人或使用人搬迁引起的暂时闲置，是否也属空地或未用地呢？如果农田因轮耕休作需要有一年的合理闲置，又怎样确定其使用与否呢？

正如克劳森和斯图尔特所指出的，由于有些土地的使用频率极低，以至于人们难以肯定地作出判断它是处于使用状态，还是闲置状态。当不知其究竟用于何种目的时，对其活动强度的描述也有一定的困难。但是考虑这类未用地或空地显然是非常重要的，因为这有助于规划师分析确定目前土地的使用效率以及规划分配用地。

安德森（Anderson，1962）认为：土地未闲置之前的使用用途，或它最有可能被利用的用途，可表明土地闲置的状态。虽然闲置阶段只不过是从一种用途变换为另一种用途的转换时期，但对它的再利用，一般不会超出它现在的使用属性。这样我们就能够区别出空闲的住宅、空闲的仓库、空闲的农田、空闲的林地等。但是克劳森和斯图尔特承认鉴于有些空地未来的用地属性很难确定，所以一种广义笼统的分类也是必要的。

查宾所采用的方法，直接关乎到制定城市的总体规划。他认为“空地和绿地应视作土地使用调查中所需单列的调查项目。同时它也是土地规划中所应加以特别考虑的项目。将空地列为一类，有助于规划师将其改为其他形式的城市用地”(Chapin, 1965, p.300)。他建议应根据地理条件，如沼泽、陡坡、泛洪、沉降等情况，将空地分为适于建设用地（无上述缺点）和其他的边际用地。只要应用不同的标准（例如坡度等）就能够将可建设用地划分出来。

除此而外，还可根据地段现有设施，如给排水、电力供应、铁路和公路条件等，对空地加以分类。对这些标准进行不同的排列组合，可将空地的可用性分为若干等级。然而，包罗万象的分类系统是不适用的。

上述分类方法博采众家之长，将土地的活动、土地的自然条件、土地的改造情况以及交通等因素加以综合考虑。这种对空地加以分类的方法，虽然对一次性规划颇有用处，但对于连续不断的规划资料汇集工作却显得过于机械和呆板。

我们认为应将土地的上述特征尽可能分开处理。例如可将地形特征、土地改造情况、活动等分开论述，其中最重要的还是活动本身。然后可按照安德森的方法，根据上次用地方式或将来最可能的用地方式，将空地加以分类。如果上述资料都一一记录下来，则查宾的要求自然也得到了满足，而且所采用的方法要灵活得多。

房地产权

同前面所论，规划师还需掌握每个具体地块的产权资料。因为产权是无形的，仅凭肉眼观察不到，所以必须通过填写调查表、走访等形式加以收集。调查项目最好包括下列内容：所属权、租用权、转租权、权利持有人的姓名、租用截止日期等。目前在英国，这些资料很难收集。这给规划（特别是建设和改建规划）带来了一定的困难，同时也使房地产市场缺乏应有的活力。虽然房地产注册登记制在英国业已付诸实施，但目前登记数量还颇为有限。下文将要讨论如何从其他渠道收集关于产权的有关资料。

土地价值和价格

土地活动强度和土地改造情况的不同，必然使土地具有价值和价格。回顾以往规划理论和实践的发展，总是离不开土地价值、地税、土地贬值赔偿、土地增随征税、资本收入纳税等令人头痛的问题。正如许多学者所指出的，关于项目建设和迁址方面的大多数决策，都要在很大程度上受到现在的房地产价格和预期的房地产价格的影响。城市规划和城市建设管理的存在也能够对土地的价值和价格产生相当大的影响。所以规划师必须掌握这方面的资料。对土地的估值是相当复杂的，远远超出了本文所论范围，我们所探讨的只是在什么基础上收集关于地价方面的资料。还是同前文所论相同，理想的关于地价方面的资料体系，应以具体的地块为单位。但事实上获取如此详细的关于地值和地价的资料既不可能也无此必要，其原因后文将会谈到。

交通通信及其线路

在城市系统中起连接作用的是交通通信及其线路，它们与活动和空间同等重要。我们将用同样的方法阐述规划师在收集、分类和整理关于交通通信方面的资料时所应遵循的原则。同样对这些资料的处理还是要由详至略、由具体到一般。

交通通信

前文业已阐述了关于土地使用强度、区位、产权、地阶等资料的重要性。同样，对交通通信也需将其分解成各种要素，并分别加以描述和记录。同前述原理一样，对详细的资料可以归纳总结成一般概况描述，但反过来要由略到详，势必造成时间和金钱的浪费，因此较难做到。

前面的章节业已谈到交通通信产生的原因在于要将信息从其某一活动地点传送到其他的活动地点。换言之，活动和交通通信是紧密关联的。活动之所以在空间上能够分割开来，其原因就在于有交通和通信的存在（Meier，1962）。很多关于城市发展的理论却直接或间接地接受了这种观点。在上文谈到记载土地的活动强度、产权、地价等均以独立的地块为单位，因此对交通通信的描述也须如此。

交通起讫点

由于交通是位于异地的活动之间的连接，所以对其描述必然涉及它的起讫地点。但为方便起见，必先指定某一地块（在前面活动和空间调查中确定的）作为交通的起点。例如某一编号为 889843 的居住地块，在工作、社交、娱乐、教育、服务等方面，它与其他地点有着经常性的交通联系。这些地点的编号为：

点：845965——家庭成员就业岗位所在地
891845——家庭日常购物商店
893904——购买耐用消费品的中等商业中心
面： 8398——城市中心
892863——郊外公园
8184——机场（作为观光之地）
757858——音乐俱乐部
——亲朋好友住地

交通通信输送对象

交通通信的产生主要是由于活动在空间上的分隔所造成的，其形式很多。例如将原料运到工厂，将零部件集中组装，产品出厂运到批发站，批发站转到零售店、电话、信件、广播、电视信号、人员旅行等等，等等。此外也要包括人们的感官资料，如对环境整体和局部的印象。在前面的章节已经谈到这类感官信息影响到人们的情绪，因此，也影响到对区位的选择。在某些情况下它们是非常重要的决策因素。例如景色宜人气候温暖、阳光明媚可影响度假游乐地点的选择。环境质量也影响到住宅、工厂、办公楼的选址。因此，我们认为应将感官印象视为信息传递，并应将它们按交通通信来处理。

交通通信所输送的对象有四种不同的类别：

1. 人员——例如步行、骑自行车、乘车等。
2. 物品——例如煤、铁矿、木材、工业产品、零部件、邮件、水、石油等。
3. 信息——电话、无线电、电信等以及感官印象，包括声、光、气味等。
4. 能源——如架空或地下电缆传送的电力等。

交通通信工具

交通通信工具可包括汽车、火车、飞机、轮船、管道、电缆、电磁波、人的感官等。

流量、频率和强度

最后我们还须掌握交通的流量、频率和强度。前文业已提及规划主要关注的是有规律和定期交通活动。例如某个年轻人每年两次探望远在他乡的叔婶，并无记录在案的必要。但成千上万的球迷、尾随球队定期出访助赛，则非常重要，非记载下来不可。交通的流量、频率和强度三者紧密关联，不可分割。例如，大多数城市道路均能应付日常的交通流量，但由于人们希望同时上下班，这样所导致的交通强度，就超出了道路所能容纳的极限。这种强度的出现频率为每周5至6天，因为星期日没有高峰小时。有些异常活动，如农业展览和商业庙会等，虽然它们可能导致很大的交通流量和交通强度，但因其无频率可寻，故意义不大。特殊情况需要特殊处理（例如皇家婚礼等）。规划师所要处理的主要是有规律、定期、可预测的交通活动。在下文所论某个手表装配工厂，对交通所做的典型记录，集中反映了交通流量、频率和强度问题。

该表格可以进一步将该工厂的全部交通都包括在内，也可做详细的记载。例如可以用†号引出进一步的注释，将至格拉斯哥的空运再细分作由工厂到机场的公路运输。再如标有十字形记号的信件和包裹，可再详细划分为寄到伦敦、东南大区、其他城市以及国外等地的数量各为多少等。究竟详到何种程度，取决于规划的种类和规模。在城市或城市地区规划中，关于发送单位到邮局的交通运输资料是有用的，但在区域规划中，只要粗略地表示各地区之间的邮件往来也就足够了。

柯罗诺斯（Chronos）手表有限公司：区位编号 809543

交通记录

起	讫	运输物品	交通工具	频率	时间	附注
伦敦机场	809543	表	汽车	1/ 周	3—5 小时	8 月除外
北安普敦	809543	皮带	汽车	20/ 年	不定	
965267	809543	表壳	汽车	20/ 年	不定	
842787	809543	工人甲	自行车	1/ 天	8 : 15—8 : 30	
843951	809543	工人乙	小汽车	1/ 天	8 : 15—8 : 30	
⋮	⋮	⋮	⋮	⋮	⋮	
*809543	格拉斯哥	手表装箱	空运	10/ 年	不定	
809543	曼彻斯特	手表装箱	铁路快件	10/ 年	不定	
809543	伦敦 W.I	手表装箱	汽车	10/ 年	不定	
⋮	⋮	⋮	⋮	⋮	⋮	
†809543	810156 (GPO)	200	汽车	1/ 天	16 : 30	7 月和 8 月容量减半
809543	伦敦中心	谈话	电话	20/ 天	不定	大部分在上午 11 点以前
⋮	⋮	⋮	⋮	⋮	⋮	⋮

需强调指出的是，上面所举例证过于详细，其目的在于说明对较详细的资料可以归纳而成对概况的泛泛描述。此外，虽然任何规划机构几乎都不可能掌握如此详细的资料，但有些活动和交通因对一城市或区域极其重要，也需要对它们加以尽善尽详的描述。或许上文所列例证，只是规划资料库中最详细的部分。

交通通信线路

最后需要对信息和交通的运载手段加以讨论。就广义而言，世界上的所有陆地和水面、大气乃至太空都可能是信息运载手段。但对规划师而言，只有那些经过改造或专门设计，并具有一定模式、规律和频率的线路才是有关的。这可能包括步行小径、各种道路、河流、湖泊、海洋航道、运河等，也包括各种明沟暗渠、管线、缆线、隧道、铁路、航空线、走廊、机场跑道。换言之，任何交通通信的物质运载手段，都在规划师考虑之列。

线路网络

有些交通，特别是电信，是扩散传播的。但规划师所要处理的交通是通过线路网络传播的线状交通。线路具有几何形状和地理特征，因此地图是表达线路网络的最好方法。但因为人们对地图似乎过于熟悉，以至于对图上所包含的关于交通线路网络的丰富资料和信息视若无睹。地图不仅准确清晰地显示出道路、铁路网的形状和组织，并且还表示线路的交会、节点及其属性。显然，比例尺愈小对线路网的表达就愈抽象和概括。但即使如此，英国的 1 ： 1000 的测量地图难以为规模较大的区域规划提供关于交通网络的资料。同洋，1 ： 2500 的地图也难以在城市规划中派上用场。

然而，并不是所有关于线路网络的信息资料都能在图纸上反映出来。除此而外，规划师为满足规划要求必须设法得到更多更详细的资料。对这些资料可作如下分类 ：

容量

所记录的资料应该能够反映线路网上每条线路的最大现状运载能力。对运载能力的测定方法要取决于线路和交通通信的性质。例如，道路容量一般均以单位时间内单车道所能通过的车辆数来表示 ；铁路容量则以单位时间内通过的列车或旅客数来表示 ；电话线则以装机容量来表示 ；输电线则以千伏或百万伏等单位来表示。线路所存在的某些限制，如道路上存在的狭窄的桥梁所造成的瓶颈，交叉路口的通行能力会影响到整条线路的容量，要对它们加以注明。再则，对喷气式飞机飞行或对某条路轨的行驶速度所施加的行政管理限制，道路实行的定日单行管制等，也要记录在案。另外，交通线路所具有的有待发掘的潜在的交通能力，也是很重要的。这里的情况极为复杂。以城市道路交通为例，如若施加一系列的交通管制，其中包括停靠车辆限制、严禁公路停车、道路划线、交通信号管制、单向行驶、交通指挥、计算机辅助交通管理等，可极大地提高道路的运载能力。所有增加线路容量的措施，都要受到现有道路物质条件的限制。对这些限制，规划师没有必要一一记录下来。但在日常工作中，规划师需要与交通工程师合作，以探索可能采取的各种措施。规划师需要掌握关于线路扩展可能性方面的资料。这类资料大部分可从业已收集的关于活动和活动空间的有关资料中提取，如在某段拥挤不堪的道路两侧活动的性质和强度，土地的价值和属性，地形、地貌和地质情况等等。在一般情况下，这样做不会有什么问题，但有些特例则另当别论。例如某段线路对某个地区未来的发展非常重要，自然要专门收集整理有关资料，虽然这样做有可能会导致对同一类资料的重复收集。

反映线路潜在扩展能力方面的资料，最好能够表示其扩展程度。例如，在记录中可查到某条路段有可能拓宽为单向三车道、双向六车道，但需要在测量标号为26345、靠近“铁匠营”的地方，挖掘30英尺深的砂土层；再如，在某条郊区铁路支线引进新的信号管制系统，“英国铁路希望在1971年到1973年间，单向通行能力可达30辆/小时或1500人次/小时”。

上述所论关于线路容量、限制以及扩充能力方面的资料是非常重要的。在下文中讨论对各种不同方案的构思、模拟和评价时，将会证实这类资料的重要性。

闲置的交通线路

与处理空间问题一样，规划师有必要掌握闲置起来未加使用的交通线路的情况。对这些线路也可分为两类：一类是利用率极低，几乎等于闲置的线路；另一类则是完全废弃不用的线路。这些线路由于将来的建设发展，或许重新启用，当然也有可能被另派用场（例如将以往的水运河道改为水上乐园），或许也要转换成别种交通形式的线路（例如将弃置的铁路旧线改建成人行道或公路等）。注明废弃线路的具体情况，包括弃置程度，如何修缮改建等对规划师是颇有用处的。

产权和使用权

记录交通线路的产权和经营人是很重要的。规划师要了解有时交通工具归某个单位所管（如航空公司和公共汽车公司），而交通线路却属另一个单位所辖（如市属或私属机场、土地持有人和邮电局等）。至少在英国，绝大多数道路均属国有公路，而且任何涉及产权和经营管理权的问题都是极其复杂的问题。因为对道路的建设、维修和改造要牵扯到五花八门众多的机构和个人，对它们均需一一记录在案。但私有公路、街道和桥梁等却属例外，对它们仅仅记载为需交费通过，也就足可了。

费用和成本

不同交通工具的实际利用率、选择何种交通工具和交通线路以及相应的线路流量，在很大程度上与其使用成本以及所得到的服务质量有关。这个问题极为复杂，将留待下文讨论。目前只不过略略提及收集关于票价、养路税、通行费以及其他类似费用方面资料的必要性而已。

交通终点站与转换站

铁路站场、公共汽车站、港口、码头、机场、各种形式的停车站场及转换编组站（如铁路和公路联运站、租用和出租汽车站等）以及任何形式的交通转换地点和所有用于交通转换的场所均在应考虑记录之列。

我们将上述场所的活动视为空间活动，因此对它们可与其他关于空间活动方面的资料作同样的处理。例如在交通栏目中，会把交通终点站和转换站划归大型出入口。但需指出，我们这里所提供的处理方法，实际使用起来较为方便。读者若将它们与交通时刻表作比较将会发现：对它们只需做小小的调整，就能满足规划等方面的要求。

资料的概括与简化

上面业已论及关于活动、空间、交通和线路等方面资料的梗概(图7.2至图7.6)。鉴于业已阐述的理由，我们所做的描述似乎过于详细。然而实际工作中，任何规划机构，即使配备了极为先进的现代信息处理设备，也难以对如此详尽的资料加以收集整理和定期对它们加以补充和修改。因为即使在一个规模较小的城市，也会有多达十万种不同的活动和活动的空间，同时还有数目高达百万之巨的交通活动。若在大城市，这将会是惊人的天文数字。

我们所需的资料应详细到何种程度？假如需要去繁就简，应该如何处理？何时要详，何时需简，怎样决定？又取何种判断标准？对这些问题，我们将在下文

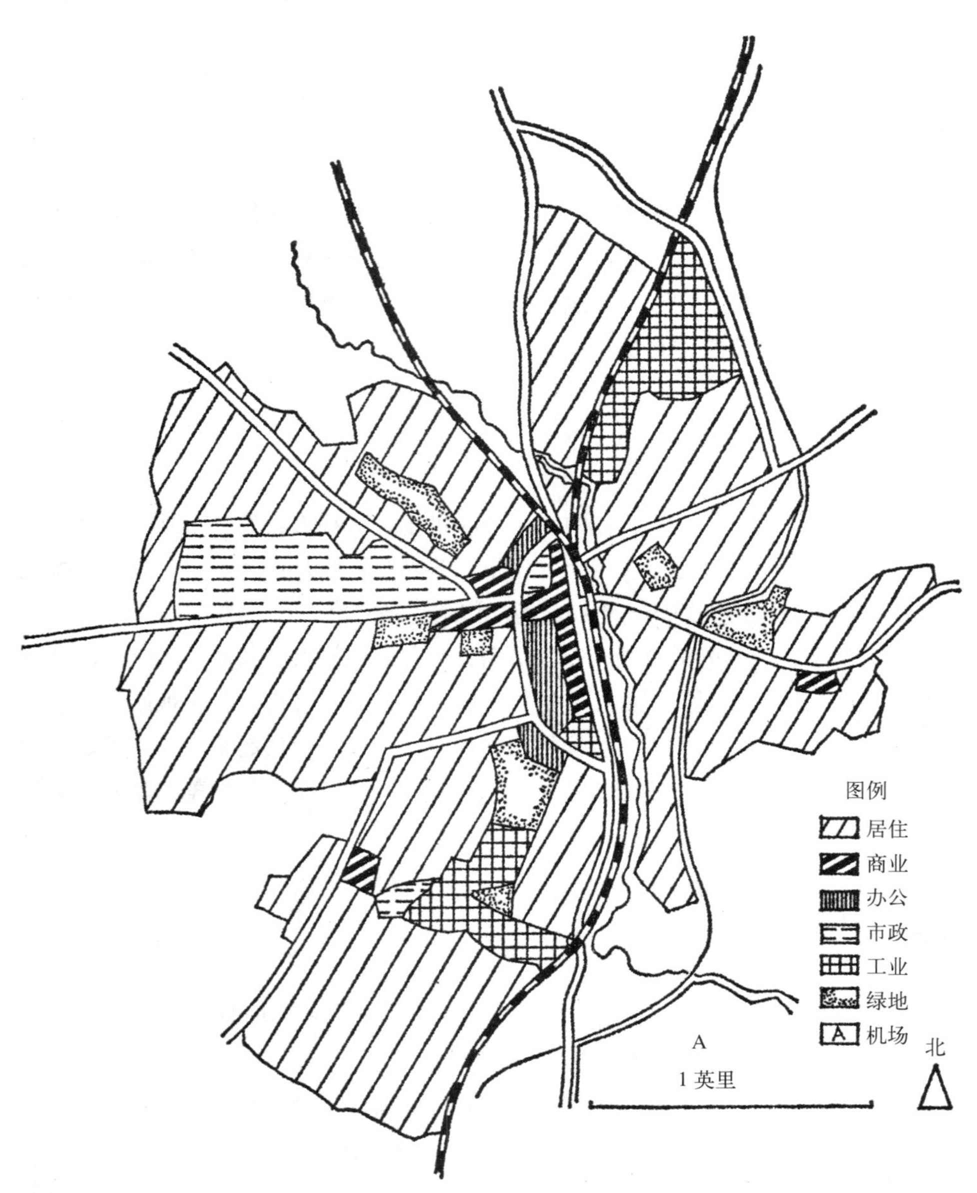

图 7.2
传统用地图示

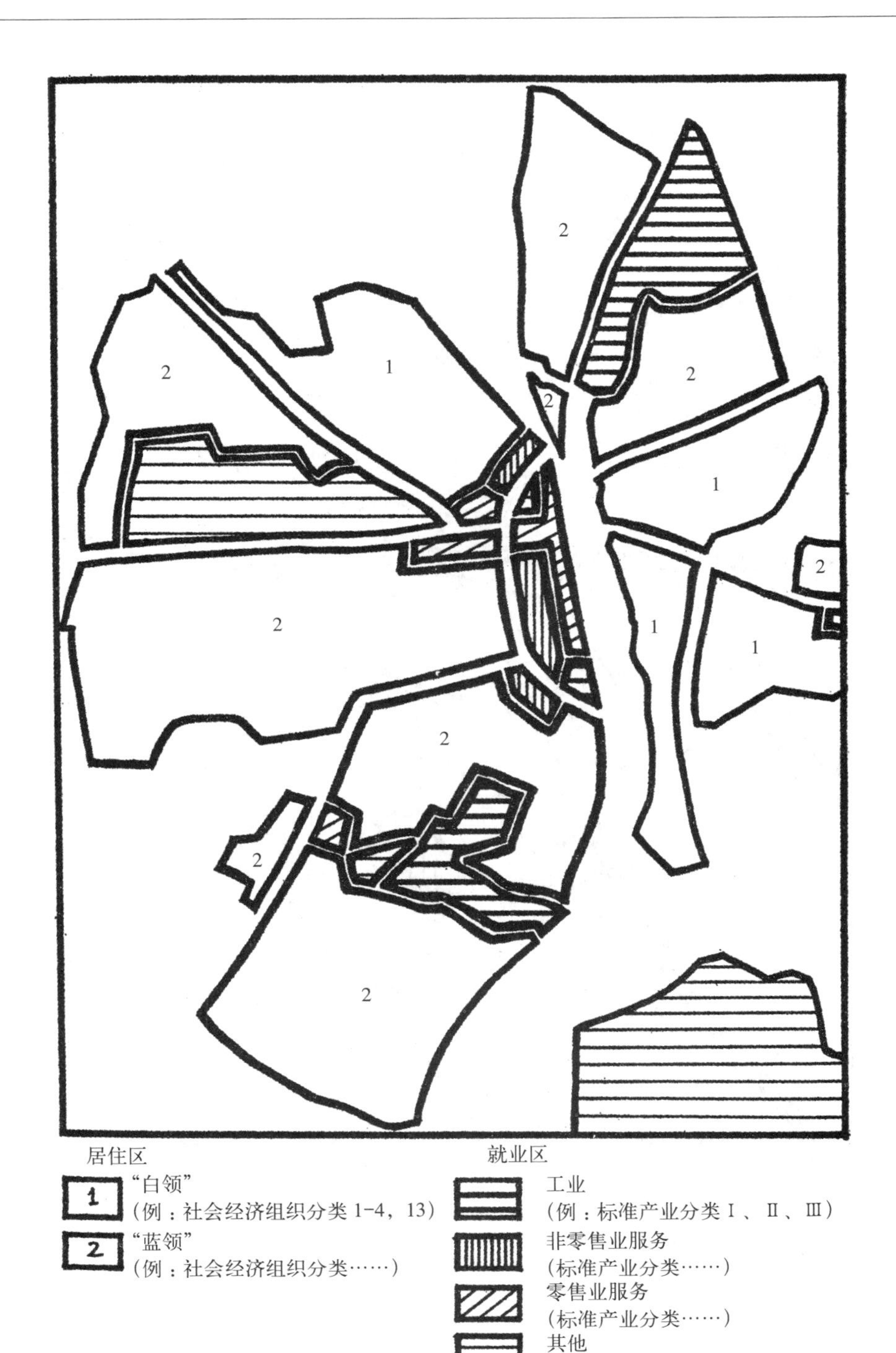
2
2
1
2
2
1
2
2
1
1
2
2
2
居住区
1 “白领”
（例：社会经济组织分类 1-4，13）
2 “蓝领”
（例：社会经济组织分类……）
就业区
工业
（例：标准产业分类 Ⅰ、Ⅱ、Ⅲ）
非零售业服务
（标准产业分类……）
零售业服务
（标准产业分类……）
其他
（标准产业分类……）

图 7.3
活动

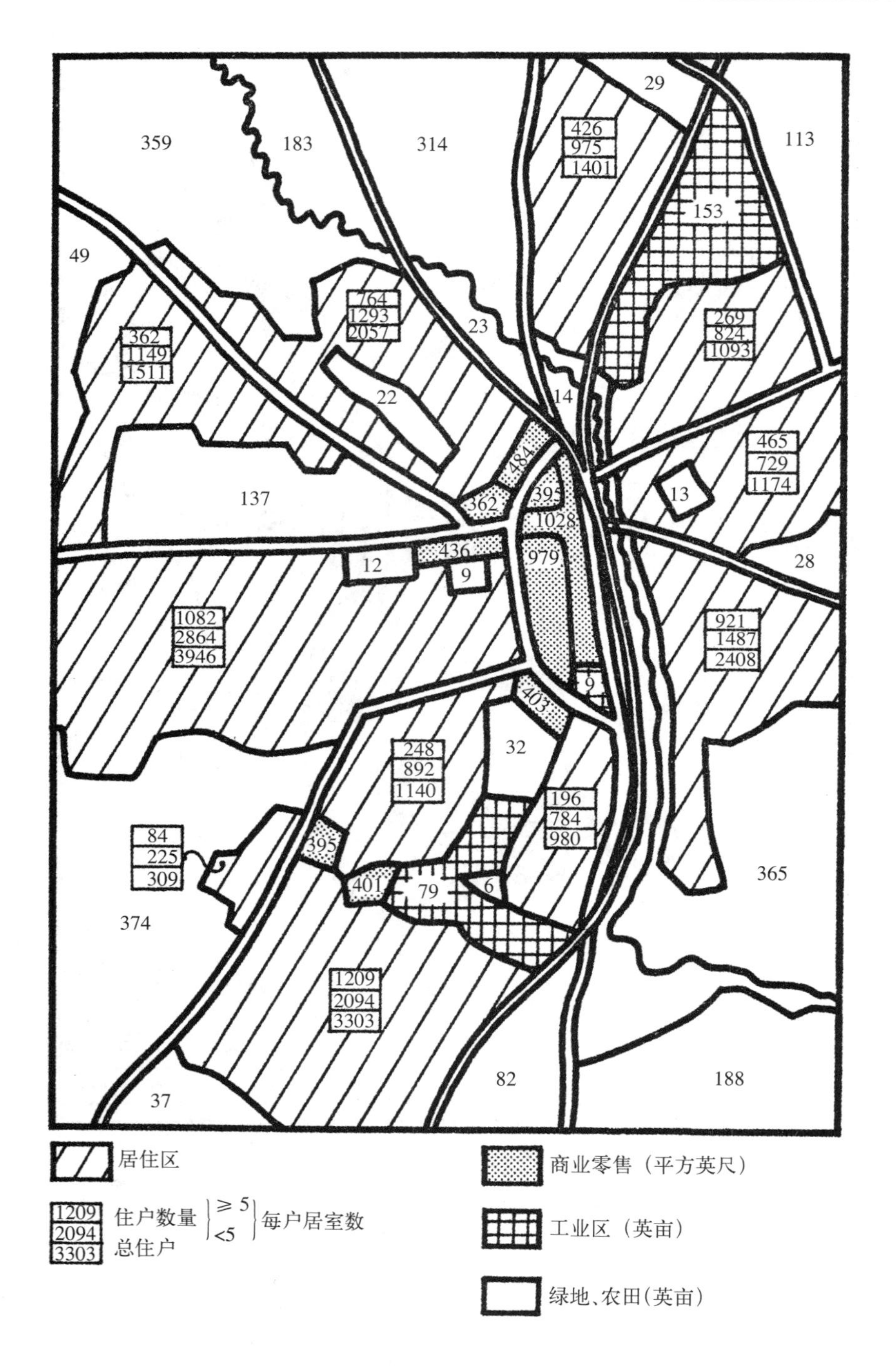

29
426
975
1401
359
183
314
113
153
49
764
1293
2057
23
269
824
1093
362
1149
1511
22
14
465
729
1174
484
395
13
137
362
1028
436
979
12
9
28
1082
2864
3946
921
1487
2408
9
403
248
892
1140
32
196
784
980
84
225
309
395
401
79
6
365
374
1209
2094
3303
82
188
37
居住区
商业零售（平方英尺）
1209
2094
3303
住户数量
总住户
≥ 5
<5
每户居室数
工业区（英亩）
绿地、农田(英亩)

图 7.4
空间图示

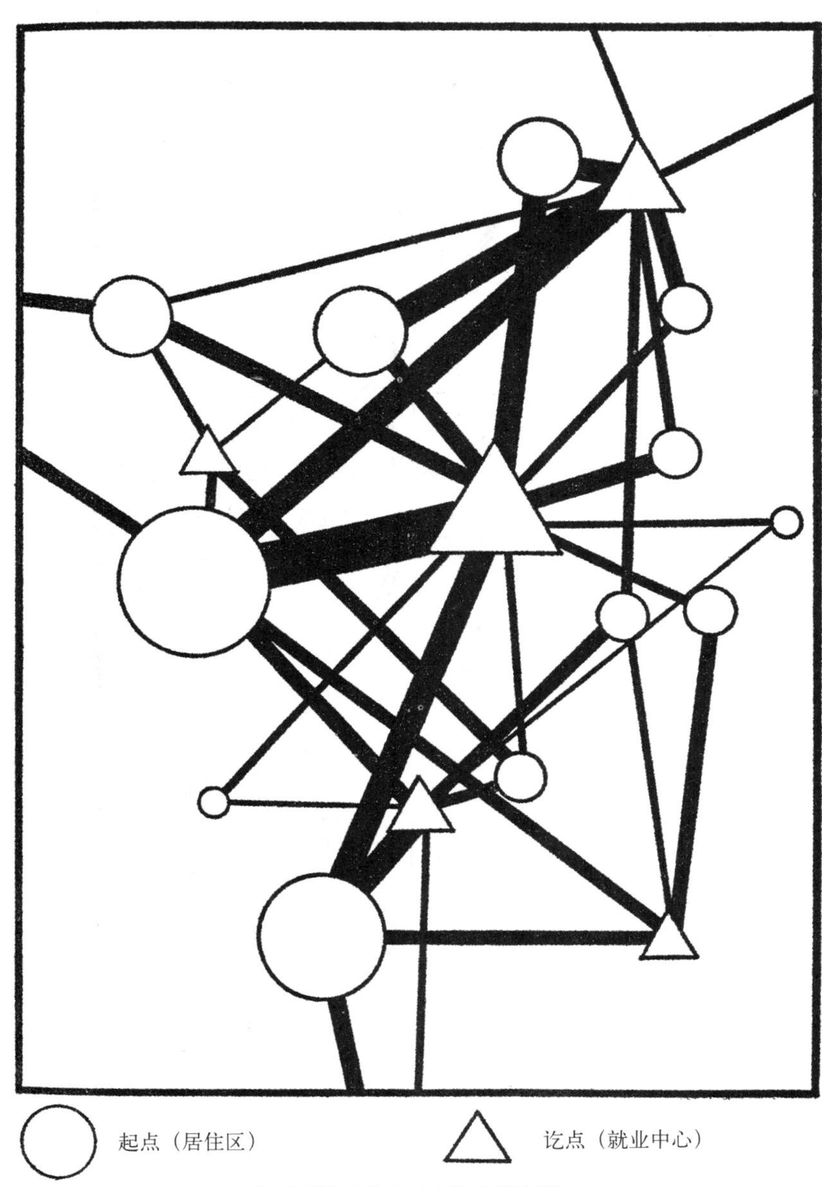

图 7.5
交通

线路

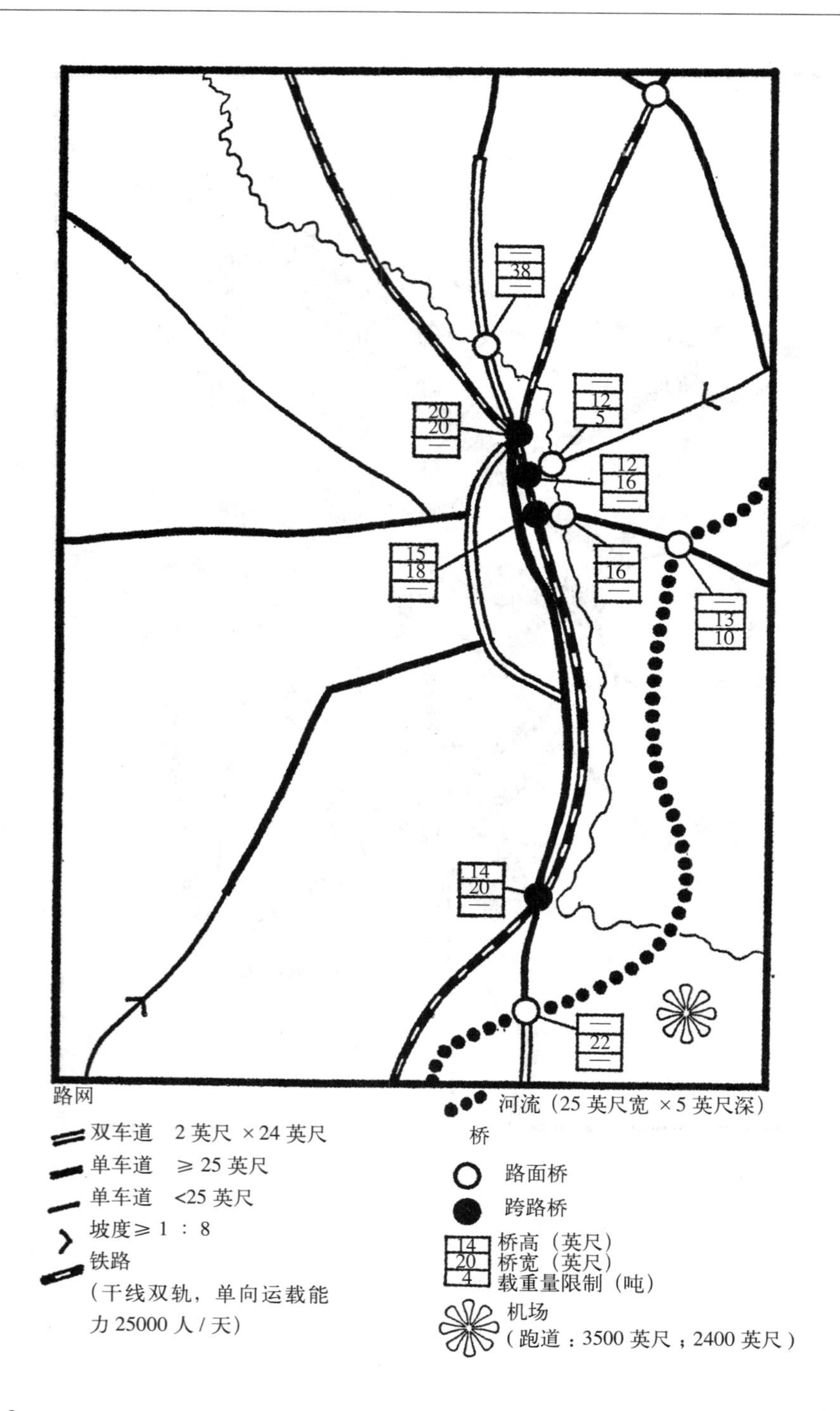
38
20
20
12
5
12
16
15
18
16
13
10
14
20
22
路网
双车道 2 英尺 ×24 英尺
单车道 ≥ 25 英尺
单车道 <25 英尺
坡度≥ 1 ： 8
铁路
（干线双轨，单向运载能力 25000 人 / 天）
河流（25 英尺宽 ×5 英尺深）
桥
路面桥
跨路桥
14 桥高（英尺）
20 桥宽（英尺）
4 载重量限制（吨）
机场
（跑道：3500 英尺；2400 英尺）

图 7.6
线路

给出答案。现在仅就如何使资料变得能够处理作些探讨。

此外，为便于阐述，前文曾对活动、空间交通和线路等分门别类地加以讨论。然而，这里所论的环境都是一个系统——一个不可分割的整体。有鉴于此，资料的收集、储存和管理是否也要与此相适应，反映整体环境的特性呢？下文将对此加以讨论。

活动系统

查宾（Chapin，1965，第六章；Chapin and Hightower，1965）是活动系统概念的创始人，他曾将活动系统定义为："个人、家庭、机构和企事业单位等的空间行为模式，它具有土地使用规划方面的意义。"此外，他还补充论证："对运动系统（也即彼此相关、相互作用的分子所组成的系统）的分析业已成为交通规划的基础，而在土地使用规划方面所做的研究，又对交通规划具有辅助作用。"查宾认为：迄今为止规划师由于仅仅注重于对行为模式所导致的结果——土地使用的研究，而忽略了对其原因，也即对空间或区位行为本身的研究（Foley，1964）。这种空间或区位模式应该是规划师所关注的核心。因为规划师必须处理这些问题，而处理解决问题的关键是了解和认识问题。

因此对活动系统的调查资料，可以视为规划的核心资料。这主要基于以下两个原因：其一，活动资料所涉及的是城市或区域中最重要的，也即各种人的资料；其二，在关于活动系统的资料中，几乎可以囊括和反映所有其他有关方面的资料（如人口、工业、用地以及运输系统等）。

上述观点具有重要的实际应用价值。它说明了对活动系统的调查，是上文所罗列的众多的调查中的重点调查。换言之，若将调查集中于活动、活动所占据的空间以及活动相互作用时所产生的交通（包括交通线路），那么这种对活动系统的调查就起到了上文所论的对资料的概括和协调的作用。

查宾将活动系统划为三大部类：企业活动、机关活动和家庭（包括个人）活动。一般而言，企业总是与生产性活动联系在一起，包括采矿、加工、制造、组装和分配等；机关则与教育、保安、消防、社会、政治、宗教、娱乐以及其他等项活动有关，而家庭及个人所从事的活动则门类繁多，包括工作、养育后代、娱乐、购物、探亲访友、看病等正式及非正式的活动。

这种对活动的分类方法，虽然在进行调查时详略程度略有不同，但基本都能满足总体需求，也即依据单位的不同来区别活动的性质，活动所占空间的情况（包括活动区位、建筑物、用地、建筑面积以及服务设施等）以及记录各种类别交通的起讫点、交通频率、交通工具以及交通流量等情况。

掌握了上述原则，按照本章所述的详细指导以及查宾所建议采取的方式，读者不难自行设计对某种活动系统进行调查的实际应用方法。

简化抽样调查方法

这里我们再次碰到如何处理庞大的资料和繁杂的工作量的问题。显然，最简便的方法是进行抽样调查（Jay，1966）。我们根据常识判断或根据调查分析，均可得知：香烟零售人的行为模式和其他零售商的行为模式可能有着极大的不同，但在很多方面他们仍有共同之处（例如从批发店进货）；同样，两个不同的家庭，它们各自的活动模式自然也不尽相同，但也不难找到共同的地方（如每天上下班等）。因此，只要对活动加以恰当的分类，仍能通过抽样调查反映该类活动的特征和全貌。

简化方法之一——扩大调查单位的范围和面积

若采用比我们上述建议稍为欠详的标准可使调查工作得到简化，同时也节省开支。前文中曾建议按地块来记载活动情况是记录活动的最理想的方式。这些地块由于具有地形、地质、产权、地价及其他方面的某些特点（包括活动在内），可视作相对独立的土地单位。因此若在调查之初将调查地区按较大的地块加以划分，可使调查工作极大地简化。这样的调查单位可包括人口统计区、市区、教区、就业区等。至于选择何种单位，要视是否容易获得公开发表的资料而定。显然这种方法有相当大的局限，因为人口统计资料虽然与人口普查区完全一致。但若从其他途径所获得的资料，如：按就业区所统计的就业资料等，转换成适合人口普查区的资料就非常困难。此外，鉴于情况的改变，为了本身工作的方便，政府各部门有可能定期（如人口普查统计区）或不定期地调整变动收集发布信息的范围和地域。

这就是为什么要主观确定某种面积作为调查单位，然后据此将所有的资料加以转换。虽然开始难免费时费力，但其受益肯定匪浅。例如，全国测量图的格网系统有很多优点：第一，它是网状结构，每个方格都由更小的方格组成。例如，1 公里的方格含有 100 个边长为 100 米的小方格。这可很容易将小单位的资料转换成更大单位的资料，反之也如此。第二，由于图上这些方格同测量图所标的地块界限联系在一起，因此，根据某种比例尺的地图，例如 1 ：2500 的地图所记载的调查资料，可以总括起来产生这些方格所在的 1 公里见方的方格所需要的资料。第三，每个地区都能根据测量图号，例如 TF6013 等，来标明其区位。第四，现在有很多与规划有关的机构已经逐渐开始按照格网系统收集整理资料。第五，格网系统便于应用电子计算机对资料回收和整理，由于格网系统的资料可以储存在磁带内，所以可很便捷地将它们直接反映到图纸上。

除此而外，还有一些或还可构思出一些其他的方法，但我们在此愿意再次强调指出：必须按照同一面积单位收集整理所有的资料。否则这些资料的可用性将大为降低，甚至有可能变得分文不值。因为规划师需要了解空间活动所涉及的各方面资料（如人口资料、就业、地价和产权等）以及与空间活动协调一致的空间方面的资料，这是规划师必须恪守的原则。

这并不意味系统内的所有面积单位必须整齐划一，实际上却正与此相反。如果每个单位面积内所包含的活动和交通源都大致相当。自然对我们来说要方便得多。因此对规划区内人口密度较高的部分，应选用较小的面积单位。而在密度较低的城市外围选用较大的面积单位。例如在大城市中心部分可选用边长为 100 米的方格作为调查资料的面积单位，而在城市的其他部分，主要选用边长为 500 米的方格作为调查面积单位，而在规划区外可用 1 公里的方格。这样每个方格所记录的资料数量大体相当，然而却具有极大的灵活性。对城市本身的研究可选用 100 米见方的格网，但在区域分析中则可选用 4 个 1 公里见方的方格或 16 个 500 米见方的方格。

显然通过扩大单位面积的方法来简化调研工作，不仅会对活动（因为它们最终总要由下列形式来表达，例如 550000 平方英尺的商业零售、270000 平方英尺的批发商店或者 77 座独立式、半独立式家庭居住住宅等），还会对交通方面的资料起到简化作用。这样就无须根据微小的地块来一一描述每一种活动，也无须逐项罗列所有活动之间的相互作用。然而我们却必须对整体情况进行概略的描述。例如，在面积为 1 平方公里的居住方格内，可做如下记载：每天外出交通有 200 人次上班，50 人次购物，15 人次上学；进入交通有 12 人次上班，170 人次上学等。也许还可同时反映他们所使用的各种不同的交通工具。当然对进入交通可按起点所在方格的不同，将他们分门别类，一一标出。同样对外向交通还可按他们的终点的不同，而加以分类。同时也要注意，这种简化方式会使起讫点均在同一方格的交通旅次相互抵消，在所收集的资料中得不到反映。*

* 这的确是值得提出的普遍观点，显然在最初就必须极其谨慎地选择单位面积，因为要在简单经济和某些信息理解的损失之间做出妥协。

简化方法之二——对交通资料的简化

对交通资料去繁就简，是对资料进行简化的另一种方法。在前文的讨论中，所采用的是综合处理方法。对所有形式的交通（当然指有空间影响和一定规律的交通），不分巨细，一一罗列。因为即使所记载的仅仅是某种单一的活动，也会导致数目庞大的资料，因此必须加以简化。其方法有以下几种：

1. 对每周、每季的变化情况可忽略不计，仅收集整理高峰日、高峰星期和高峰月份的情况和常态情况就可以了；

2. 对交通所输送的内容进行抽样调查，其结果可反映客运、货运或资料和能源等的输送情况。一个更严格的方法是，按此方法将诸如能源输送情况的信息完全省略，只单一依靠收集的概括性信息，作为全部或大部分区域的研究（Smethurst，1967）；

3. 可对交通工具进行抽样调查，只选择有限的几种道路、铁路、航空及水运交通形式加以调查，而将其他形式的交通，如管线和管道等交通形式予以忽略（Starkie，1968）；

在决定采取何种简化方法之前，必须对该地区过去、现在以及未来的交通状况进行初步调查了解。例如，在若干年前若对小汽车使用情况不闻不问，显然将会酿成大错。因此，现在若对感官信息资料的传送不加调查，就需三思而后行。

最后需强调指出：采取上述简化方法在对所调查的内容、范围以及详略程度加以处理时，必须对每种活动系统都同时进行。假若对每种活动系统的调查都自行其是，各自均采取不同的方法，那么所得到的总结果将不能反映各种交通路线的实际使用情况，所以毫无价值。

简化方法之三——对交通线路资料的简化

最后当然还可对交通路线的调查进行简化。其方法如下：(1) 减少调查线路的种类。例如对管线、管道、电缆或所有电信交通等都不予调查；(2) 对交通网络的支线，例如污水管径在 12 英寸以下，上水管径在 9 英寸以下的管道不做记录。再如，对公路网的调查记录仅限于高速公路、主干道及 *A*、*B* 两级公路等。

上面所论的各种简化方式，其原理大同小异，规划师在实际工作中应根据财源情况和工作的方便程度对调查的内容加以取舍，并决定何时要详，何时应略。但在实际工作中，各部门往往孤立地做出自己的选择和决定，结果所得资料往往失之偏颇，不能反映全貌。例如，人口统计资料虽很详细，但关于职业或就业方面的内容则并不配套，略显粗糙。再如，对假期野宿景点分布方面的记录可谓尽善尽详，然而对其他方式的度假资料却毫无记载等等。

> 在规划过程中对资料系统的设计是非常关键，甚至可说是至关重要的一步，对此必须慎之又慎，稍有判断失误，大量的财源即会付之一炬。

下面所论关于对系统总体状态的描述，他人业已大量论及，世人并不陌生。因此仅略略提及即可，无须费笔赘述。对系统状态的总体描述，可取下列方式：(1) 将上文所讨论的详细描述资料汇总起来；(2) 将各个研究地区收集的资料汇编在一起。最好的方法是双管齐下，两种方法并用，因为后者主要取自官方公布的资料，可对前者加以修正。

至于所要描述的内容目录却并非鲜为人知，无非包括人口（人数、性别、年龄构成、户数等）、经济活动与就业、地质地貌、构筑物、交通与通信网络和流量、能源的生产和供应以及用地（或许称之为活动更恰当）等。但需要强调指出的是：它们要和上文中所提及的详细调研的项目保持一致。

此外，有必要将规划地区的各项指标与其所在地区、区域乃至全国的各项相应指标进行对比。这对后文所论的规划预测颇有价值，对此读者可自行参阅有关专著，以求深入了解（Jackson，1962；Moser，1960）。

迄今为止，我们的讨论还仅仅局限于对系统在某时某刻状态如何进行描述。但前文业已论及，城市系统是瞬息万变的动态系统，对这种变化着的系统可采取定时分期描述的方法来反映它的变化过程。所以可按照前文所述办法不断进行定期调查，但间隔时间多长为佳？是否每次都要完全从头做起呢？

间隔时间多长取决于下列因素：其他有关机构进行相应调查的频率（如人口普查等）；某些相关因子变化的速度，例如经济发展速度、小汽车增长速度、建筑和工程投资增长等；此外还包括进行资料修订工作所需的财源。

进行全面综合调查，可每隔五年进行一次。在英国这样做至少有两个原因：其一，是英国的发展规划每隔五年必须进行全面修订，因此也需要重新组织调查；其二，是自 1901 年至 1961 年期间，英国每隔十年进行一次全国人口普查（1941 年除外）。自 1961 年后改为五年进行一次规模较小的人口抽样调查，十年进行一次全面的人口普查，这种做法看来有可能会持续下去。

规划师的工作有相当一部分均与人口资料有关，例如人口数量、年龄、家庭构成、教育水准、居住状况等。有鉴于此，规划调查工作最好能与人口普查工作同时进行。

但五年时间莫为短矣，其间发生的事情可能数不胜数。例如，人口会急剧增长，经济可能飞速成长；也可能获得大量的住宅贷款，使城市住宅建设出现了振兴；也可能某条新建的道路改变了整个城市的交通流量等等。因此，我们有充分的理由（尤其是出自建设管理方面的原因，这将在第十一章中讨论），加快资料更新速度，而不能等五年之后再来一次。显然按年度对资料的某些部分加以修订是值得推崇的。按年度划分周期可给工作带来很多方便，因为新年伊始，学生要重返校园；冬去春来，四季更替，人类也要按年度来开始新的行为循环周期；更重要的是，政府的各个部门每年都要进行总结，呈报预算和发布公报。如何进行年度资料修订工作，取舍那些内容，并无严格的规章可循。但至少对活动和空间的发展变化情况，应较为详细地加以注明（这类资料从规划、建筑调查、消防和其他日常记录中可很容易地得到）。对交通网络的重大变动（因为交通线路如道路系统很容易发生变化）和交通流量的变化,可通过抽样调查获得所需的资料（实际上交通部每年都进行此类工作，但遗憾的是它们的资料可供规划师借鉴的部分颇为有限）。

至于如何确定需要更新的资料的内容和更新的程度，只能依据经验加以判断，并视具体情况确定。近来有些规划机构在对资料进行年度更新方面业已进行了某些尝试，不久它们的经验即可问世。但间隔五年才进行一次的资料更新必须综合全面。它既要更新关于空间、交通、线路等方面的详细调查，也要更新对规划区所做的关于同类项目的总体说明。

完成了上述工作，也就基本满足了对系统描述的总要求——即定期记录系统的某些特征以反映动态系统的状态。通过这种方法，可以掌握系统在某时某刻的工作情况，系统的因子（如人口、居住用地和交通客流等）如何随时间而变化，并分析它们的变化趋势，监测整个系统的发展变化轨迹（Jay，1967）。

在后文中将会论述：上文所论对系统的描述是了解系统未来状况，对系统施加控制、指导系统的发展变化以及设计合理的系统运转轨道等问题的关键。换言之，规划资料的收集和整理是制定规划和实施规划的最重要的环节。

第八章
系统的模拟：规划预测和规划模型

在第七章中论述了对系统的描述，以及收集整理资料的原则和方法。本章所要探讨的是规划预测的技巧。规划预测要探讨的问题很多，其中包括预测年限、预测周期、对单一项目的预测（如预测人口、就业、商业服务设施需求、货运流量等）、对系统的综合整体预测、哪些人类行为可以预测、如何预测发展趋势或自然变化以及各种不同的控制和刺激政策对城市系统的影响。此外，还要探讨如何借助预测技术来详细展现未来变化的过程，从而制定规划。这是预测技术最重要的功能，也是我们所希求的最终目标。在后文将会论述如何根据规划的要求，确定进行哪些预测，如何预测，预测到何种程度以及如何确定预测周期等。

本章主要分为三部分：第一部分，探讨预测的性质、内容和难度、预测理论的应用以及若干实际问题；第二部分，论述系统分项目的预测方法，特别是与规划有关的某些预测方法；第三部分，论述如何对系统整体进行预测。

科学的方法、理论和预测

预测并非始于现代，它伴随着人类的文明而问世。事实上，在近东由于历法和天文学的发展，人们掌握了预测河水泛洪的技术。这种技术进步是近东文明发展的里程碑。由此例中不难看出：预测的出现和发展与科学和理论的进步是密切相关的。因为若对所要探讨的现象缺乏宏观了解，对其加以预测几乎是不可能的。试问：假如印度尼西亚苏门答腊岛上的牧师对河流涨落与天体运动之间的关系，在理论上一无所知，对底格里斯河或幼发拉底河的泛滥又谈何预测呢？根据哈里斯（Harris，1966）所说："理论是真实世界的抽象概括。"他又进一步论证了理论建设与科学的描述结合在一起的方法：第一步，要收集资料，归纳整理，找出规律；第二步，分析形成规律的因果关系，并对规律加以抽象概括的描述；第三步，根据所导出的一般理论，对一些新的未研究的现象加以推理；第四步，对结果加以检验，看其是否与所预测的相一致，如果情况不同，就需对理论加以修正。

应该指出，第三步的推理演绎并非一定意味着对将来的预测，它可能是而且经常是对事物某种状态的新的论证。例如哈维（Harvey）创立血液循环学说，使其能够据此推测人体内毛细血管的存在，这在后来解剖手术中得到了证明。但只有与时间有关的理论、随时间变化的现象以及能够预测未来事物如何发展的学说，才与规划师最为有关。显然预测工作若无理论指导或缺乏对既往规律的概括说明是无法办到的。正如哈里斯所论："关于事物间相互关系的精确阐述，通常总是要论及事物之间的因果关系。"

对此可举例加以说明。对既往时期人口变化趋势的调查，以及关于人口变化原因方面的理论是进行人口预测的依据。长期观察研究的结果表明，人口的自然变化（出生和死亡）和人口结构都是影响人口变化的重要因素。

如果调查了解工作不够或经费有限，那么除了掌握既往时期的人口总数外，对人口结构的其他方面的情况，肯定一无所知，因此其理论推导必然粗陋不堪，据此所进行的人口预测，也只能是根据既往的人口变化趋势加以推测而已。

如果资料和财源等情况能够得到改善，则对人口状况会了解得较详细，也便于对其进行理论推导，对人口的阐述也更完善。例如只要掌握过去各个时期中人口的性别和年龄构成情况，就有可能推导出人口发展变化的详细理论，并据此做出较为准确的人口预测。此外，其他因素如婚龄、生育率、避孕节育措施的应用等对人口出生率的影响，疾病、环境质量等对死亡率的影响，以及出生率、死亡率和人口的机械增长对总人口数量的影响等，现已广为人知。

现再举小汽车拥有率为例。如果仅仅掌握小汽车在既往时期的数量增长，那么据此推导出来的理论只不过是对数字的简单解释而已。虽然这只能反映每人或每户的小汽车拥有率。但如果掌握了上述数字与国民生产总值和人均收入之间的关系，就可应用统计或图解方法，根据未来年份的预测人口数量，国民生产总值和人均收入而预测将来小汽车的拥有率。

在上述所引示例中，有简单预测和分析预测之别。简单预测仅根据有限资料和一系列既往趋势的顺次延伸，对未来情况加以直接预测；而分析预测则首先对自变量（例如上例中的职业和家庭收入等）加以预测，然后再根据这些自变量的情况对应变量（小汽车拥有率）加以预测。

一般而言，分析预测较简单预测为佳。因为这种方法考虑了内部因素变化的影响，所以预测结果要比忽视内部结构变化的简单预测所得到的结果准确。

如上文所述，理论对所描述事物间的因果关系通常要加以阐述，否则即是对所描述事物之间的相关关系加以阐述。

两组（或两组以上）事物间的关系，有以下三种：

1. 决定性因果关系。当 *A* 发生时，*B* 亦发生，也即 *A* 为因，*B* 为果；

2. 概率性因果关系。*A* 发生时，*B* 随之发生的概率为 *P*，也即 *A* 使 *B* 发生的可能性为 *P*；

3. 相关关系。*A* 的发生与 *B* 的发生有某种关系，其关联程度可用统计方法测定，但二者之间显然并无因果关系。

查宾（1965，p.73）曾论述：人们的行为在很大程度上受机遇的影响。因此规划所研究的主要是概率性因果关系。理论探讨如此，实际工作也是这样。几乎所有的规划预测，例如人口、经济活动、休息娱乐行为以及对交通工具的选择等都与人类行为有直接关系。因此规划必须要有弹性，以便在用地和道路容量等方面能够适应经常变化的需求、技术条件和社会经济价值等情况。预测是规划的重要基础，应该反映出所预测事物的某些重要因素具有概率变化的特点。对任何预测项目，尽量不给出单一的数值（例如，10 年后男性就业人数为 175000 人）。这样做所反映的是决定性因果关系，而不是规划所处理的概率性因果关系。对人类行为的预测，充其量也只是对概率行为较高的预测。所以应该给出某种变化的幅度，以表示概率的上下限数值（例如根据生育率、死亡率以及人口机械增长的幅度，可预测某地区 15 年后的总人口数可能在 983000—1105000 之间）。

根据经验可知：短期预测比长期预测要准确。如果能够知道现在制造业的就业人数，则对下周情况可做出极为精确的预测，对明年情况的预测也可颇为合理，对 5 年之后情况的预测误差可能为 ±3%—4%，但对 20 年后情况的预测，则属臆测而已，并无多少成功可言。我们所处理的是具有概率性的问题，预测时期越长，所预测的结果也就越不可靠。

为证明这一点，读者可在对数正态坐标纸上画一高一低两条倾角不同（均为上倾）的斜线，分别代表某个地区人口持续增长的上限和下限。*X* 轴表示时间，*Y* 轴表示人口总数，这样就可看出上下限之间的差距，也即预测误差随着时间的增长在不断加大。

规划应该开展到什么程度？有无通用规则？对于不同的因素（就业、汽车所有权、住户数量）是否有不同的推荐周期？在一定程度上，这些问题的答案取决于规划的性质和宗旨，源自特定或假定的参考条件。这有时需要 25 年或 30 年的考察，而规划师显然会被要求详细填写事先准备的战略规划，以便提供未来 10 年至 15 年的“中期”投资和发展建议。另一方面，规划周期的选择取决于已经规划的内容。有些领域（如人口问题）已经比其他领域（如经济活动和就业问题）经历了更详细和长期的研究，因此可期待的规划时期与“现状”有直接关系。

但就某种意义而言，预测年限的问题并不十分重要。因为规划的过程就本质而言，是对系统的连续控制（见第四章和第五章）。在揭示活动和交通如何随时间而变化方面，预测与规划目标的确定（参见第六章）和规划的制定（参见第九章）是紧密相关的。特别是有些预测因将自然变化（非控制的变化）和不同的政策影响作为预测依据，因此各自展现的系统未来的变化轨迹也各不相同（参见第十章）。规划就本质而言，是对系统选择未来发展所应遵循的变化轨迹。因为这必然是从诸多不同的轨迹中选择出来的一种（也可能是某种轨迹的修改变异，还可能是几种不同的轨迹的组合）。所以显然计划本身在早期阶段将十分明确，越到后来则越模糊。举例言之，在规划说明书中可以详细具体地阐述最初几年的投资计划，某个地区的政策，行动地区的准确范围等，但对中期和后期的情况，则只能泛泛地论及为了满足长期发展目标，所应遵循的一般原则等。

在第五章中曾经提到规划的实施以及对规划的定期评定，必然要求进行新的预测。规划期的渐次延伸，可以保证近期情况得到明确的阐述，同时某些先前并未加以预测的因素，也可能被重新纳入规划考虑之中。

远比预测年限更为重要的是预测的间隔，对此又如何确定呢？

此外，一旦决定选用比例类推法进行预测，预测间隔周期就变得毫无意义了。举例言之，著选择图解法预测全国人口的增长，通常这需要在对数正态图纸上利用铅笔和尺子等适当工具进行依此类推求得。一旦描绘出所需要的发展趋势线，任何未来年份的人口都可从图上直接求出。如果选用年龄组生存法预测人口，则预测间隔周期当然就与年龄组之间的间隔等同。例如，若以五年为一组，即0—4，5—9，10—14 岁等，则预测也就分别在 5、10、15、20 岁等进行一次。如果预测间隔为一年，那么年龄组组别可按 1、2、3、4 岁等来分组，显然这种方法并不是预测间隔周期的决定因素。实际上制定规划和实施规划的方法是决定预测间隔周期的决定因素。在前面的章节中，特别是第四、五两章，曾清楚地阐述了规划的表现形式是发展变化的轨迹和预定发展轨道，而规划实施的表现形式则是使系统不致偏离预定轨道所施加的控制。任何偏差必须及时发现和纠正，所以预测的最好表现形式应有利于对系统各种可能的发展过程加以探讨，并且有利于在不同的时候定期对系统的发展加以测定，以便及时发现误差。反映系统状态的理想资料，可从人口普查年份获得，目前在英国每十年进行一次人口普查，但在 1966 年曾举行一次中期调查，将来很有可能每五年就进行一次全国人口普查。

显然，若对规划实施情况也每五年进行一次全面评定的优点是很多的。在其他地方曾提到，对系统发展变化情况的局部评定可随时进行，对系统的某些主要方面的评定则需每年进行一次，但对系统的全面评定则每隔五年进行一次。因此，可将五年视为大多数预测的标准间隔周期。

在第七章的开始部分，曾论述应以向量来对系统加以描述。这就要求所有间隔五年所进行的各种预测彼此保持一致，同时进行，以便能够形成向量。若对就业进行预测的年份是 3、8、13 和 18 年……而对人口进行预测的年份则是 1、6、11、和 16 年……，对小汽车拥有量进行预测的年份是 5、10、15 和 20 年……是不值得提倡的，因为根据这些预测所制定的规划无法在将来与实际情况加以比较。所以各种不同预测的间隔周期应统一定为 n，n+5，n+10，n+15，n+20 年等（在第十一章对规划的监测中，将对此做进一步阐述）。

系统预测的内容和要素

城市系统是由空间活动以及连接活动的线路交通所构成。系统预测的内容包含对系统构成要素的预测。显然空间预测有别于交通线路预测，因此应分开处理。规划师的任务主要是对活动和交通加以预测。如果将交通的需求视为活动的一个方面，可使问题简化到仅对活动加以预测。

活动的预测

在第七章中曾对活动分为三大类别（根据查宾所述）：生产活动、福利活动和居住活动。这种分类是对人类生活结构的分解，实际上上述活动彼此之间是以极为复杂的方式相互联结在一起的。例如生产活动是居住（人口）活动的基础，而公共福利活动则受人口规模和人口结构等因素的制约。而人口又是经济活动的基础（例如某地区经济的发展和扩张要受该地区近期劳力来源的限制，解决这个问题通常要通过人口的机械迁入来解决）。经济活动与人口之间有着互依互存的关系，其相互依赖程度远比公共福利活动与人口或经济活动之间的相互依赖程度要高。虽然某地区可能由于教育和服务水准较高，会吸引人口的机械迁入，但这种情况实属特例，规划师应对此单独处理。这里要探讨的是一般概况也即人口与经济活动之间的密切关系。有鉴于这些差别，对活动的预测可按下列顺序进行：

（1）对彼此关联的人口和经济活动的预测；

（2）根据（1）所预测的结果，导出对福利活动的预测。

人口与经济活动之间具有相关关系。并非意味对它们的预测要同时或分开进行。虽然目前进行单项预测的手段远比进行同时预测的手段要发达，但鉴于种种原因，日后对后者的研究肯定要超过前者。目前我们关切的是：如若为了工作方便，要分别进行对上述两类活动的预测，那么每种预测必须考虑另一种预测的结果及其对本身预测所可能产生的影响。这可能导致拉锯式的往返过程，直到最终对人口和经济活动之间的关系的预测取得某种令人满意的结果。

下面将简单讨论对人口和经济活动进行单独预测以及考虑二者之间的关系而进行预测的若干方法。

人口预测

如查宾（1965，p.196）所论，人口预测是规划预测中最重要的预测。在规划师要考虑的城市未来发展的很多因素中，有很多至关重要的因素均与人口预测有直接关系。人口预测是随后进行的一系列工作，包括规划的制定、试验、评价和实施等工作的基础。在用地、服务设施等方面的决策、很多要参照人口预测结果而定。例如，供水、供电和污水处理设施；住宅、绿地和学校；劳力来源、购买力、小汽车拥有量、游乐设施需求等，均根据人口预测结果而定。

人口学家对于小地域范围（如被规划师用作规划研究区域或次规划研究区域的地域的范围）的人口预测畏首畏尾，不敢问津。这是可以理解的，因为人口学家是终身都以人口预测为职业的专家，对于预测假设条件的各个方面，往往疑虑重重。对有些人口学家来说，精确的预测结果就是其所要达到的目的；但规划师则不然，预测并不是他们的目的，只不过是一种手段。因此出于需要，必须要做小地域的人口预测。

虽然人口学家的专业知识和治学态度应该得到尊重，但也必须承认：即使极为准确的预测，最终也要与土地使用结合在一起，根据某种标准（例如在 10 万人口的城市，若公共绿地千人指标为 10 英亩，共需公共绿地 100 英亩）估算用地。所以所定标准是否适当合理，远比人口预测的精确程度重要得多。此外，如前所述，规划具有循环性，需要定期对其实施情况加以评定，所以仍有机会对人口预测的偏差加以修正，这也是整个规划过程的组成部分。

下文将对六种人口预测方法加以简单的描述。它们是图解预测法、就业预测法、比例分配预测法、自然与机械增长预测法、年龄组生存预测法以及矩阵预测法。这六种方法的排列顺序是由简单粗糙到复杂精确。虽然若了解详情还需参照本章所引证的有关专著，但本文的描述业已足够充分，读者完全可以据此进行实际规划及预测。

(a) 数学与图解预测法

数学与图解预测法简单地参照所记录的既往人口发展趋势加以推测，无须考虑变化的因素。有的时候，某地区的既往人口资料显示出该地区的人口变化呈算术级数增长，因此可将各时期的人口数点绘于坐标纸上（为方便起见，设 X 轴代表时间，Y 轴代表人口），形成直线，然后据此对未来年份的人口加以预测，通常人口变化是按几何级数增长的，也即单位时间内的人口增长是前一时期人口增长的倍数。在这种情况下，可选用半对数纸以直线形式绘出人口变化的趋势，并据此推算未来人口（图 8.1）。

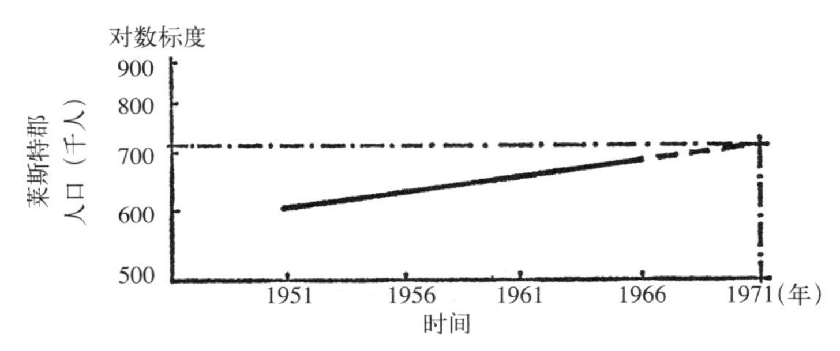

图 8.1
简单图示人口预测

除了最后一种方法而外，其他预测方法都比较简单粗糙，不适于进行长期人口预测，因此价值有限。但不管怎样，在人口稳定地区，预测时间超过十年以上；在人口不稳定地区，预测时间超过五年以上都是靠不住的。

(b) 就业分析法

若过去人口经济活动的有关比率数值已知，即

$$\frac{\text{经济活动人口}}{\text{适龄劳动人口}}=\frac{E}{W}\ \text{已知，同时}$$

$$\frac{\text{适龄劳动人口}}{\text{总人口}}=\frac{W}{P}\ \text{已知，}$$

就有可能利用上面介绍的数学和图解方法求出未来年份 E/M 和 W/P 的数值，然后再将未来年份所预测的总就业人口数值代入，即可求出未来年份的总人口数。

因为 $E/W \times W/P=E/P$，根据不同经济条件所做的各种不同的就业人口预测将会导致各种不同的人口预测数值。如利用回归方法预测 E/W 和 W/P 的值，则由于计算估计误差取值不同，所求得的 E/P 值也不一样。

这种方法与第一类方法一样，也不可靠，因此不能用作长期人口预测。

（c）比例和分配法

比例和分配法假设：任何地区的人口变化都是其母区，也即其所在的更大的区域的人口变化的函数。所以城市人口的变化是区域人口变化的函数，而区域人口变化则是全国人口变化的函数，以此类推，不一而足（Chapin，1965，p.208—210；Isard，1960，p.15—27）。

按这种方法预测，需要掌握被预测地区过去人口变化的资料，以及对其母区所做的人口预测资料。用比例法预测人口时，需根据全国人口状况将其母区，也即规划区所在的区域人口点绘在对数坐标图上。然后再利用最小二乘方、相关或图解法绘出相应的曲线，并可据此求出规划区未来年份的预测人口。显然，如果国家预测人口为一数值范围，则所预测地区的未来人口相应地也是一数值范围。

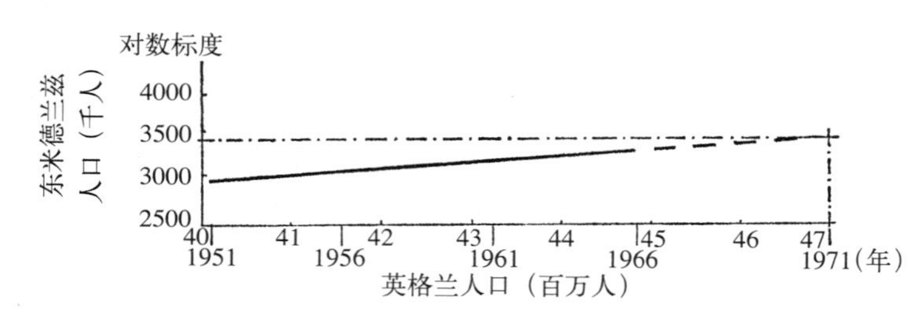

图 8.2
比率法（图解）：由国家人口推算区域人口

该方法的第二步与上述过程完全相同。使用规划区以及规划区所在区域有关资料。同样可绘出相应的曲线，并据此求出规划区的预测人口。

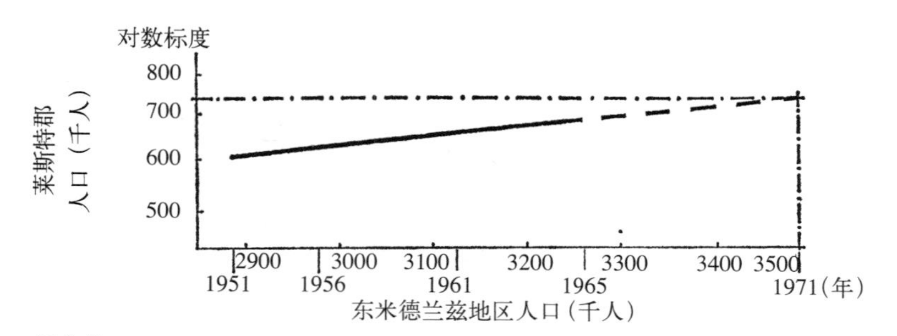

图 8.3
比率法（图解）：由区域人口推算次区域人口

分配法与比例法大同小异，所不同的是分配法对母区内的每个子区的预测误差，都要加以调整，按比例对它们加以摊派，有时需增加，有时需减少，以便所有子区人口的预测总和与母区人口总数相等。这里再次借用前文所引例证。首先我们使用英国各标准区域的资料，并按比例对它们加以调整。然后再使用英国东中部标准地区下属的所有子区的资料，以求出对莱斯特郡子区的人口预测。应用这种方法时，将各个区域的人口曲线依次延伸与全国预测人口线相交（图 8.4）。

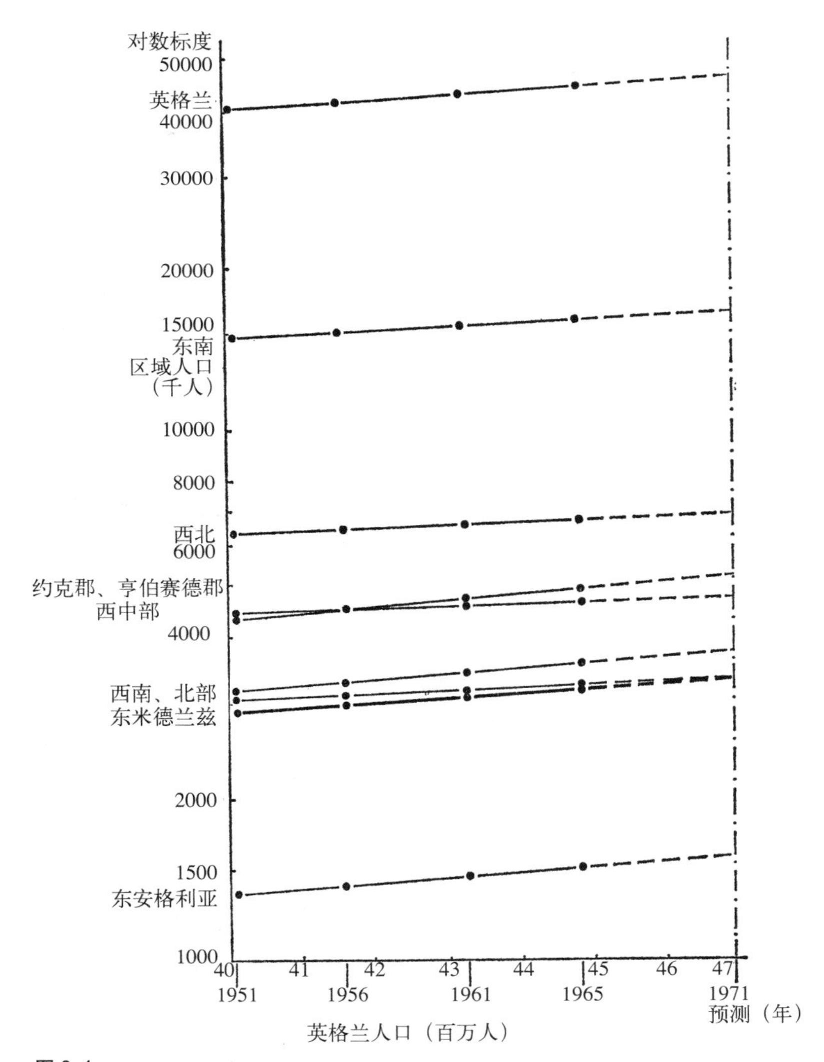

图 8.4

比例分配法（图解）：从全国人口推导区域人口

对各区域所做的人口预测数字，可列成表格形式表达；对每个单项数字按比例分别予以调整，以使总数达到 470 亿。然后根据上文所预测的莱斯特郡地区的人口数字 3478000 人，再用同样的方法可依次求出该区域内所有次子区域的人口预测。这样规划区的人口预测或许也就可以求出了（图 8.5）。同样，同前述方法一样，将所有次子区域的人口也列成表格形式，并按比例加以调整，直到总数与上面预测的 3478000 人相符为止。

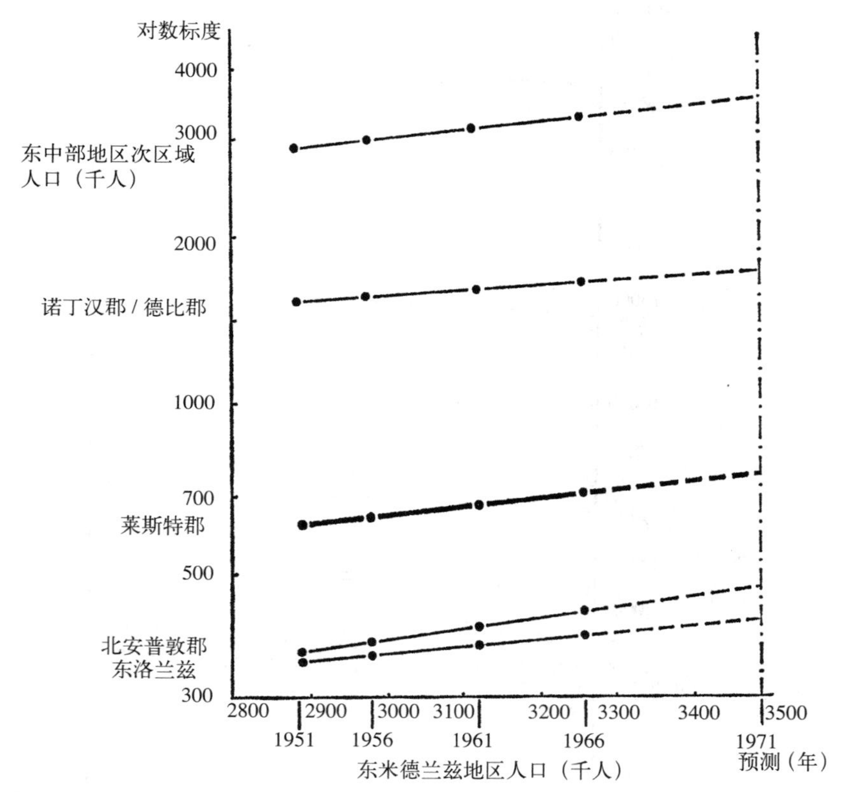

图 8.5
比例分配法（图解）：从区域人口推导次区域人口

应该指出上述方法并没应用时间系列方面的资料。与此相反，图中各点所强调的只是子区与母区在人口方面的相互关系，而无视时间如何。

这类方法的另一种形式是将子区的人口数字折算为母区人口数字的百分比，并按时间顺序排列。然后通过回归方法或曲线求律法求出未来年份的人口预测数值。无论是比例法或分配法均可适用。

地区	未调整前预测（千人）	调整后预测（千人）
北部地区	3500	3488
约克郡和亨伯赛德郡	4800	4783
西北地区	6890	6864
东米德兰兹地区	3490	3478
西米德兰兹地区	5210	5191
东安格利亚地区	1680	1674
东南地区	17800	17735
西南地区	3800	3787
全国总计	47170	47000

地区	调整前（千人）	调整后（千人）
诺丁汉郡 / 德比郡次区域	1700	1783
莱斯特郡次区域	735	773
东洛兰兹次区域	409	431
北安普敦郡次区域	465	491
东米德兰区域	3309	3478

利用上述方法（也包括大多数其他方法）预测人口时，应将军职人员、医院的职工和病员以及大学的教职员工等机关人口分开预测，然后与前述预测数字加在一起求出预测总人口（私人的加上机构的）。

这些方法具有简单明了和便于利用现有资料等优点。然而它却忽略了影响人口变化的关键因素，也即形成全国、区域或子区域之间人口关系和比例配置模式的影响力量。此外，这种方法认定上述关系虽时有改变，但变化却极为缓慢，以至于可忽略不计。

同其他方法一样，这些方法也不适于小地区的长期人口预测，但对规模相当于大城市或城市区域的长期（如 10—15 年）人口预测，它们仍不失为一种经济便捷的人口预测方法。

(d) 人口自然和机械增长预测法

与前述方法不同，人口自然与机械增长预测法要分析造成人口变化的某些因素。如其名称所示，这种方法可分别处理人口的自然增长和机械增长（Isard，1960，第三章）。

通过对人口机械增长率与当地经济状况，特别是与当地劳动力需求之间的关系进行分析，可导出未来人口的机械增长状况的各种预测。这种预测也可简单地分为上限和下限，例如年增长率为1000—5000人；它们也可用不同的增长幅度来表示，如在头五年中，人口的机械增长率为1000人／年；接下来的三年上升为2000人／年；在最后的12年内。则增至3000人／年（预测期为20年）。也可取其他表现形式以便尽量反映预测项目中所存在的众多差异，例如新增加就业岗位的数量和时间、住宅用地、建筑业产出以及市政设施的扩展等。

接下来要加以预测的是人口的自然增长。这可根据过去人口增长比率趋势，而对未来人口增长的上下限加以主观臆测，也可按前文所述方法根据国家和区域人口增长预测值对当地未来年份的人口加以推测。当然有些时候，无须规划师自己动手，其他机构会提供关于规划区人口预测方面的有关资料。

这种方法的步骤是：(1) 调查掌握现状人口；(2) 分别求出未来年份人口的机械增长和自然增长数值；(3) 将 (1) 和 (2) 相加求出未来年份的总人口数。这样便完成了第一轮循环。预测期可为一年、二年、五年等等。届时将再次重复前述过程，进行下一轮新的人口预测。

这里需强调指出的是：虽然这种方法比前面介绍的预测方法要精确得多，但它也有某些缺陷和不足，因此限制了它的应用。首先，该方法使用的是总人口数，因此不能反映出人口的性别年龄结构，因而人口性别年龄结构的变化对人口出生死亡率所造成的影响就被忽略了。当然，规划师也不可能从中得到关于学龄儿童数量、就业妇女人数等方面的资料。

此外，这种方法也并不考虑迁出人口的年龄和性别以及生育能力等因素的影响，因此增加了出现预测误差的可能性。同时还要强调：这种方法只注重人口机械增长的绝对数字。但近来的研究表明：某地人口的机械增长往往是更大范围内人口迁入、迁出所导致的结果。不幸的是至少在英国，并没有对人口的迁入和迁出进行定期直接调查统计。虽然1961年的人口统计对此做了抽样调查。下文将会详论在人口预测中探求人口机械增长的意义和目的。

尽管人口的自然增长和机械增长存在着严重的缺陷，但它确可揭示人口变化的原因和结果，这是前述方法所不可比拟的。此外，它也并不费时费力。

(e) 年龄组生存率预测法 (Chapin，1965，p.203—205)

年龄组生存法是许多发达国家政府机构进行人口预测时所采用的标准方法。这种方法比较灵活，可视资料或需要的不同而进行各种调整，同时又不失之偏颇。年龄组生存法基本属于分析预测法，可将自然增长中的出生、死亡和机械增长所涉及的迁入和迁出分别按年龄组加以预测；亦可按男女性别的不同分开预测，必要时也可合起来统一进行；如果要对预测结果精益求精，还可对不同的种族分别预测。

年龄组生存法的一般形式是：按照近期人口统计资料，按人口年龄和性别的不同以表格形式分别排列，然后将头一年的人口机械增长值分摊到各年龄组。再根据育龄妇女（15—49 岁）因年龄差异所形成的不同生育率，求出各年龄组新生男婴和女婴的数量，并根据儿童死亡率对这些数字加以调整。然后记入第二竖列中的首栏中。最后根据各年龄组中男女性别的不同死亡率或生存率来求出可转入下一轮计算的实有人口。

上述计算过程可重复延续，直到预测年份为止。应该指出应用这种方法，规划师能够对预测的过程施加完全的控制，而且可随时对出生、死亡和机械增长的比率加以调整。

最常见的简化方法是将五年定为各年龄组之间的级差，如 0—4，5—9，10—14 岁……，并将预测间隔周期定为五年。虽然这种简化可能会降低预测的精度，也不便于对预测过程实行控制，但却可以节省时间、简化运算（特别是大量的人工计算），显然其利要大于弊。进行上述简化时，需要对资料稍加调整，要采用时间单位为五年的有关资料。例如根据五年生育率来预测新生儿数量以及人口的机械增长等。

下面（图 8.6）通过女性人口年龄组成活预测表来对此方法加以说明。然后再探讨资料的来源以及涉及未来价值观念的一些问题。

当然男性无生育能力，因此在表中除了无新生儿一栏之外，在其他方面男性人口年龄组成活预测表与上述女性人口年龄组预测表别无二致，完全一样。每轮预测中所产生的男婴数都将计入男婴表中 0—4 岁年龄组内，然后再根据 0—4 岁的婴儿死亡率，分别对预测的新生男女婴儿数加以调整。

这种预测方法首先要根据最新的人口统计资料导出现状人口结构。如果年龄组定为五年，则预测年份自然是 5 年、10 年、15 年等。倘若由于某种原因，按五年划分年龄组别与人口普查周期相矛盾，那么可视具体情况将首轮预测调整为一年、二年、三年或四年，以与人口普查周期保持一致。或许最简便的办法是获取年度人口普查资料，分别计算其一年、二年、三年或四年的成活人口，一直到与五年人口统计资料相一致为止。

对人口死亡数字的计算比较简单，因为死亡率相对稳定，容易把握它在相当长的一段时期内的变化趋势，所以易于做出较为精确的预测。预测时无论采用死

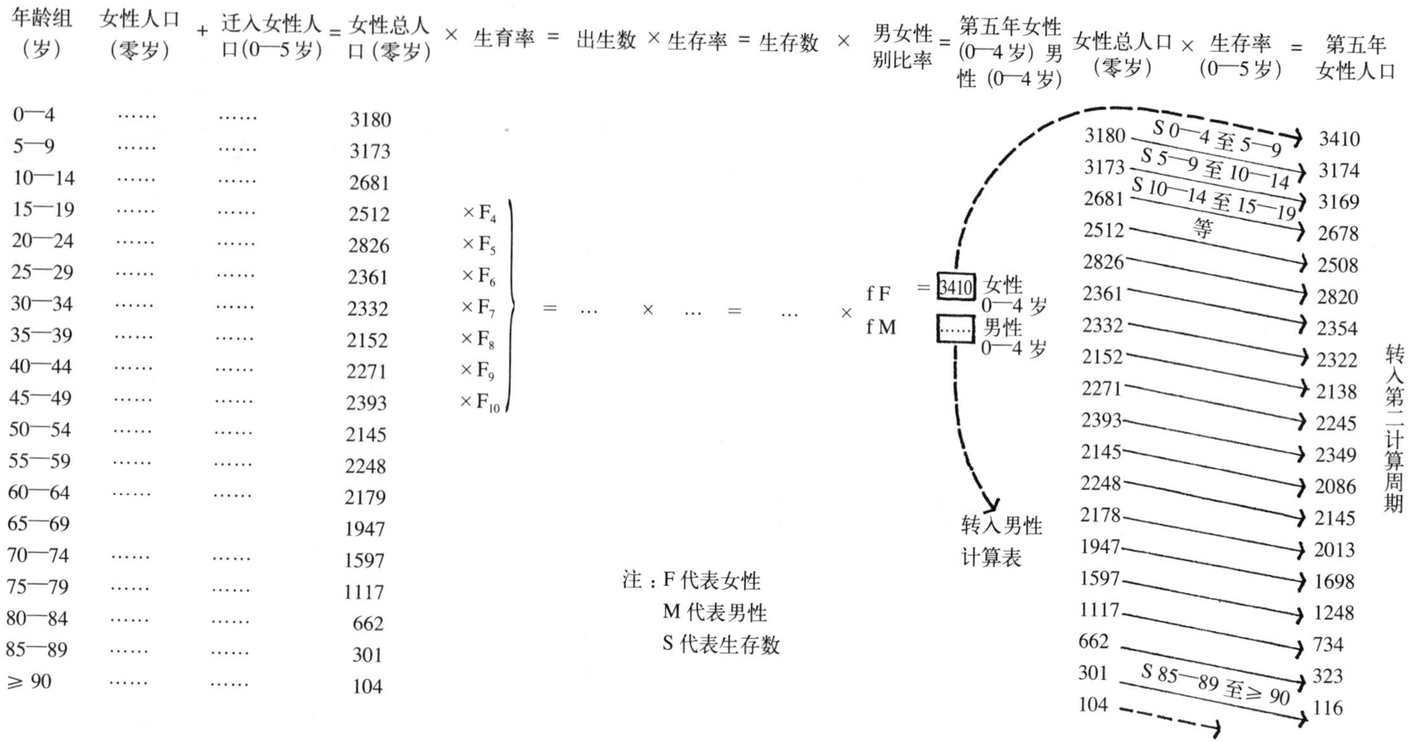

年龄组（岁） 女性人口（零岁） + 迁入女性人口(0—5岁) = 女性总人口（零岁） × 生育率 = 出生数 × 生存率 = 生存数 × 男女性别比率 = 第五年女性(0—4岁) 男性 (0—4岁) 女性总人口（零岁） × 生存率 (0—5岁) = 第五年女性人口

年龄组（岁）	女性人口（零岁）	迁入女性人口(0—5岁)	女性总人口（零岁）	生育率
0—4	……	……	3180	
5—9	……	……	3173	
10—14	……	……	2681	
15—19	……	……	2512	$\times F_4$
20—24	……	……	2826	$\times F_5$
25—29	……	……	2361	$\times F_6$
30—34	……	……	2332	$\times F_7$
35—39	……	……	2152	$\times F_8$
40—44	……	……	2271	$\times F_9$
45—49	……	……	2393	$\times F_{10}$
50—54	……	……	2145	
55—59	……	……	2248	
60—64	……	……	2179	
65—69			1947	
70—74	……	……	1597	
75—79	……	……	1117	
80—84	……	……	662	
85—89	……	……	301	
≥ 90	……	……	104	

= … × … = … × fF = 3410 女性 0—4 岁

fM = …… 男性 0—4 岁

转入男性计算表

女性总人口（零岁）	× 生存率 (0—5岁)	= 第五年女性人口
3180	S 0—4 至 5—9	3410
3173	S 5—9 至 10—14	3174
2681	S 10—14 至 15—19	3169
2512	等	2678
2826		2508
2361		2820
2332		2354
2152		2322
2271		2138
2393		2245
2145		2349
2248		2086
2178		2145
1947		2013
1597		1698
1117		1248
662		734
301	S 85—89 至 ≥ 90	323
104		116

转入第二计算周期

注：F 代表女性
M 代表男性
S 代表生存数

图 8.6
年龄组生存预测：女性计算表，第一计算周期

亡率或生存率均可，但因各年龄组的死亡率均不相同，因此要区别对待。某些专门机构可对此提供有益的咨询（在英国政府人寿保险部门可提供关于未来人口死亡率的有关资料）。

较难预测的问题是人口出生率。影响人口出生率的因素很多，其中包括节育措施和人们对节育的态度、婚龄的大小、家庭人口规模以及政府对多子女家庭给予补贴或减税的措施等。这些因素均处于经常的变动之中。

对人口出生率加以预测的方法颇多，读者可自行参考有关书目及上文所引例证。这里仅强调指出：根据既往人口出生率加以顺次延伸预测人口时，所应遵循的一般原则是要采取上限和下限的形式，也即预测的是某种可能的范围。

迄今为止所讨论的内容还仅仅局限于人口的自然增长，但对于最为棘手的人口机械增长问题还未触及。在发达国家，特别是在大城市地区，机械增长是造成人口变化的主要因素。实际上有时即使人口机械变化的绝对数值可能并不太大，但人口迁入和迁出的规模却非同小可。在这种情况下，即使总人口规模并无多大改变，但人口的年龄、性别、种族以及社会和经济等许多重要特点可能已经面目全非了。

除此而外，关于人口迁移方面的资料也极其贫乏。在英国，人们对人口迁移模式的了解远远不如人们对候鸟迁徙行为的认识。除了某些单项研究，如社会调查以及规划和科研单位所做的研究之外，必须将人口的自然增长（出生和死亡的记录）与总人口增长（人口统计表和年中评估）加以对比，这样做可推导出人口机械变化的数值。应该指出，这样做所得到的结果只是人口的纯机械增长值，而不是该地区人口迁入和迁出值。除了找到其他更好的方法，否则规划师只能尽力而为，以其所能得到最好的结果估算人口的机械增长变化。人口总机械增长的绝对数值可以很容易地从公开发表的资料中获取。但若利用人口年龄组生存法加以预测，则最好获得各年龄组别的分类资料。

获得此类资料的简便方法是使用大前次的人口普查资料，并对各年龄组冠以适当的出生和死亡率，然后通过年龄组生存法求出最近一次人口普查期的人口数字，然后将求得结果与实际调查的人口资料，按不同年龄组和性别分门别类加以比较，这样可求出人口机械增长的大致情况。因为这种方法并没有考虑人口迁移对出生和死亡率的影响，所以其结果并不精确。人口迁移的规模愈大，其所得结果也就愈失之真切。但不管怎样，我们所探求的只是能够进行预测的一般方法。既往资料的精确程度对于未来年限、特别是今后十年人口的机械增长预测的可靠性不会产生重大影响。

处理该问题的另一个方法是假定被预测地区的人口机械增长在年龄和性别结

构方面与某个已知地区的情况相类似。例如人们常常论证：由于移民中（在相对可界定的范围和区域内）大多为技术熟练的中青年以及数量相当的儿童和被抚养人口，因此具备上述特征的地区，如新城或大城市周围的人口疏散地区，其人口性别年龄结构可做为预测其他地区人口机械增长时参考。显然某些工业或服务业扩展地区或规划扩展地区，可考虑采用这种方法预测人口的机械增长。但某些对退休老年人口颇具吸引力的地方，或海滨或内地风景胜地，则不能生搬硬套这种方法来预测人口的机械增长。

除了上述对人口机械增长的一般探讨之外，规划师最终总要分析决定人口机械增长的规模和速率的因素。根据研究可知：影响人口迁移的因素很多，其中主要有经济（工作）机遇、教育机会、局部气候、社会环境以及自然与人工环境质量等。这些因素自然要因地而异、在迁出地区和迁入地区之间要存在一定的差异。也许经济机遇（对劳动力的需求）是影响人口迁移的最大因素，所以对某地区人口机械增长的预测，不能脱离对该地区未来经济发展的探讨。这一点极为重要。对此前文业已提及，在后面的章节我们还要对此加以详细的讨论。事实上，人口预测应进行未来劳动力供应预测，而经济预测要做未来劳动力需求预测，这是二者均要处理的共性问题。如果人口预测在先，而经济预测还不能给出关于未来劳动力需求的估算，应该如何处理呢？在这种情况下人口预测就要初步考虑当地可用地的潜力、建筑工业的能力以及对学校、医院和其他基础服务设施的投资等问题。当然以后若对人口预测加以部分或全面修正时，将对它们加以详细检验。所以在人口预测先于经济预测的情况下，应对人口机械增长做出各种不同的预测。不但人口机械增长的总数不尽相同，而且增长的速率和时期也各不一样。举例言之，若将某地区今后 25 年（1966—1991 年）内人口机械增长的上限和下限分别定为 20000 和 10000，则可能会出现下列不同的预测：

1966—1971 年	1971—1976 年	1976—1981 年	1981—1986 年	1986—1991 年	人口机械增长预测方案
+4000	+4000	+4000	+4000	+4000	1
+2000	+2000	+3000	+3000	+4000	2
+4000	+3000	+3000	+2000	+2000	3
+2000	+2000	+2000	+2000	+2000	4
+1000	+2000	+3000	+4000	+5000	5
+4000	+4000	+2000	+1000	0	6

上述每种可能又可与假定的人口高、中、低出生率加以排列组合，从而得出不同的人口预测数字（Buchanan，1966，补编卷 1）。

在收集、整理和检验所需的资料之后，即可应用年龄组生存法进行人口预测。显然，若仅进行一项预测，还并不费时劳神（例如若采用的年龄组为五年，则仅需5—6个计算循环即可完成，使用简单的计算器即可胜任）。然而若其中变量很多，则计算量之庞大非求助计算机不可。计算机运算快捷，程序简单，结果可直接印制出来，并可分门别类编排，附加各种注释。因此所有规划人员，若想进行人口预测，必须使用计算机设施。

（f）矩阵法

人口预测中方法最新而且成果可能最为显著的方法当推凯菲茨（Keyfitz 1966，1968）等人所提出的矩阵法。就本质而言，矩阵法与年龄组生存法在原理上大同小异。同样竖列向量也代表年龄性别的分布，但出生和死亡的影响则通过生存关系矩阵来表达。这种方法要根据初始人口（纵列向量）来计算它们在其后各个时期的年龄以及相应的出生和死亡率。如罗杰斯（Rodgers）所示，这种方法的演算形式有如图 8.7。这里演算的是以五年为组别的女性人口（0—4，5—9，10—14……85 岁及以上），b_4，b_5，……b_{10} 为各育龄年龄组的生育率，而对角线上所标的 s_1，s_2，s_3，……s_{17} 则代表第 n 年龄组至第 n+1 年龄组的生存概率。

罗杰斯又进一步演示了如何将初始人口向量代之以矩阵，以使该计算能够包括人口的机械增长。在这个矩阵内，纵列代表区域或地区，而横列则与前述方法相同，表示年龄组别。同样，生存关系矩阵可用分别代表各个地区的一组矩阵取而代之。然后再用转移矩阵组来计算人口迁移（每个年龄组别设立一个矩阵）。矩阵中的数字代表位于区域之内某年龄组的人，可能在下一段时期内将迁入 j 区内的概率。

这样将初始人口矩阵（纵列代表各个地区，横列代表各年龄组）与生存关系矩阵相乘，然后再加上人口迁移矩阵（其横列为年龄组，纵列为区域），即可进行人口预测计算。

如罗杰斯（1966）所论，该方法固然值得称道，但仍然存有一些悬而未决的问题。例如，这种方法假定各年龄组的人口在各个时期的出生率和死亡率为一不变的常数，显然这与实际情况大相径庭，对此无论怎样也是不能自圆其说的。

不管怎样，该方法极有发展潜力，尤其是在处理区际人口的迁入和迁出，并将它们按年龄组别和性别加以分类时，该方法颇有应用价值。此外，该方法适于计算机运算，可经济有效地得到所求结果。这种方法可将人口预测中

$$
\begin{matrix}
0 & 0 & 0 & b_4 & b_5 & b_6 & b_7 & b_8 & b_9 & 0 & 0 & 0 & 0 & 0 & 0 & 0 & 0 & 0 \\
s_1 & 0 & 0 & 0 & 0 & 0 & 0 & 0 & 0 & 0 & 0 & 0 & 0 & 0 & 0 & 0 & 0 & 0 \\
0 & s_2 & 0 & 0 & 0 & 0 & 0 & 0 & 0 & 0 & 0 & 0 & 0 & 0 & 0 & 0 & 0 & 0 \\
0 & 0 & s_3 & 0 & 0 & 0 & 0 & 0 & 0 & 0 & 0 & 0 & 0 & 0 & 0 & 0 & 0 & 0 \\
0 & 0 & 0 & s_4 & 0 & 0 & 0 & 0 & 0 & 0 & 0 & 0 & 0 & 0 & 0 & 0 & 0 & 0 \\
0 & 0 & 0 & 0 & s_5 & 0 & 0 & 0 & 0 & 0 & 0 & 0 & 0 & 0 & 0 & 0 & 0 & 0 \\
0 & 0 & 0 & 0 & 0 & s_6 & 0 & 0 & 0 & 0 & 0 & 0 & 0 & 0 & 0 & 0 & 0 & 0 \\
0 & 0 & 0 & 0 & 0 & 0 & s_7 & 0 & 0 & 0 & 0 & 0 & 0 & 0 & 0 & 0 & 0 & 0 \\
0 & 0 & 0 & 0 & 0 & 0 & 0 & s_8 & 0 & 0 & 0 & 0 & 0 & 0 & 0 & 0 & 0 & 0 \\
0 & 0 & 0 & 0 & 0 & 0 & 0 & 0 & s_9 & 0 & 0 & 0 & 0 & 0 & 0 & 0 & 0 & 0 \\
0 & 0 & 0 & 0 & 0 & 0 & 0 & 0 & 0 & s_{10} & 0 & 0 & 0 & 0 & 0 & 0 & 0 & 0 \\
0 & 0 & 0 & 0 & 0 & 0 & 0 & 0 & 0 & 0 & s_{11} & 0 & 0 & 0 & 0 & 0 & 0 & 0 \\
0 & 0 & 0 & 0 & 0 & 0 & 0 & 0 & 0 & 0 & 0 & s_{12} & 0 & 0 & 0 & 0 & 0 & 0 \\
0 & 0 & 0 & 0 & 0 & 0 & 0 & 0 & 0 & 0 & 0 & 0 & s_{13} & 0 & 0 & 0 & 0 & 0 \\
0 & 0 & 0 & 0 & 0 & 0 & 0 & 0 & 0 & 0 & 0 & 0 & 0 & s_{14} & 0 & 0 & 0 & 0 \\
0 & 0 & 0 & 0 & 0 & 0 & 0 & 0 & 0 & 0 & 0 & 0 & 0 & 0 & s_{15} & 0 & 0 & 0 \\
0 & 0 & 0 & 0 & 0 & 0 & 0 & 0 & 0 & 0 & 0 & 0 & 0 & 0 & 0 & s_{16} & 0 & 0 \\
0 & 0 & 0 & 0 & 0 & 0 & 0 & 0 & 0 & 0 & 0 & 0 & 0 & 0 & 0 & 0 & s_{17} & 0
\end{matrix}
$$

图 8.7
年龄组生存率矩阵

的四 * 要素——出生、死亡、迁入和迁出，分别处理，从而克服了其他方法的不足，因此是处理区域间人口预测的一种简便有效的方法，所以规划师会从中得到很大受益。但令人遗憾的是英国极为缺乏关于人口迁移方面的资料，因此，在应用矩阵法时受到了一定的限制。

对规划师而言，仅仅知道某个地区在某个时期各个年龄组别的男女人口数量是不够的。同样重要的是，还要掌握家庭人口构成结构，借以确定人们对住宅的需求（Cullingworth，1960；Walkden，1961；Beckerman 等人，1965，附录 6）以及家庭收入的多寡，以确定对耐用消费品、交通（Isand，1960，第四章；Beckerman 等人，1965，附录 6）、游乐活动和小汽车的需求。

此外，规划师还要了解未来各个社会经济阶层人口的构成比例，因为人类行

---

* 注意：在前文中我们提及过三要素（出生、死亡和迁移）。

为的许多重要方面（如住宅选择、对高等教育的需求、娱乐的方式以及迁徙的特点等）均与家庭收入和教育水准有密切的关系（Herbert，1967）。

如若了解该方法的详细应用情况，读者可阅读文中所列的参考书目。此外，也可参考英国对其全国小汽车拥有率预测时所采用的方法，并将其原理应用于局部的地区性预测。

经济预测

在本章开始时曾谈到所有关于未来人类行为的预测，无论是直接预测还是间接预测，都是困难重重，充满风险的预测，尤其是经济预测更为如此，究其原因可能很多；首先预测的准确与否，取决于理论（也即对现象的合理阐述）和资料的可靠程度。探讨经济的理论，可谓源远流长，对此至少可追溯到某些古典学者，如亚当·斯密和李嘉图等人。但许多经济学家却认为：直到最近以前，也许是最近的三十年，经济理论大多是纯理论的探讨，其中大部分经不起实践的检验，因为在真实世界中找不到可与这些理论相结合的事物，或者因为有关变量令人无法鉴别测定。仅仅在最近几十年内，以某些其他学科理论为基础而发展起来的经济理论才逐渐得到了实践的验证。

然而，由于缺乏定期公开发布的综合统计资料，在一定程度上影响了对经济理论的验证以及理论本身的发展，即使在西欧和北美一些发达国家，情况也是如此。至于在一些不发达国家和地区，有关经济资料少得可怜，有时甚至完全没有。

同样与人口学和人口分析相比，经济分析专业要年轻得多，同时其本身所处理的问题又是天生复杂的问题。人口学所研究的对象——人——固然种类繁多，千差万别，但在行为模式方面总能找到某些相似之处。例如，死亡是人人难免的，对死亡人数的预测也比较准确；出生率因与婚姻制度和家庭结构有关，因此对其预测的准确性较差；人口的机械变化因与经济因素关系密切，因此对其预测最为困难。

经济分析的对象种类繁多，其中包括货币、租金、利润、工资、税收等，也包括企业以及国家或地方政府的活动，还有家庭、个人及机关团体以及产业部类和经济活动的类别等等。与人口学不同，经济分析所用的度量单位也不胜枚举，如货币单位（其价值不断变化，且极为复杂和敏感）、加工产值、产值、生产力、人均所得、家庭收入、国民产值等。此外，人类行为虽有变化，但较为缓慢（虽然死亡率曾一度大幅度下降，但近一个世纪来也基本稳定不变），然而经济学所探讨的关于经济行为和经济结构方面的理论背景，却在不断地产生根本地转变，这在国家和国际经济结构中均得到了验证。

由于存在上述困难，所以经济学家不热心于进行经济预测也就不足为怪了。但值得指出的是，他们毕竟试图进行经济预测（Beckerman 及其同事，1965，导论）。其原因正如前文所述，后工业社会经济的迅猛发展，迫使政府和企业单位不得不进行规划，而规划必须以预测为基础，不管这类预测如何粗糙，但舍此别无良方（Galbraith，1962）。

但是这里强调经济预测的困难程度，并非意味我们对此一筹莫展，束手无策。同时也并不想抹杀经济预测在近年来所取得的技术进步。下文将扼要地描述与规划师有关的几种经济预测方法。但首先需再次强调指出，这里所说的规划是空间物质规划。因此，我们所采用的方法、技术手段、所做的假定以及所收集的资料等，与企业单位所做产品市场需求预测分析或对工资增长幅度预测分析是完全不同的。在前文阐述人口预测时曾强调，我们的预测必须与规划有关。就本质而言，规划所预测的内容主要包括土地需求、产品和原料的运输、各种活动在城市或区域中的区位、矿产开采的规模和影响、对劳动力的需求、人口迁入和迁出的规模和速率、住宅、医院、学校及其他服务设施的需求以及彼此之间的关系等。

简言之，规划师所关注的是经济活动的本质，各经济部类之间的关系、人口与经济活动之间的关系，特别是各种经济活动未来的空间区位、经济活动对土地和市政交通设施的需求以及对环境特点和环境质量的影响等（Sonenblum and Stern，1964）。

最后对经济活动的预测也要进行连续不断的检验与修正，这一点在前文业已论及。

下面将按照从简单到复杂的排列顺序，扼要地介绍几种经济预测的方法。首先介绍对总就业、总产值以及各种经济活动的产量产值的简单外推预测方法；然后介绍对产值、就业、生产力等变量的分析预测；最后介绍经济部类（如采矿业、制造业和服务业等）的预测。除此而外，还将讨论规划所感兴趣的，与空间或区位关系密切的几种方法，其中包括经济基础法、比例分配法、投入产出法以及社会或区域账目法。

（a）简单外推法（Isard，1960，p.7—15）

根据公开发表的资料或其他资料来源，可将经济活动（如就业、产量或产值等）的量值依时间顺序排列，然后采取外推法对未来情况加以预测。其作法与人口外推预测大体雷同，采用的方法包括图解法、相关法或最小二乘法（最小平方法）以及曲线求解法等。这些方法都比较简单、可充分利用现有资料（特别是关于就业的资料)，同时也不需要高深的技巧。但由于这些方法不能揭示造成现象(如就业）的内在原因，所以充其量只能作为经济预测的一般指导。此外，对于小范围地域的长期经济预测，这种方法极不可靠。

(b）生产力研究预测法（Beckerman 等人，1965，p.530）

经济变量的产出或产量和经济变量的就业之间的关系，是通过另一变量生产力而联系在一起的。生产力的简单表达形式为人均产值，也可取稍为复杂的表达形式——人均工作日产值。因规划师所关注的是就业人数，因此还是取简单的人均产值表达形式为好。采用生产力研究预测方法时，需首先对未来的产量和人均生产力进行可靠的预测，然后根据下列公式求得未来就业人数。即：

$$产出 \div \frac{产出}{职工数} = 职工数$$

换言之，也即产出值除以人均生产力，即为就业人数。

显然该方法比第一种方法（即简单外推法）要好一些。因为这种方法能够对未来的生产力、产值加以分别检验。若变量生产力和产值分别给出上限和下限数值，则对将来就业人数的预测就可能导出四种不同的数值。

同样应用这种方法时，应对各经济部类的从业人数分开预测。这样做的原因有：(1）不同类别的经济活动（如农业、造船业、专业服务等）的产值要用不同的测值单位来度量；(2）不同经济部类的生产力（如教师的生产力和电子工业的生产力）其变化也不相同。这样，在校学生数与从业教师数之比，也即：

$$\frac{在校学生数}{从业教师数}$$

可视为教育职业生产力的表达公式。而电子工业生产力的表达公式为：

$$\frac{产值}{人班数}$$

并可据此折算成就业人数（可设每人每年工作日为一常数）。

这样将各经济部类所预测的结果加以归纳汇总，便可得出总就业人数。接下来要讨论的是：

(c）经济部类预测法

对各经济部类未来的产量和就业人数的预测价值极大。它有助于规划师测算各类工业用地需求、批发、零售以及办公业等所需建筑面积以及采矿业的产量等。下文所介绍的方法，尽管精确度各有不同，但均能满足上述要求，同时也能求出总产值或总就业人数。

最简单（也是最粗糙）的方法是根据各经济部类既往资料，采用外推法预测。也可根据各经济部类的产量与各部门人均生产力单项预测值求出各部类的就业人数。这种方法比根据笼统总就业人数所做预测要好，因为对各经济部类生产力所做的单项预测，其精确度要高于对地区总生产力所做的预测。

各经济部类所做的部门预测数值最后要加以汇总并与采用其他方法所获得的总就业人数加以比较。也可和各有关劳务管理部门所做预测结果加以对比。例如英国经济发展委员会对某些工业部门所做的预测，就是根据这些基层单位提供的资料而导出的。在进行地区或地方一级的经济预测时，预测人员要和当地的大企业或重要企业取得联系（利兹城市规划学院，1966）。这样通过与全国或区域的各经济部类的部门预测值以及各基层单位所做的预测值加以分析比较，可获得更为精确可靠的预测统计数字。

（d）经济基础法

也许在所有的经济预测方法中，经济基础法应用最为普遍，对它的评论和探讨也最为广泛。我们这里所用词汇是经济基础法，因为世人对其称谓颇多，或许有多少学者就有多少对其标新立异的称道。这里仅仅阐述该理论的要点及其应用的基本技巧。建议读者参考有关专论，以求详释（Tiebout，1962；Pfouts，1960）。

就本质而言，这里阐述的城市分析所采用的经济基础法，实际上是将国际贸易（一国和他国的贸易）的理论应用于城市或区域（一地区和其他地区乃至于其他国家）的经济分析之中。该理论认为：某地区的经济发展是由于该地区基础经济活动的扩张所形成的。所谓基础活动是指产品外销以增加本地财富使之能够支付购买进口物品和服务的经济活动。除基础活动外，其他活动的产品并不用于输出，只是满足当地需要，对此可称之为非基础活动或服务活动。

应用这种方法时，所面临的实际问题是如何确定研究地区的范围以及如何确定基础活动和非基础活动。显然，如何确定研究地区的边界线，对经济基础的研究影响颇大。举例言之，若将市郊划归研究地区之内，则位于市郊的工厂就将成为城市的基础活动，否则市郊就成为接受城市输出物品和服务的外部地区，其中的工厂当然也另当别论，显然这是为了强调指出该问题时所选择的特例，实际情况并非如此简单。一般说来，研究范围的确定大致要和城市中心的主要贸易范围相一致。城市贸易范围可根据公共交通的线路和频率、工作交通模式、地方报纸和广告的服务范围等来确定。用这种方法所划定的地区，其非基础活动或服务活动处于平衡状态，也即服务活动处于自给自足的自我服务状态，因此在该地区内的所有其他经济活动均为满足外部地区的需要而存在，根据定义，可将其视为基础活动。

研究范围确定之后，接下来的问题是如何确定基础活动。这有几种方法，其中最理想的方法是对所有的企业事业单位进行全面的调查，以确定在当地的总产量、总产值或总就业人口中（取决于量度单位）外销和内售的比例各为多少。显然这样做困难很多：一方面企业可能并无符合调查形式的记录材料；而另一方面调查工作本身又颇耗时费力，即使采取抽样调查也为如此。另一种方法将经济活动（包括单独企业或企业综合体）尽可能系统地将它们一一分成基础和非基础两类。但有的企业产品即有外销，也有内销。在这种情况下，可采用比例法加以分配。例如，可假定该地区所需产品数量和服务与该地区人口占全国人口之比例有某种确定的比例关系，所以超出该比例的产品数量和就业人数则必定属于对外服务。借助这种比例分配方法，规划师可对一些难办的特例加以处理，事实上也可将所有的经济活动均按此办法划分基础和非基础。

有了基础和非基础的分类之后，进行经济预测的方法可谓大同小异：首先对当地基础活动发展趋势与全国发展趋势分门别类地加以比较，借此预测当地基础活动的发展；然后根据对过去基础与非基础的比例顺序外推，可将前面所做的对基础活动的预测转换成未来时期的总就业人口。

经济基础法的缺点和不足业已得到了人们广泛的注意。目前对这种方法的应用至少是毁誉各半。最重要的反对理由有：(1) 将就业做为量度经济活动的指标，掩盖了生产力发展对经济发展的影响；(2) 基础与非基础之比例，是瞬息万变的，总是随时间而变化。

但对该方法的批评并不能抹杀该方法的作用。如果在应用该方法时持精益求精的慎重态度，它仍不失为进行初步经济估测的有效工具。但除此之外，由于缺乏适当的资料，应用这种方法还有很多难以克服的实际问题，至少在英国是这样。

谨慎地应用经济基础法进行预测的范例是布坎南对南汉普郡所做的预测（1966，补编卷 1）。他对该方法在许多方面都做出了重要的改进。在预测时，对基础活动的定义采用劳动部的规定，并根据对当地工业所进行直接调查的间接调查而加以确定。在调查中也分别获取了各企业所做的生产发展和劳力需求预测。对基础（“依赖国家”）活动的预测是根据全国预测值并参考本地调查修正之后而进行的，对非基础（“依赖当地”）活动的预测是根据当地总人口数与非基础活动（如建筑业）的增长比例而进行的。这样可避免在确定基础与非基础活动的比例时所掺杂的人为因素。此外，更重要的是，该预测分别采用全国基础活动预测的上下限数值来预测基础活动，同时也根据当地人口预测的上下限数值，而对非基础活动的发展幅度做出了预测。

(e) 比例和分配法

一般而言，该方法与前文所述人口预测时采用的比例和分配法原理相同：即某地区的经济活动水准（无论是就整体而言，还是就部门而论）与其所在的更大范围的区域的经济活动水准之间具有某种比例关系；因为这些关系随时间而变化，所以只要后者在未来时期所预测的经济水准已知，便可据此推算出前者在相应时期的经济活动水准（Chapin，1965，p.169—180）。同人口预测时所介绍的方法相同，比例法每次仅对一个母区情况加以预测，而分配法则每次对母区内所有子区的情况加以预测，对预测结果按比例加以调整之后，再转入下一步预测。这种方法的最简便方式是可直接使用就业等方面的资料，并根据该地区总的经济情况推算出就业人口总数。对此也可做一些改进，将经济活动划分成不同的部类，再根据各部类对产量和生产力的预测推导出就业人数。这样做的好处是：(1) 从理论上讲，根据产量和人均生产力而导出就业人口数比直接用就业资料所导出的就业人口数要精确；(2) 按部类分别进行预测，其结果便于与有关单位所做调查预测加以对比分析，从而减少失误。

某些地区鉴于资料缺乏，或当地规划机构不具备进行投入产出和区域账目法预测的能力，可采用比例和分配法预测。这可与当地经济调查结合进行，因此不失为一种实用经济的预测方法。

(f) 投入产出法

正如戈特利布（Gottlieb，1956）所简要指出的："也许投入产出法对地域规划所作的重要贡献在于其将所预测的项目与变化过程联系在一起。因为，如果某项产业的所有产出在其他产业部类的分配比例已知，则可求出产出与分配之间关系的相关系数表。用以显示某种产业产出的变化对其他部类购入的影响。……这种用投入产出表所表示的决定性的关系或称为'连锁反应'关系，对城市规划师来说具有极大的应用价值。"投入产出分析的创始人为里昂迪夫（Leontief，1953）。这种方法研究的是某种产业（或产业部类）的产出如何分配到其他各种产业（或产业部类）之中，以及其他产业部类的产出，如何投入本部类中（Isand 等人，1960，第八章）。这些关系或相关系数可以很方便地用表格式矩阵表达，其中纵列代表产出，横列代表投入。此外，横列数字经常用纵列数字的百分比来表示，这样每个数字都表示某个部类的单位产出所需要的来自其他部类（横列）的投入百分数。

列出上述表格之后，并已知某个产业部类的需求预测，即可从该产业部类所在的纵列中，求得为满足预测中的产出增值，要求所有其他有关部类所需做出的额外投入数值。显然这些额外投入，其本身又是其他有关部门的产出所致。因此，必须再次重复上述过程，以求得第二轮的影响，而这次则是一个部类一个部类的计算求解。而这又将导致第三轮投入需求计算，如此往复，一直到可忽略时为止。

为了阐述清楚起见，对此可举例加以说明。表 1 表示三种经济部类之间的实际贸易交换情况，单位为千镑。家庭收支单独列为第四部类，其中包括工资、房租、股息、赋税、购物，以及私人投资等。

然后将横列数字粗略地换算成纵列数字的百分比来表达，则可得表 2。

这样从表 2 可知，部类 3 价值 100 英镑的产出需要得到部类 1 中的投入 10 英镑；部类 2 中的投入 50 英镑，部类 3 中的投入 35 英镑以及家庭部类（主要为劳力）中的投入 5 英镑。从表 2 当中也可看出，家庭收入的主要来源为部类 1，而部类 2 是劳动密集型部类。

表 1

	部类 1	部类 2	部类 3	家庭部类
部类 1	50	30	20	40
部类 2	70	40	100	30
部类 3	95	50	70	20
家庭部类	15	60	10	10

表 2

	部类 1	部类 2	部类 3	家庭部类
部类 1	22	17	10	40
部类 2	30	22	50	30
部类 3	41	28	35	20
家庭部类	7	33	5	10

现在假设部类 1 在规划中将有很大的扩张，其产值将增加 100 万英镑。那么这对其他部类有什么影响呢？换言之，为满足部类 1 增值百万英镑的需求，其他部类又该增加多少产出呢？首先需检验部类 1 所在的纵列及其余数。从中可知：部类 1 增值 100 万英镑，需要部类 1 本身投入 22 万英镑、部类 2 投入 30 万英镑、部类 3 投入 41 万英镑，而家庭部类则投入 7 万英镑。为方便起见，可将这些数

字列成表格形式表达。这只是对首轮投入的计算。就部类 1 而言，其 22 万英镑的额外投入，必然是其他部类的额外产业。同样，部类 2 的 30 万英镑的额外投入，又是所有其他部类的额外产出……。这样一轮接一轮地循环下去，一直到其数值减少到可忽略时为止。换言之，该系列是收敛性系列，一般计算 6 至 12 个循环之后，即可总结出所需结果。

投入产出法是研究经济部类的内在关系，分析某个部类的变化对其他部类所产生的影响的有力工具（Artle，1959）。然而，其所得到的结果，只适用于短期预测。因为在矩阵中所表达的各部类之间的系数关系不可能静止不变。相反从日常经验可知它们的关系是变化不羁的。

将这种方法做为一种预测手段也存在一些问题（Pfouts，1960，p.396—407）。首先，规划人员必须从其他有关单位获知或借助某种手段，求得各经济部类之间在某个指定时期内的相互关系；其次，还必须获得对各经济部类在某一指定时期内的产出预测，而这是很难做到的。例如，在英国仅仅在最近一段时期才尝试对国家经济中一些关键部类的产出情况加以预测，要做到这一点必须等到新的技术手段发展完善之后才能完成。目前，即便使用这种方法进行大范围的区域预测尚感为时过早，至于对面积较小的地域的预测，就更无需待言了（Stone，1962a，1962b；1963）。退一步而言，即使能够假设应用投入产出矩阵来进行规划预测，那么为导出就业人数还需要获得预测期内各经济部类的总产值以及人均产值数据。

读到这里，读者可能会对投入产出方法的应用表示失望。或许会问，既然如此，为何浪费笔墨在这里对其描述呢？但应该指出：该方法在理论上确有独到之处，同时在城市和区域经济分析预测中也颇有实际应用的潜力。但正如查宾（1965，p.164）所论：“由于投入产出分析存在某些技术问题，使之目前还难以得到广泛的应用。”

（g）社会或区域账目法

在所有的经济预测方法中，社会或区域账目法最为年轻，甚至仍处于乳婴时代，所以这里仅对此略略提及而已（Isard，1960，第四章；Hochwald，1961；Hirsch，1964）。但由于这种方法对公共决策和私人投资的潜在应用价值很大，所以在这里对其做简要论述也并不过分。总的说来，该方法在理论原理方面与投入产出法颇为相似。但与投入产出法不同，它采用货币而不是产量或就业人口做为度量单位，因而较为复杂。也可取更为复杂的形式，通过对资本的形成、投资、贸易、产值等因素的分析来探讨经济系统的内部关系。进行这种分析时，所用矩阵实际是各经济部类之间收支关系的记录账目。如前所述，只要各经济部类之间的相关系数能够转换成预测期内所要求的数值，就可利用该矩阵对收入情况加以预测。然后根据未来年份人均（部门）收入数值即可求出总就业人口。

人口预测与经济预测的关系

为了方便起见，至今为止我们对人口和经济活动的预测一直是分开进行的，但这并不意味对人口、经济活动和就业可以彼此孤立地分别予以考虑。假若真的这样处理，就将违背我们后文所阐述的重要原理——做为模拟的一种方式，预测应尽可能模拟反映真实世界的情况。根据常识、日常经验以及深入的分析可知，人口变化与经济活动变化之间关系密切，因此规划预测必须能够反映这种关系。

大量的证据说明，人们之所以迁移，主要是由于迁入和迁出地区在经济活动水准方面存在着差异。换言之，人们倾向于从经济落后、萧条、就业机会匮乏的地区向经济上升，收入高、环境优越的地区移动。*

这说明将人口预测和就业预测结合起来的纽带是对人口迁移与就业的研究。下文将介绍几种具体的方法，以显示人口预测和就业预测是如何结合在一起的（见例子，Berman，Chinitz and Hoover，1959）。

在前文中业已阐述了所可能采用的将总人口与总就业人数结合起来考虑的方法，其指导思想是经济的发展与其所能支持的人口之间具有某种比例关系。这里再次引证前文讨论经济基础法时所引用的南汉普郡的研究实例。当时用比例法说明如何将未来非基础就业人口视为人口增长的函数而对其加以预测（Buchanan，1966）。这里若将经济预测所做的就业需求估值与人口预测中的劳力供应估值加以比较，其结果可能更佳。对劳力供应估值可根据所预测的经济活动人口比率（即经济活动人口或付酬就业人口占总人口之比率）和预测总人口求得。这里人口预测所采取的形式影响到对劳力供应预测的复杂程度。如果人口预测不分男女老幼，

---

* 当然，这里提到的这个问题是相当复杂的。比如纯粹的迁徙变化通常显示的是大规模迁入、迁出运动所造成的结果，但是目前的数据不具备必要的细节和准确性以揭示此结果。迁移与就业变化之间的关系同样是复杂又难以理解的。它并不是简单的“就业增长吸引移民”的问题。人们的技能、口味、偏好、对各种生活方式、社会交往、气候和景观的喜好各不相同，所以迁徙动机也同样复杂。此外，该关系很大程度上是相互作用的，即经济活动可能在一个区域因人口的增长而增长（Clark，1967）。此理论在“劳动密集”行业中尤其正确，这些行业需要就近的大规模劳动力市场，需要拥有各种技能的大型人力库以及为前者提供的后勤服务。我们目前所能希望做的就是认识和理解其复杂性，力求在分析和预测中对此进行模拟。

只取总数，则经济活动人口比率就比较粗糙单一；如果人口预测将男女分类，则可分别使用不同的男女经济活动人口比率；假如采用年龄组生存法预测人口，则可应用不同年龄和性别的经济活动人口比率以求出劳力供应预测值。

在人口预测中曾论述：不同的人口机械增长和不同的生育率和死亡率，将会导致不同的人口预测数值，而这又会导致各种不同的劳力需求预测。因此，在经济预测中所采用的方法，要能够得出总就业人口的变化幅度。

综上所述可知，人口预测与经济预测之间应具备下列关系：人口预测和经济预测应尽可能成双成对，各种不同的人口预测方案应与各种不同的经济预测方案相结合。要做到这一点，需要对在人口预测中，根据自然增长和机械增长所导出的劳力供应，以及在经济预测中根据经济人口活动率所导出的劳力需求，加以检验，尽可能做到每对预测中的劳力供应与劳力需求之间平衡一致。

当然如本章开始所述，这些预测的表现形式应是未来变化的轨迹，而不是某个单一时期的静止状态。因此，人口与经济预测的结果不应是两组对应的数字，而是它们变化轨迹的相互对应。但问题是，如果人口预测的上下限变动幅度与经济预测的上下限变动幅度差异较大，又怎样决定取舍呢？因为人口预测若与经济预测保持一致，人口预测中的劳力数和经济预测中的工作单位在数量上就应大致相当。如果人口预测劳力供应的幅度部分超出了经济预测的工作岗位幅度又意味着什么？应怎样处理呢？

首先应充分核对所有的资料、方法以及原理是否正确无误，然后应将规划地区视为一个整体，对它过去、现在及将来的情况做综合研究。这里不应仅仅考虑根据各级政府的现行政策所可能导致的发展趋势，而且应考虑政策发生重大改变时，所可能产生的影响。完成这些工作之后，可知人口增长率是否或在何种情况下，会制约经济的上升和发展。也即根据所预测的最高人口迁入比率估算，仍不能满足经济扩展所产生的劳力需求。或者由于地方经济发展缓慢，无法提供足够的就业机会，导致人口外流。在英国的许多旧工业地区，由于地方经济结构主要以煤、重工业、造船等产业为主，因此经济萧条，年轻熟练工人大量外流，而年轻熟练工人的缺乏，反过来又影响了对新型产业投资的引进。政府政策对人口和就业影响很大，如果预测中不考虑政策的影响，将会使人口和就业预测失之偏颇。由于政府有必要通过限制就业下降、创造工作岗位等手段来对经济发展施加干预，因此经济预测是人口预测的制约因素。

除了根据经济活动率简单导出对劳力的需求之外，人口与就业所牵扯到的因素还有很多。举例言之，假如劳力长期缺乏，企业会想方设法提高劳动生产率。

这样，该地区的产出可能会最终超过预测极限，因为当初所做预测并没考虑生产力提高的影响因素。此外，也可能出现一些始料不及的事情，如某个大型企业或大型政府机构决定在该地区建设，因此要雇用大量劳力等。强调指出这些并非意味精心的预测毫无价值，但也并非价值极大。所有的规划，无一例外都必然要时断时续地碰到一些始料不及的偶然事件，因此规划或政策必须灵活具有弹性，要根据未加预见但业已发生的情况加以修正调整，从而制定新的方案。重大变化对系统有如一种强大的冲击波，它会引起一系列的连锁反应，对经济活动、人口、住宅需求、交通流量等方面均产生深远的影响。因此对这些变化必须加以考虑，以测定它们对规划的影响，并决定应作何种修改和变动。

在混合经济的发达国家，也即后工业社会中，政府对经济活动施加大量的控制，因此一般而言，经济活动的变化制约着人口的变化。但在不发达国家，或在政府对经济施加少量或根本不控制的国家，人口与经济二者之间的关系处于平衡状态，因此，很难确定谁是制约因素。

此外，还有一些极为重要的制约因素，例如，可用土地及其开发速度，土地所属形式（因为这可能阻碍经济发展）以及社会和政治机构控制发展的能力等。在本章结尾阐述对系统整体预测时，将对此做较为综合详细的描述。下文将探讨对其他活动的预测。

其他活动的预测

大多数关于预测的著作仅仅注意对所谓经济活动的预测，甚至更狭义地仅注意对工业活动的预测。但人的活动并非仅有谋生一种，还有教育、文化、社会和娱乐活动等等。随着社会的发展，这些活动也将不断加强，进而占据人们的大部分时间和资源。由于这些活动也具有空间属性，并重复不断发生，因此也在规划考虑之列。

教育

根据人口预测，特别是人口预测以年龄和性别分组时，可很容易地导出将来各个时期的学龄儿童数量（Beckerman 等人，1965，第十四章）。其中最简单的形式，当数年龄组生存法，这时可按 1 岁别加以分组，据此可很容易地算出 5—11 岁，11—16 岁的儿童数量。如采用 5 岁别加以分组，则可从 5—9 岁，10—14 岁和15—19岁年龄组别中，按比例推算出学龄儿童。

对18岁以上的高校学生数量的预测较为复杂，因为并非所有适龄青年都可入学。再者，高校服务面积较大，有的为一区域，有的为全国，有些著名大学甚至面向世界，难以确定它与地区之间的关系（高等教育委员会，1963）。但也有一些当地主办的高校（例如，艺术和科技类院校），对此可根据人口预测估算将来的需求。

文化和社会福利活动

人口预测的应用范围很广，其中包括估算、卫生、公安、防火、图书馆等公共设施以及商业娱乐设施的需求。此外对用水量和医院床位等设施的估算也离不开人口预测。各种根据人口规模和人口结构而设置的私人投资项目，也会从人口预测中得到很大受益。如果人口预测中可提供种族和宗教团体的资料，那么还可据此测定教堂以及其他宗教和民族场所的数量需求。因为所有这些设施最终都需要土地，所以人口预测可给规划师以某种启迪，以作为与其他社团讨论问题的基础。

室外娱乐

也许说来多余，现在我们所处时代最显著的变化之一就是人们对室外娱乐活动的需求正在与日俱增，这给规划师带来了一些新的问题。但由于人们忽略了对娱乐行为、娱乐动机以及娱乐活动与经济、社会以及地理条件等因素之间的关系的认识和研究，因此由此所产生的问题与对娱乐需求所产生的问题一样严重。

因为娱乐活动与经济发展关系密切，所以在发达的北美国家，娱乐活动以及对娱乐活动的研究同样发达也就不足为怪了。根据研究可知，影响室外娱乐需求量的主要因素是人口年龄结构、家庭收入、教育水准以及小汽车拥有率。此外，室外娱乐需求也受娱乐活动本身的方便性的影响，而娱乐活动的方便性又受地理条件（特别是景色与水面的质量）、气候以及娱乐景点的交通通达性的制约。再者由于娱乐设施，包括人工设施和自然设施的供应，对需求的影响也很大，因此这使得对娱乐活动的预测变得更为困难。目前似乎对现有娱乐设施的利用率均达饱和状态。但由于人们的闲暇时间以及可用于娱乐的收入，存在数量限制，因此对娱乐需求不可能无限增长下去。但在英国的大部分地区，似乎远未达到这种极限。

室外娱乐需求预测的可靠工具是多重回归方程，其中自变量可从人口结构、收入、教育水准以及小汽车拥有率导出，而应变量是对某种室外需求的函数。

各种娱乐景点所能吸引的人数，可根据空间引力模型计算，并根据调查资料加以校正。但通过实地调查所获得的有关娱乐活动的第一手资料，则是必不可少的。在未收集此类资料之前，只好根据假定和借用其他类似研究加以估算（Palmer，1967；国家公园委员会，1968）。但有些人认为，娱乐设施的严重短缺是尽人皆知的，无须采用复杂的方法对其加以考证，所以目前最好集中精力考虑如何在近期和中期采取改善措施，以最大限度地满足人们的娱乐需求。

空间

城市系统预测的第二个方面是空间预测。在第七章中业已详细地阐述了测定空间的方法。这里所说的空间指整个地面，也包括水面、建筑和各种形成空间的构筑物。我们曾强调指出，不管情况多么特殊，但无论如何也不能将空间与活动混为一谈。

总的说来，空间的预测与活动预测可用下述方法结合在一起：(1）如第七章中所详细讨论的对空间和活动的描述，必须以同一面积单位来表示；对空间和活动的预测也应如此，以保持空间上的一致；(2）对活动和空间预测周期应同步进行，以保持时间上的一致。我们建议一般预测周期应以五年为好。但有时情况特殊，比较复杂，变化速度较快，也可将预测周期定为一年。

对空间的预测似乎有点陌生，因此有必要对此稍加说明。应该记住空间预测的目的在于了解将来容纳活动的建筑和土地的数量（例子见 Little，1963）。这意味着每隔五年进行一次的空间预测，其对象是规划区内所有地块的使用情况和性质。

在第七章中，业已鉴别了与规划有关的某些空间特点，其中包括活动、区位、地块的边界、产权、地价、空间结构状况、空间可改建性、设施、感觉质量等。总的说来，这些就是我们要加以预测的空间因素。预测的目的是充分了解将来规划区内空间的类别和状况。但我们不可能掌握空间的所有方面。同时有些空间要素持久不变，例如空间区位和物质特点（后者有时有些变化，但却极为有限）等。

对活动的预测可分为两部分：首先，预测由规划，例如由用地功能分配所引起的活动改变；其次，预测某些在将来仍要继续进行的活动（如教堂祈祷、足球场进行的足球赛等），或现行规划所允许的某些活动等。对于规划所引起的活动变化将留待第九章讨论。

经规划确定和批准的活动，最长只能适用 20 年。大多数规划也许仅属 5 年或 10 年的短期规划。而现有规划所允许的活动，一般都与近期有关。如果在预测时按年代绘出一系列图纸，分别表示 5 年、10 年、15 年和 20 年之后的活动情况，则可以期望第一张图会很详细和充实，第二、第三张次之，第四张更次，而第五张以后（25 年、30 年……）除了那些每张预测图均要绘制的永久性活动之外，几乎一无所有了。这里要强调指出活动的变化也包括那些预测时存在，但后来取消了的活动。例如某地拆除住宅而引起的居住运动的消失，采矿和伐木活动的终止以及垃圾堆的清除和修整土地等。在上述情况下，在预测时可将这些空间视为其他活动的待用空间。

对空间产权属性应尽可能以五年为周期，系统地预测并以图纸的形式加以表达。由于很多小空间的产权经常易手，难以预测，所以无法表示得尽善尽详。但一些较大的产权，在某种程度上还是可以预测的。例如各种公共机关，包括中央政府机关、国营企事业单位以及地方当局均能占有或使用部分土地。而某些地产也要划分成小的地块，以便将来长期租户使用。因为产权的变化对活动方式的改变和对活动的规划影响很大，因此应将这些资料用同样的预测间隔，每隔五年绘制到图纸上。

此外，对土地和建筑面积也必须加以预测。在某些特殊情况下，将来土地面积数量有可能改变。例如，沿海地区的土壤流失，可使用地数量大为减少，而荷兰的填海工程又是人工造地的典范。同样对将来建筑面积的增减，也应在各个时期加以预测。

规划师要从市政机构获取有关煤气、上下水、供电等方面的资料。从中可知哪些地区设施不足，哪些地区情况有所变化。因居住区内的设施一般要与居住区的建设配套进行，所以这里主要指拟意或已规划建设的大型市政设施项目，如高压线、污水管、污水处理厂、供水干管及煤气站场等。对这些项目的长期规划并不在我们考虑范围之内，这里所关注的只是业已决定建设的近期和中期（5—5 年）项目。因为市政设施的建设对其他活动（例如工厂和大型居住区等）影响很大。如前所述，对这类变化也要加以记录并每隔五年预测一次。

综上所述，与空间有关的各个方面应尽可能以五年为一周期加以预测，以表明未来各个地区用地和建筑的情况，以及是否具有可资利用的潜力。为方便起见，也可将所有的影响要素（活动、产权、物质条件、设施等）分别给以不同的加权系数，然后加以综合，形成对土地适用潜力的判断指标。

交通通信

在第七章中曾将交通通信和线路划为不同的类别。交通通信指对人、物、能源和信息的传送，而线路则指道路、铁路、管线、电缆以及河流等承载交通通信的工具。对线路的预测将在下节讨论，本节讨论对交通通信流量和模式的预测。

一般而言，交通通信预测的对象是各种活动的起讫点。这些起讫点又应与交通通信方式（例如电话、道路、小汽车、货车等）、交通通信目的（购物、上学、社交、原料运输）和交通通信频率（日、周、月等）联系在一起。此外，在预测工作中也应考虑将来新的交通通信模式投入使用的可能性。

对这样复杂的问题能够预测吗？虽然难度很大，但也并非力所不及，对此可求助系统分析的帮助。交通通信是对各种活动的连接，换言之，各种不同的活动之所以能够彼此隔开，分处异地，就在于有交通通信的存在。20 世纪中许多物质环境的变化和发展，均归因于新交通通信形式的问世和发展以及交通费用的相应降低。同样也可认为，任何时候的交通通信模式均是（至少大部分是）活动及活动的空间分布模式影响的结果。这种解释若忽视了线路的存在，显然是不完善的。因为没有电话线，则无法通电话；没有河流水道，船舶就无法通航。显然这些都是第七章中业已阐述的陈词俗套了。

综上所述，我们可将交通通信频率、交通通信工具以及交通通信流量与活动以及它们彼此之间的关系结合起来考虑。如果知道未来活动的空间分布，同时了解这些活动的某些指标，如居住区的人口规模、人均收入、小汽车拥有率、工厂性质和职工人数以及建筑面积等，就能对每种活动所产生的交通通信及交通通信模式加以预测。

在过去 15 年内，这种技术在交通规划中的应用实在不乏其例（Zettel and Carll，1962）。根据实际研究可知：交通出行，例如开小汽车从家庭（居住活动）到办事地点（例如购物，并设其为 x）的交通与职业阶层、收入、居住净密度等可度量的指标关系密切。通过回归分析可得出相应的计算公式，在公式中将某地区的交通出行次数视为应变量，而将该地区居民或家庭的某些特征指标，如职业阶层、家庭收入、居住净密度等视为自变量。这类公式的一般表达形式为：

$$Y=A+B_1X_1+B_2X_2+\cdots\cdots B_nX_n$$

在上式中 Y 为交通出行次数；X_1，X_2，……X_n 为活动的特征指标，包括平均收入、家庭所属社会阶层 1、2、3 的百分比，拥有一部汽车以上的家庭的百分比等等；A_1、B_1，B_2，……B_n 为统计分析中所求出的修正系数。也可分开考虑将 Y 设为据有某种频率的出行次数，通常以每周多少来表示。还可将 Y 用不同的交通工具（私家车）和交通目的（上下班，即具体活动）等变量来分别表示。在大多数交通规划中，先根据实地调查获取公式中所要求的某些数据，然后适当地给出 X_1，X_2，……X_n 等值，并据此估算未来的交通出行次数。换言之，只要已知城市未来的模式，其中包括活动、密度、收入、小汽车拥有率等特征指标和相应的计算公式就可据此推算每个地区、每种活动所产生的交通出行次数（例如，莱切斯特城市规划署，1964，p.105—108）。在下文阐述线路预测时将讨论交通旅次在交通网络中的分配问题。

前文业已论述，交通，特别是公路交通，只是交通通信的一种方式。但规划师对所有有关的交通通信方式均要加以预测。这里我们建议可应用预测道路交通的原理预测其他方式的交通通信。例如，每周私人电话通话次数也可与人口的社会阶层、家庭规模、距市中心距离、居住净密度……特征指标结合起来。通过回归分析也可得出与预测车辆交通类似的公式。如果经过调查研究，铁路、航空、公共汽车交通、出租汽车、邮递等都可在某种程度上加以统计预测。

最后还有各种交通工具的相对费用问题，这是一个相当棘手的问题，因为交通工具可以相互取代，彼此竞争顾客。例如根据经验可知，某些私人小汽车上下班交通正在逐渐被其他形式交通，特别是公共汽车和火车所代替（Foster，1963）。再如在 20 世纪 60 年代初期，自曼彻斯特到伦敦的交通方式可有下列选择：6—7 小时的公共汽车（从曼彻斯特市中心到伦敦市中心），但每天只有 1—2 班；4—5 小时的小汽车（6 号公路建成之前）；$3^1/_4$—4.5 小时的火车，这要取决于是否乘特别快车或何时乘车；30—40 分钟的飞机，但若从中心到中心则需 2.5—3 小时。这样成千上万的从曼彻斯特到伦敦的旅客选择何种交通工具要取决于下列因素：直接费用和间接费用、舒适程度、方便程度、服务频率、旅程时间以及个人兴趣和爱好等。

一种交通方式可能被另一种交通方式所取代的情况，可通过下面的实例加以说明。1966 年 4 月英国铁路公司将曼彻斯特至伦敦的铁路改成电气机车，增加运行班次和舒适性，将运行时间缩短为 2 小时 40 分钟（中心到中心），结果客运量增加了 40%，而且仍然在大幅度增长。这严重地打击了空运交通，使其不得不大量取消曼彻斯特至伦敦的航班。

显然，对交通方式的预测并非易事，因为这除了要考虑活动特征的影响因素之外，还要考虑相对成本、舒适方便程度、速度等的影响（Roth，1967）。而这些因素与交通方式的使用和选择之间的关系，人们还知之不多（Meyer，Kain and Wohl，1966）。目前正在进行这方面的研究，初步成果不久即可问世。但若将这些研究付诸使用还为时尚早，目前还难以通过回归分析得出较为准确可靠的预测。我们只好承认这方面存在着差距，并呼吁对此进行深入的研究，以深刻了解交通成本与舒适程度与交通方式选择之间的关系。

因此，在目前我们只能对活动，特别是对活动系统加以认真调查，并对调查资料加以仔细分析，并根据位于交通起讫点的两种活动的特征指标，预测人们对某种交通方式的使用频率，而活动的特征指标可从活动预测中得知。因为对活动的预测周期为五年，所以对交通的预测也要与此相同，每隔五年进行一次。

线路

对线路预测的描述可从简，因为其预测方法与空间预测大体相同。线路的种类和区别在第七章中业已一一罗列，这里无须费笔赘述。不同的规划机构所研究的线路对象也不相同。例如在英国和美国，土地和交通预测的主要对象是道路，其次是铁路，有时也要考虑单轨铁路和地铁系统。所以预测的对象要因地因时而异，视具体需要而定。

对交通线路的预测也要五年进行一次，主要描述预测时期线路网络的可能状态。对线路的描述可分为类别（如三车道高速公路、双轨铁路、污水管、上水管等）、产权（如国有公路、私有道路、英国铁路公司、某某城市地方政府、国家电力公司等）、状况（如维修状态等）、使用条件和运载能力以及路网的几何形状。对规划师而言路网特别重要，因为它与活动的分布关系密切。而活动之间的相互连接和作用在很大程度上又决定了路网“点”和“线”上所产生的交通流量。所以尽管我们在描述线路时涉及的内容很多，如产权、类别等等，不一而足，但最重要的却是线路网的状况，对此必须获取足够的资料。

基于与上节空间预测所描述的同样理由，对线路的预测也应以一系列图纸来表达，以反映线路网络在今后 5、10、15 年……的状况。预测所需的大部分资料可从有关当局获得。在英国这可包括交通部、地方公路当局、英国铁路公司、自来水公司以及国家和区域电力、煤气公司等相应的机构。

此外，还与前文相同，每种交通线路在近期都会有一些已知的变化，规划对此业已做出相应的规定（例如地方规划当局的发展规划对道路的改建做出规定等）。在中期有关当局对交通线路的设立和改建等可能业已有较为完善的设想，但还没达到正式承认和批准阶段。最后对远期的设想则很不成形。关于预测中对变量的处理方法，将在第九章规划的制定中加以介绍。

系统整体的预测

前文对系统的构成要素及其连接部件，也即活动、空间、交通和线路的预测分门别类地加以讨论。这里有必要再次指出：这种分类处理方法仅是为了表达清楚和工作方便，而系统本身则是相互联系、不可分割的整体。因此，我们必须回答下列问题：将系统视为整体，对其行为加以预测是否可行？怎样对系统从一种状态转化为另一种状态加以预测？怎样预测系统整体状况及其构成部件和连接构件的未来变化？要回答这些问题，必须借助整体系统理论和城市区域发展理论的帮助。这些理论在第三章中业已详加阐述。最近有迹象表明，系统理论与城市发展理论业已相互交叉、渗透，彼此结合在一起。因此有可能对城市和区域系统加以综合预测。由于这种结合无论在理论和实践方面仍处于早期阶段，此外也由于其有关论著零星分散，不便觅集，因此这里只能对其所取得的成果和发展潜力做一概略介绍。因为我们深信关于人文区位问题所进行的旷日持久的战争由于引进了系统研究的武器而正在逐步取得胜利，而且在不久的将来必将取得更大的进展。

对系统加以模拟并测定其在不同条件下的状态，所常用的方法是系统模型。借助模型人们可对系统在不同条件下的反应加以检验，而无须进行实物试验，这种试验有时极为困难，代价昂贵，如对大型工程项目和机械的模拟；有时非常危险，如对某些化学反应和电流的模拟；也有时根本不可能，如人们对人体试验的强烈反对，迫使试验人员将动物做为替代人体系统的“模型”。因此可以说，如果没有模型的帮助要取得科学的进展是不可能的。由于模型在人们生活中屡见不鲜，以至于人们往往忽略了模型具有种种不同的形式。对建筑师和工程师所塑造的建筑、机械、车辆和码头模型人们并不陌生。借助这些模型的帮助，工程师和建筑师可与甲方讨论设计方案，检验和修改设计结果。新的拦洪或疏浚河道方案可采用模型的方法测试淤塞、潮汐等因素对其产生的影响。同样，航空工程师可模拟各种气候条件，并借助飞机模型测试飞机的反应。

有时可用不同的物资设计替代模型（analogue model）。这种模型并不是所研究系统的直接代表，而是它的替身。例如电路模型经常被用作神经结构和水力系统的替代模型。对简单系统而言，直接模型和替代模型是很有价值的。所谓简单系统是指系统的构成部件和连接数量较少、系统变化状态不多，同时在某种程度上系统行为为从属决定型。但如果所研究的系统是高度复杂的概率性系统，如生态系统、社会经济系统和城市区域系统，则基于种种原因就不能采用直接和替代模型对系统加以模拟。为了降低成本，同时又使模拟较为合理，就必须对系统采取抽象的数学模拟。这种模拟所得出的数学公式或数学公式组，可称为数学模型。

对数学模型人们较为熟悉，有时其形式可极为简单。例如一般线性方程式：

$$y=mx+c$$

就是一种数学模型。其中变量 y 与 x 由常数 m 和 c 连在一起。线性方程的特例是匀速运动公式：

$$s=vt+c$$

式中运动距离 s 值由速度 v 乘以时间 t，加上起始点距离 c 而表示（最简单的情况下为 0）。

所以这类数学模型本身并不复杂，但城市和区域模型却可能复杂得多，因为它们模拟的对象是极为复杂的系统。同时也正由于这一点，人们才希望能够应用数学语言对城市和区域系统加以描述和研究，因为数学语言是一种力量强大的通用语言。

模型的种类很多，可根据作用和目的将其分为下列三类：

描述模型　该模型可对事物在某时某刻状况加以描述，例如表达商业中心的销售额、当地居民的购买力、商业中心的内容和吸引力以及居住区至商业中心的交通方式等因素之间关系的模型即属此类。

预测模型　该模型用于预测事物的未来状态，这种状态可能是连续状态，也可能是间断状态，也就是根据上述方程关系式和时间量度对未来时期的各种变量在附加条件下的状态加以推断。

规划模型　该模型反映不同规划方案所导致的不同的系统未来状态，并根据既定标准对各种规划方案加以评定，以确定其中的最佳方案。这些模型有时也称为决策模型或评定模型。

对上述三类模型的讨论，可留待后文进行。本章主要探讨预测模型，有时也会约略提及描述模型，因其经过修改之后也可用作预测。

在本章开篇之初，曾详细论述了科学理论与预测之间的密切关系。这种关系在规划数学模型的塑造设计方面得到了更鲜明的体现（Hawis，1966）。模型塑造的目的在于模拟环境（例如在城市和区域系统中的活动区位模式和交通流量模式），以便规划人员认识和处理这种环境。对极为复杂的系统的模拟，其形式必然要高度概括和简化。所以第一步是对复杂的现象加以简化，确定关系模式，并建立相应的理论。对此劳瑞（Lowry，1965）曾论道："模型设计人必须能够找出城市发展过程中重复出现的固定模式，在万花筒般千变万化的城市形态中，确定模式化的空间关系。"同时，为预测未来，模型设计人必须认识掌握城市形态与城市发展过程二者之间的关系。在塑造描述模型时，仅说明 X 与 Y 是相关变量也就足可了。但若对 Y 在未来某时刻的数值加以预测。其模型必须给出具体的因果关系（例如 X 值若产生一个单位的变化，则 Y 随将会随之产生五个单位的变化等）。如果能够确定大致的因果关系，并了解自变量的未来数值，就可以对其影响的因变量值加以预测。此外，应该强调指出，在预测模型中，时间是非常重要的因素。例如公式：

$$Y_t=Y_0+ar^t$$

表明 Y 值在 t 时刻内的数值（Y_t），可为 Y 在 0 时刻的数值（Y_0）加上 a 和 r 的 t 次方之乘积。这里的 t 可用秒、分、小时、年等各种时间单位来表示。

城市和区域极为复杂，因此对其分析时首先碰到的问题是不知从何入手。显然，根据各种变量关系对城市和区域加以预测的模型也会成千上万，数不胜数。因此，在开始就要首先明确我们预测的目的是什么。要搞清规划预测的目的，有必要对城市系统的性质加以简单回顾。

规划主要关注的是如何对活动、空间、交通和线路等变化的空间模式加以指导和控制。因此在设计模型时，所应遵循的原则是按照上述内容对系统的未来状态进行条件预测。例如，假设某个政策将要实施，某个决策业已做出，同时关于区位和交通方面的措施 a、b、c 也将贯彻落实，那么活动 p、q、r 的区位和交通 x、y、z 在时间 t_3、t_4 和 t_5 将产生何种变化呢？如劳瑞所论："数字模型的构成，包括数学公式中的特定变量，……常数……计算方法。……其所求出的结果通常是与规划的决策有关的一系列具有时间和空间特征的数值"（Lowry，1965）。

在第七章中，曾指出规划资料必须能够反映系统的过去和现状以及与活动、空间、交通、线路等方面联系在一起，并具有空间和时间量度。

有鉴于此，预测模型必须能够：（1）阐述过去变化的时间和模式；（2）根据对既往情况的研究，导出各要素间的未来结构关系，并据此预测系统的未来状态。要做到以上两点，所塑造的模型必须能够从理论上简要概括地反映过去的情况。这种理论概括愈合理，就愈有利于对未来情况做出合理的预测。所以在模型设计阶段，最重要的是：

1. 关于过去和现状情况的适当资料；

2. 对变化能够做出合理解释的理论假说。

根据何种理论假说建立模型要取决于很多因素，例如模型所代表的系统如何，是城市的子系统，如总人口分布、商业中心的销售等，还是城市整体系统；所模拟城市或区域的地理、历史和其他特点的复杂程度；模型设计人的技术水准等因素。在本章开始曾讨论了对城市系统的局部，或称之为城市子系统的预测模型。现在对综合预测模型加以探讨。关于模型所需资料和有关理论假说业已在前文详述，读者不妨重温前面的有关章节（详见第三章和第七章）。

对系统理论在城市住宅和工业区位、交通工具选择以及社会生态等方面应用情况的详细探讨，超出了本书的论题范围，其他有关书籍对此有详细的论述。现在我们仅集中探讨如何对预测模型中的关键要素——时间的处理。初看起来，这个问题只是涉及预测结果的产出频率。但若仔细考虑，则并不其然，它实际上反映了模拟设计人对模型所代表的系统的自我平衡力量的认识，同时也反映了模型设计人是否对影响分析预测方法感兴趣。这种影响分析预测与有条件假设或无条件假设预测有着根本的区别。

这些问题的影响程度及其应用意义，从美国土地使用和交通规划发展史中可略见端倪。大约 15 年前，卡洛尔（Carroll）和克雷顿（Creighton）试图根据业已确定的未来土地使用模式预测机动交通，这在交通工程领域是前无古人的首创之举。其理论基础的奠基人是米切尔等人（Mitchell，Rapkin，1954；Ranells，1956）。当时交通规划中对时间的处理是：首先在规划中一次性确定未来某个时期的活动，也即用地情况，然后给出单位时间内、单位居住、工业及商业用地或建筑面积等所产生的交通出行频率和次数，并求出相应的交通流量，然后再据此设计届时能够满足交通需求的道路系统，毫不考虑用地和交通之间的关系随时间的流逝而可能产生的变化。在随后的数年内，该方法广为流传，据此所制定的规划，导致政府对道路建设的投资越来越大，因此，该方法受到了人们的严厉的批判。其中最为尖锐的可能是对华盛顿特区交通规划的批评，主要反对理由是：城市活动区位与交通系统（不仅仅是道路）的变化随时间的流逝在不断加剧，一种变化要影响到另一种变化，而后者的变化又反过来影响到前者的变化，这样往复不断地彼此相互影响和作用（Wingo，Perloff，1961）。换言之，道路网的变化要对土地使用产生影响，而土地使用的变化又对道路及其他交通工具所承载的交通流量产生影响，而交通流量的改变会促使地价发生改变，而地价的变化又要引起用地的重新调整分布，而这又要导致交通流量的改变，因此又要对道路系统加以调整……

现在，将城市视为动态系统的观点已得到了广泛地承认。在上文中美国规划师所指出的问题也在很多方面得到了纠正。其中值得指出的是米切尔教授向美国政府指出的无懈可击、令人叹服的研究报告（Mitchell，1959）和20世纪60年代初期宾夕法尼亚－泽西（Penn-Jersey）的交通研究（Fagin，1963）。上述文件是规划理论和实践发展的里程碑，自此以后人们清楚地认识到：

1. 活动区位与交通运输之间的关系是互相依赖、互依互存的；

2. 用地与交通之间的关系随时间的变化而不断改变，彼此之间的影响是互逆的往复；

3. 对城市和区域要进行综合规划，因为“整个城市的功能系统是进行城市发展决策的外部环境”（Harris，1961）。

这样，尽管关于城市子系统的模型可能多种多样、各不相同，但城市总体系统的预测模型则必须反映系统的两大要素——活动／空间和交通／线路——随时间而产生的变化以及彼此之间对对方变化的反应。

鉴于种种理论和实践方面的原因，满足上述要求的模型必须能够对系统的演变进行递归处理。这种递归模型可通过等时系列的方法模拟系统的演变。这样每一时期的产出即可成为下一时期的投入。递归模型的这种特点也与我们在第一、三、五章中所论相符，也即人们改变环境的行动，可以视为对他人所采取的改变环境的行动所激起的反应。

使用递归模型具有下列优点：(1) 可以导出系统演变过程中任一时期的系统状态，并考察系统是如何演变的；(2) 只要预测间隔周期较短（例如五年），就可将一些非线性问题（如小汽车拥有率的增长，人口机械增长等）当作线性问题来处理；(3) 如果假设条件发生变化，规划师可在适当的时候重新对系统加以模拟。例如预测周期为五年，但经过十年之后，发现城市并没按预期的要求而发展，因此建议改变某些参数值，如购物出行次数和可用土地面积等。经过这些调整之后，模型又可转入工作状态，这样可检查系统在15、20、25年的状态，看其发展是否较前为好。

塑造综合的数学模型在许多情况下是不可能或不合适的：称其不可能，原因在于有时缺乏关于城市过去和现状的最起码的资料，或者缺乏训练有素的合格工作人员、时间、经费、计算设备等；而称其不合适，则在于有时规划尚处于起始阶段，因此进行概略的调研是当务之急；或者由于规划地区较小，不适于应用数学模型，因为数学模型更适合于人口、地域面积较大的地区；或者是规划师被指定集中精力研究城市的某些子系统，或研究某个重点项目如大型购物中心、钢铁厂、化工厂对城市的影响等。

但不管碰到的困难有多大，如资金缺乏、地域狭小等，都不应阻止我们尽力塑造城市综合模型，以反映城市系统的演变。另一种值得考虑的方法是应用博弈论来处理这个问题（Meier，Duke，1966；Taylor，Carter，1967）。如博弈名称所示，这种方法将空间和交通之间的发展竞争与游戏中互相对立的双方的竞争加以类比。对博弈的模拟讨论将留待第九章进行。

不管选择何种预测方法，其目的都是力求表明系统在某些已知条件下随时间推移而产生的发展演变轨迹。

在第七章中，曾论述了如何把描述系统状态的大量资料简化分解成两种形式——数字矩阵和图纸。矩阵表示位于不同地点的活动、空间和空间的区位以及交通和交通的起讫点；而图纸则表示各种各样的网络。同时矩阵也可用于表示交通网络，如某条双车道公路连接点 1 和点 2，点 2 和点 17，点 17 和点 27，点 27 和点 36，等等。但在实践中还是图纸更为有用。

根据本章论述可知系统未来的发展轨迹可用一组代表某一时间系列的矩阵和图纸来表示（图 8.8）。例如，典型的预测可由一组分别表示活动、空间、交通和

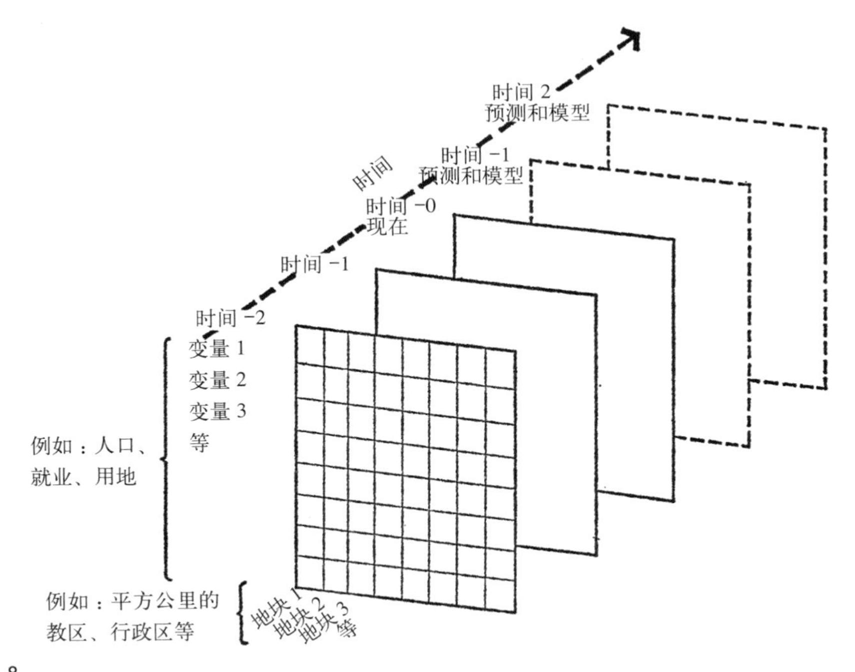

图 8.8
规划师所需信息系统图示

线路的矩阵和图纸来表示，其代表的时间系列可为 1971、1976、1981 年……（Jay，1967）。

这种结论同第七章所论动态系统（也即不断变化的系统）的要点相同，也就是说动态系统可由其所历经的各个时期的状态序列来表示。同样，动态系统的未来发展轨迹也可根据系统在各种内外因素影响的情况下，所可能经历的状态系列来加以预测。而所预测的系统发展变化轨迹是制定规划的起点。

第九章 规划的模拟

就本质而言，拟定规划是在所预测或模拟的各种未来系统状态中选择最理想的状态，其选择判断标准可根据规划目标来确定。*

对复杂的系统要一次求出其理想状态，绝非易事，但也有某些尚处于发展阶段的方法，对此下文将要讨论。比较简单容易的方法是：设想多种可能方案，并对它们加以试验评定，从中找出较为理想的一种。所谓多种可能方案，当然意指城市和区域系统的各种不同的发展轨迹，也即系统可能经历的状态系列。各方案之间的区别，可通过变换模拟假设条件而导出。模拟假设条件基本可分为两类：(1) 政府政策，如关于经济成长、住宅补贴、采取集中式或分散式的城市发展模式、土地保护、公共交通政策等等；(2) 个人的反应和主动性，如家庭、企业、机关团体对政府有关政策的响应和反应程度等。这样一次变换一种假定条件，或两种同时变换，会产生不同的条件组合，因而在模拟系统演变过程时就会得出多种多样、各不相同的系统发展轨迹（图 9.1）。

系统演变轨迹的数量以多少为宜，要取决于很多因素，但时间、经费、人力以及资料处理设施，则是主要的决定性因素。因为系统演变轨迹的设计能力以及对轨迹的试验、评定和修改原始设计等均受这些因素的影响。

较难确定的还是关于设计何种系统发展轨迹的问题。例如，是否要对人口和就业取不同的数值加以模拟？是否要模拟不同的土地使用政策？是否对某些活动，如采矿和旅游活动要详细模拟？模拟时部分变换还是全部变换上述假设条件？……

本章开篇之初，曾对此做过提示，也即如何变换模拟条件，应根据当初制定的规划目标而确定。例如，假设保持经济高速发展是唯一的规划目标，或者是最重要的规划目标，因此，所有其他的规划目标与此相比都处于从属地位，那么在

---

* 对于上述形式的话，我要感谢 G.F.Chadwick（查德威克）博士。

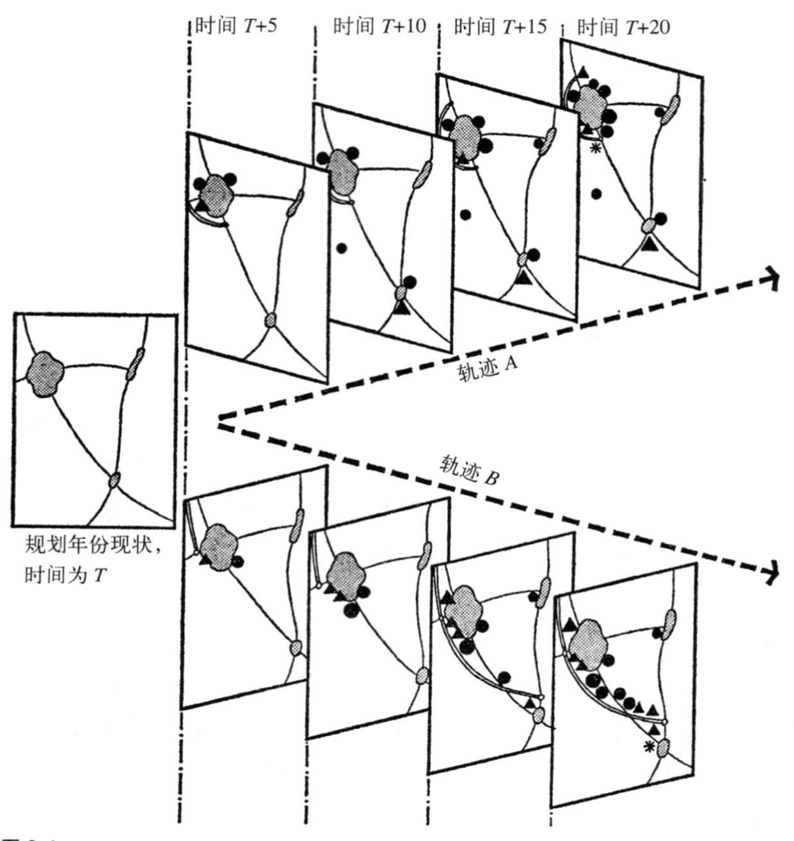

图 9.1
系统轨迹

模拟系统发展轨迹时，显然就应变换经济成长率，以检验何种经济成长速度是可行的；同时也变换为促进经济发展而采取的不同措施，如刺激现有经济活动的发展、引进新型企业、改善基础设施以及调整就业中心和居住区的分布等等。再者，假如规划的主要目标是使人口加速增长，则模拟时就应变换人口机械增长率以及安置人口的方式等。但有时人口规模和经济成长并非公众注目的当务之急，所以并未将其列为规划目标，因此就需改变其他假设条件。由于空间规划所关注的是城市发展的空间模式，也即城市或区域未来的“生理结构”，所以可据此变换模拟假设条件。但是万变不离其宗，其原理都是模拟要尽量地反映最重要的规划目标。

显然关于城市应取何种模式发展，也即人口和就业应集中还是分散的问题，是规划的当务之急。所以在模拟系统发展轨迹时应反映这一点。如果将公共交通和私人交通之间的最佳组合定为城市规划目标之一，那么模拟时就要变换各种不同的组合方式。同样的原理也可应用于其他方面，如保护农业用地、保护风景和历史文化地区、新型交通设施的应用、高等院校的区位等。不管处理的是何种问题，都必须给出各种不同的方案，以便从中选择最佳的一种。

但如果脱离规划目标，将会出现一些严重问题：有可能所模拟的系统发展轨迹与规划所要研究的重要问题风马牛不相及；再则，情况可能更糟，模拟所得结果对规划毫无用处，因而一文不值。花费大量的人力、物力和财力研究某些与规划目标无关痛痒的皮毛问题，是极不负责任的。目前，根据对城市形态（例如“卫星城”、“带状城市”、“郊区外延城市”、“环形带状城市”以及“多中心城市”）的研究而制定出的规划方案多如牛毛（国家首都规划委员会，1962)。当然在此过程中也研究了城市中工作岗位、人口、商业和文化设施不同的空间布局形式及其相应的交通系统，对此实在无可厚非。但这并不等于说这种研究方式值得推崇，因为有些城市的空间形态并不需要进行多方案研究。除非在某些历史文化名城及风景旅游地区，城市的空间形态是城市主要规划目标，这时才有研究城市不同空间形态的必要。所以规划方案要反映规划目标，也即方法要服从于目的。

明确了模拟所应遵循的原则之后，就要决定采用何种方式进行模拟。对此可参考前章结尾时所论对系统的整体预测。模拟方式的选择取决于很多因素，其中包括规划区规模、资料的质量、资料处理手段、工作人员的数量和质量、时间以及经费等。

规划地区的规模要影响到对模拟方式的选择。虽然规模较大的城市和地区并不一定就是内在复杂的系统，因为系统的复杂程度取决于如何对系统加以定义。但不管怎样，在某种范围之内（如就业人口千人左右，居住人口在2000—3000人之内)，显然规模较大的地区要比较复杂，因为随着系统构成部件的增多，系统的可能状态也急剧增长。因此对中小规模地区可采用简单的模拟方法，而对人口规模较大的地区则应采用复杂的方法。但在详细分析之前所进行的概略分析则另当别论。

模拟方法的选择在很大程度上也受到资料质量的影响。例如，如果能够获得当年及另外一个年份的人口、经济和用地的详细分区资料，就可采用详细的分区模拟方法。然而，如果某个大城市仅有20个地区具备此类资料，其他地区此类资料并不完备，则这20个地区进行详细的模拟也可能受到影响。

显然资料处理手段也会对模拟方式的选择产生影响。如果仅具备电算器，同时使用计算机的次数有限，那么涉及成千上万计算程序的模拟方法是万万不可取的。同时即使具备了先进的计算设备，也要力求避免坠入烦琐计算、宏大模拟的陷阱。

如果完成的限期很紧，自然要选择简单有效的方法。最后，但并非最不重要，模拟工作的负责人往往会根据工作人员的技术水准，选择一种他们能够应付自如的方法。

下面对四种模拟方法加以简单的介绍。为了简化起见和便于比较，可将它们的共性罗列如下：(1) 模拟周期均为五年；(2) 在某种程度上它们均为递归模拟，也即每一阶段的产出为下一阶段的部分投入；(3) 人口、就业等因素的变化是由外因决定的。因此就本质而言，它们均为空间模拟。

对这些方法可分别称之为：非正规人工模拟、正规人工模拟、部分机械模拟和全部机械模拟。

非正规人工模拟

非正规人工模拟要根据所制定的政策、规定和已知的系统状态，对分别预测出的各种活动区位加以模拟。第一步要将头五年的变化引入模拟，以检验变化的总体效果是否与预测情况相符；所选择的区位和人口密度是否符合政策要求；城市的总用地关系模式是否大体切合实际等。如果城市系统的活动主要是居住、工业、商业和娱乐四种，而主要交通则仅仅是上下班的公共和私人交通两种。则上述四种活动和两种交通的情况就反映了系统的状态。而系统结构可由土地面积(空间）和干道网（线路）来确定。

各个地区居住人口（居住活动)、就业人数（工业和商业活动）以及娱乐活动的不同取值和相应的居住、工业、商业和娱乐用地的变化将会影响到模拟结果。同时，也可用图示办法表达线路的变化，包括公路汽车路线的增减等。因模拟阶段的时间周期为五年，因此最好每隔五年对活动模式加以检验，并对交通网络各条线路上的交通流量和公共交通使用情况加以估算。要做到这一点，有必要在估算交通流量和流量分配时，采用简单易行的方法。这可通过人工方法进行，虽然计算 20—25 个区的交通起讫点颇为耗时费力，但并非做不到。

通过检查交通模式和交通密度，可知应对活动区位作何种调整，并对调整结果重新加以测试，以便取得理想的交通模式。

在模拟过程中，也要考虑人们价值观念的变化，因为价值观念的改变往往影响到人们对区位、交通以及居住密度等的选择。例如，如果模拟时提高小汽车拥有率（小汽车拥有率应在模拟之前，与人口、就业等因素结合在一起加以预测），则交通工具的选择以及交通流量的计算等就会受到影响。此外，如果考虑到人们要扩大居住空间的需求，则居住密度就会因此而降低。用这种方法可在模拟时引进许多合理的假设，使模拟变得更为精确。

上述过程一个接一个地循环进行下去，每个循环所代表的周期为五年，一直到规划终止日期为止——也即所有的系统发展演变轨迹的截止日期。对每种不同规划方案均可按上述过程模拟一遍。这样可得到该地区所要经历的一系列发展演变轨迹——也即在不同政策条件下，系统所可能出现的状态系列（图 9.1）。

这种非正规人工模拟，采用了很多常规的规划方法和技术。例如，根据预测来确定未来用地需求以及根掘常识和专业技术来处理活动区位、建设发展和交通等问题（对比 Chapin，1965，p.457—466）。但其创新之处在于该方法将城市和区域当作演变中的系统来处理，并用递归方法来模拟系统的发展，同时直接研究不同的政策对城市系统发展模式所产生的影响。该方法的主要缺陷是对区位和交通行为的分析不够。但与此相反，该方法也有简便、经济、便于应用的优点。

正规人工模拟

正规人工模拟与非正规人工模拟大体相同，但为克服前者的缺陷和不足，在反映模拟要素的变化时，所采用的模型更为可靠。典型的例子有人口分布与就业变化关系模型、主要交通服务设施对区位影响关系模型以及人口的交通出行和出行方式与人口的社会、经济地位关系模型。这些模型的产生，通常要根据对现状和过去情况的研究，从中推导出有关的理论假设，经检验后便形成了所要求的简单数学模型。对这些模型经过校正之后，即在适当的时候引入模拟过程，以便与其他数字和人工模拟相结合。其全部过程可构成模拟程序中的一个循环。

但这种模拟仍属简单模拟，因为这类数学模型将空间活动分开模拟，所以并不需要复杂的计算，一部中型计算机和几部半自动计算器即可应付自如。这类模拟的作业流程可见图 9.2。

该模拟的主要理论根据是：(1) 城市中每个地区（例如可假设整个城市有 15 个地区）在任何五年内的人口变化与该地区前五年的人口就业变化是紧密关联的；(2) 每个地区的人口变化与该区就业人口数量和上下班距离、交通路网及公共交通服务设施水准以及住宅用地政策等因素也关系密切；(3) 有些就业活动不受人口分布的影响，而另一些就业属劳动密集型，则受人口分布的制约。

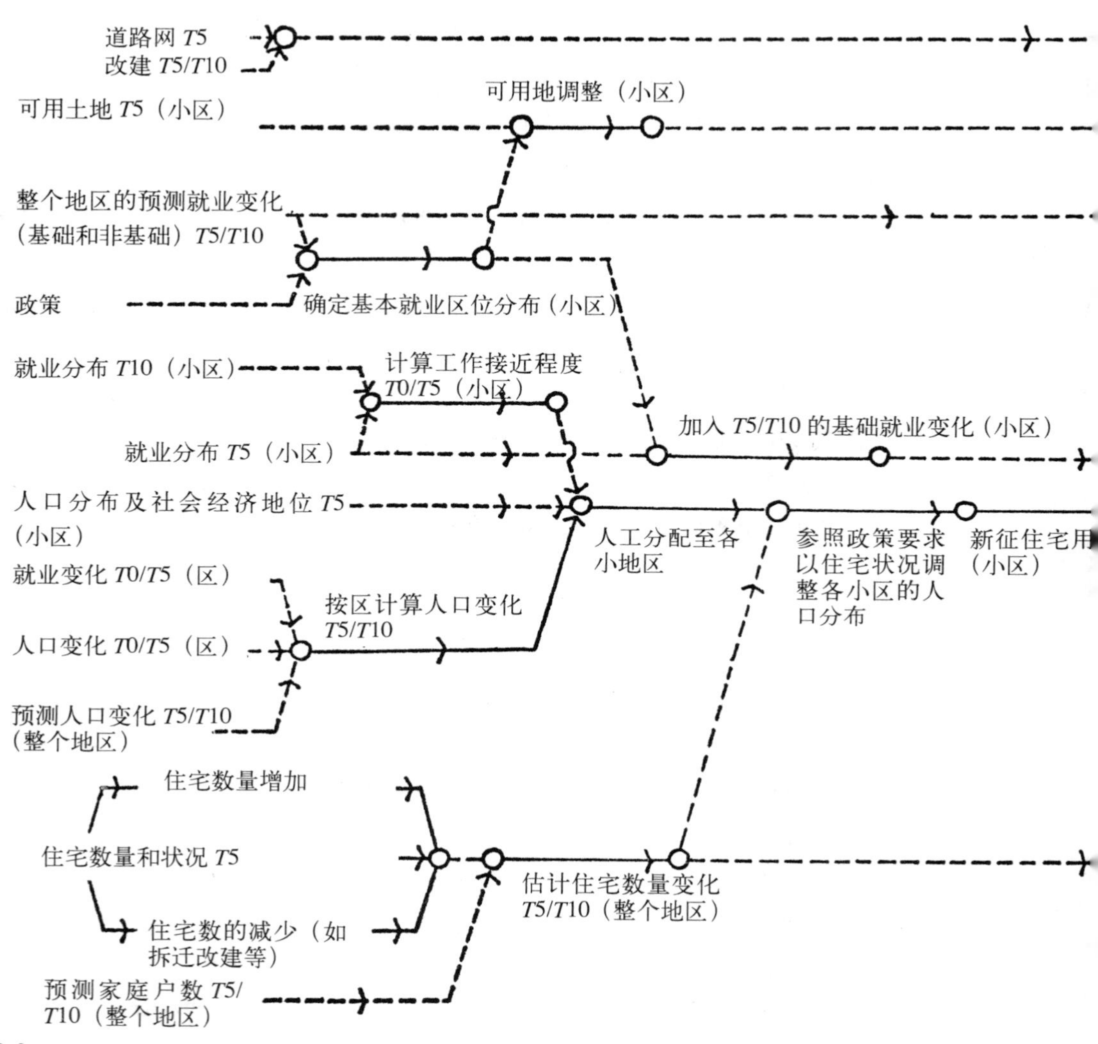

图 9.2
正规人工模拟在次区域的应用

在图 9.2 中，左侧的投入包括就业分布、用地保护、重建密度……有关政策设想。这些政策必须清楚明了。开始模拟时可先调整两类主要就业：区位性强的产业（如大型办公机关）和高度集中型服务业（如商业中心）的就业人口。同时对大型住宅区建设项目、住宅小规模翻修扩建所产生的累积效果以及拆迁改建地区等也加以模拟检验。

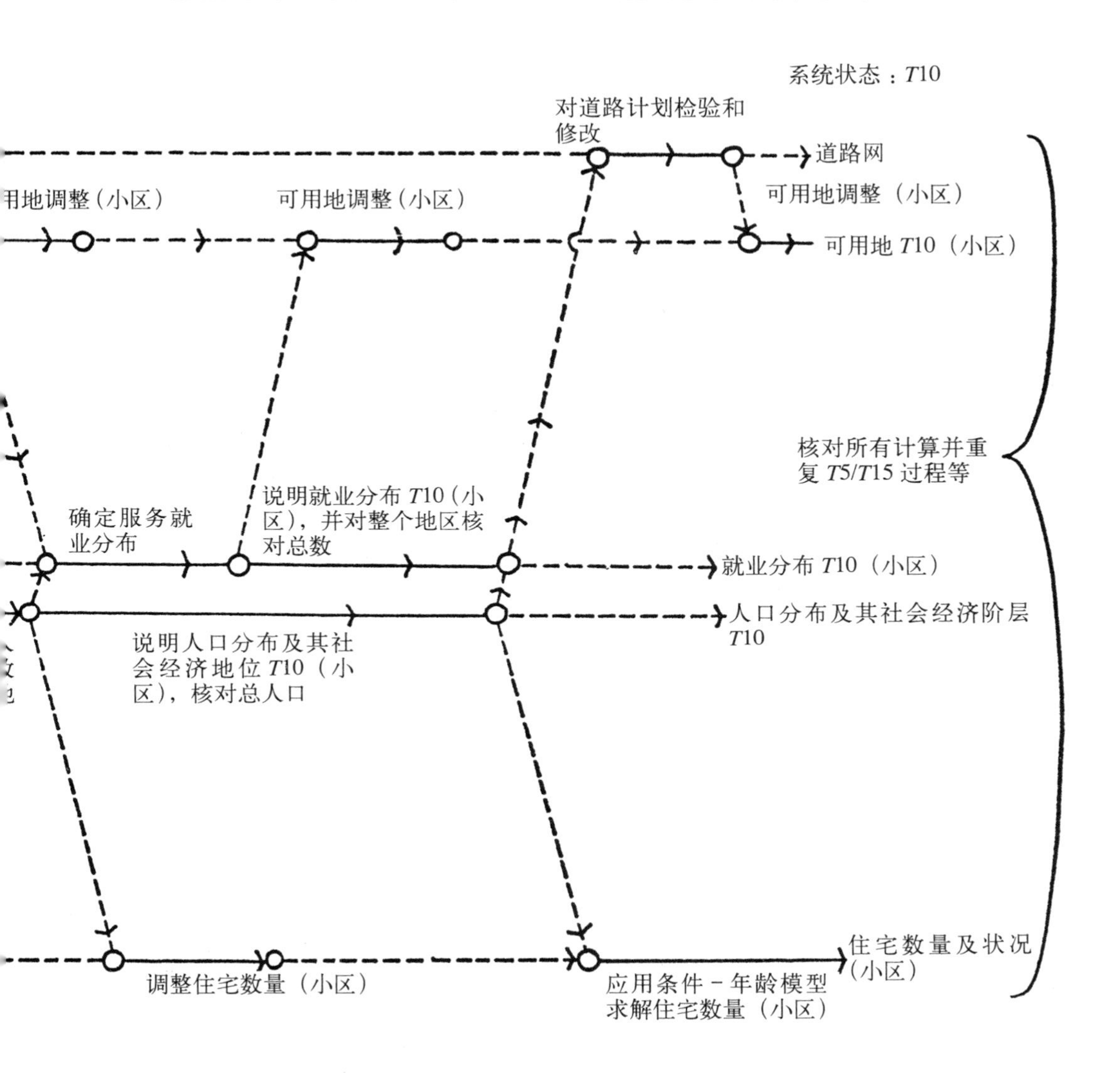

模拟时对人口分布、人口的社会经济阶层、住宅状况量化评定数值、用地的变化等方面分别加以计算。并根据前一个时期每个地区就业与人口方面的变化来预测每个地区现阶段可能出现的变化，其所用的简单模型如下：

$$\delta P_i^{t_5-t_{10}}=a+b\delta E_i^{t_0-t_5}+c\delta P_i^{t_0-t_5}$$

式中　$\delta P_i^{t_5-t_{10}}$ 为 i 区在 t_5 至 t_{10} 期间人口增减占城市总人口增减的百分比；

$\delta E_i^{t_0-t_5}$ 为 i 区在 t_0 至 t_5 期间就业人口增减占城市总就业人口增减的百分比；

而 a、b、c 为常数项。然后，根据道路网、用地以及工作距离等因素影响将上述所求比率在每个地区内再作二次分配。当然这又需要进行简单的计算，这时可用点区位就业岗位模式来求出工作交通可及范围。也即公式：

$$AE_i = \sum_{i\text{总}} \cdot \frac{E_j}{d_{ij}^x}$$

式中 AE_i 为 i 区工作交通可及性指标；

E_j 为在区位 j 点的工作岗位数；

d_{ij} 为 i 至 j 之间的距离量度；

x 为距离之幂指数*。

道路网和人口分布每五年修改一次，并根据某些判断标准将各地区的就业人口分为“白领”和“蓝领”两类。

对其他两类产业也即劳动密集型产业和制造业的就业人口增值可大部分分配到蓝领工人居住区，而其他服务业就业人口增值的分布，应与城市新增加人口分布大致相当。

最后可根据密度标准将上述计算所得结果换算成用地面积，修改所有用地数字并将所有数字相加看其是否与规划预测总数相符。假如出现差异，应检查整个模拟过程，并对误差加以适当分配调整。这样整个模拟过程就将告一段落，完成了一轮循环。

虽然在图 9.2 中所模拟的系统最终状态仅含有活动、空间和线路三项内容，而省略了对交通的表达。但我们可将人口和就业分布以及道路网输入到交通出行——流量分布——交通方式分配模型，以弥补此不足。该模型的产出为交通线路的客流量和车流量等。从中可知应对城市中的活动分布或道路网络（或两者兼而有之）进行哪些调整。此外，它也指明了在下一个模拟循环中应对居住、工业区位和道路作哪些变动和改善。

博弈模拟

正规人工模拟还可取博弈模拟的形式，对此在第八章中业已提及（Meier，

---

* 这里所引为一实例，用计算机导出结果，并通过行式打印机制出成图。

Duke，1966；Taylor，Carter，1967)。几乎同所有其他的模拟形式一样，博弈模拟也是一种模型。其实上面所举例证也可取博弈形式加以模拟，二者之间的主要区别是：(1) 前者所用的大部分或全部数字计算工作在后者可被一系列对弈着法所取代；(2) 由于人在博弈中要扮演某个既定角色，因此，模拟过程中有很多人为因素的影响。博弈模拟的限制规划可根据现实世界的具体情况决定。例如，如果没有可用土地，则不能布置活动，再如，某地区内的人口增长要根据数学模型来决定，这种模型也是对博弈的限制规则之一，这正如同玩牌时不出 6 就不能开始的规矩一样。此外还有一些关于解决竞争冲突的规则。例如在某地区内，在居住和工业用地方面扮作企业家和住宅承包商的人之间可能会发生矛盾冲突，对此需制定相应的竞争规则来解决。所以在此例中所涉及的数学计算工作几乎可全部省略，关于区位的重大决策均由参赛人作出。但这种方法具有潜在的危险。例如，博弈中扮作住宅建设人的一方，可能在某地区的住宅建设量远远超出了现实中由于就业机会增长所可能提出的住宅需求。因此，尽管不需要进行严格的数学计算，但也需要在博弈模拟中采取某些量化限制。

如果对上述所引例证进行博弈模拟，则模拟对象可包括下列几种人：

当地政界人物，负责制定目标，对战略问题做出决策，裁决各方矛盾冲突；

企业主，负责决定基础产业区位；

商会机关团体，负责商业和机关办公就业方面的决策；

规划官员，负责分派各类建设用地以及批准和否决博弈各方提出的行动方案；

政府住宅当局，负责开发建设住宅、清除贫民区等；

私人住宅建设商，负责私人住宅的建设和出售，以及交通部门。

此外，还应有一些未参加博弈的局外人，负责提供决策所需信息资料以及进行必要的计算。另外似乎还应有人扮作中央政府和其他机构的代表，以便处理建设申请人在其提议被规划机关否决之后所提出的上诉。

博弈模拟具有很多优点，其中有些与其他简便模拟一样，如经济、省时以及便于操作等。除此而外，博弈模拟尚有其独到之处，即参加人可直接了解系统发展过程、有关各方在现实世界中的作用以及有关各方的相互作用怎样影响着系统的状态。参加博弈的各方直接将现实世界中的个人及集团的权力、欲望和影响直接引入模拟，因此不像其他模拟方法那样干枯抽象。

因此，如果要想更充分地了解上述因素对城市和区域系统的影响，或者规划采取开放式，难以定出明确的规划目标，这时博弈模拟要比其他形式的简单模拟优越得多。

部分机械模拟

部分机械模拟系指塑造复杂的系统模型，计算量庞大，需要使用计算机等自动化信息处理设备的模拟。

人类在区位、密度、用地等许多方面所作出的选择和决策是随机的或具有随机概率，但在许多人工模拟中对这些随机要素的处理，则完全听凭模拟人主观决定。一般而言，机械模拟程度越高，对随机因素客观机械处理的程度也就越高。例如，利用蒙特卡罗表格（Monte Carlo），即可根据一系列随机抽样数值求出所需要的概率值。*

显然，在部分机械模拟过程中，模拟人在各个阶段仍能对模拟施加一定程度的控制。例如，在每个工作阶段之后，可指令机械给出所模拟的系统状态，然后对此加以检验，并可调整变动某些关键参数值（例如变动发展密度，也即重力模型中的摩擦系数）和政策规定（例如修改清除贫民区和用地保护政策等）。然后将这些修改后的数值作为下一循环过程的投入，然后再对其结果加以检验，再变动等等。

较为常见的是每一循环都由人工模拟和机械模拟两部分所组成。例如可对查宾所谓的“主要因素”，包括基础产业、商业、交通等方面的决策采用人工模拟，而对其后所发生的次级震荡，如住宅建设和人口分布等，则利用数学模型和计算机模拟求解（Chapin，Weiss，1962a）。

综上所述，部分机械模拟不仅需要相应的“硬件”，也需要对城市和区域发展进行大量的调研分析，以设计出相应的模型（软件）。

全部机械模拟

所谓全部机械模拟是指完全或几乎完全由计算机对城市的发展过程加以模拟。在进行模拟之前必须对城市的发展过程、所推导的理论以及相应的计算程序进行认真分析、反复修改，以确保所采用的模型准确无误。一般而言，总体模型是由一系列的次级模型层次网络所组成的。

为了检验所模拟系统的即时状态，可随时停止操作（例如可在2—3个循环之后，检验系统在10—15年后的即时状态）。但一般是对城市在20、25或30年

* 对于蒙特卡罗表格的使用，有必要进行大量连续的运行，从而得到平均结果。

期间的发展轨迹一次模拟。

这种模拟可称为完全递归模拟，也即每一阶段所产出的系统终极状态可自动投入下一阶段的模拟。此外，某些参数可自行产生并重新投入计算。

目前，这种模拟要求大量的时间，设备和经费以及高超的技术手段。而且这种情况在短时期内不会有所改善。虽然近年来计算能力已有长足的进展，但人们对城市系统的认识了解，以及进行理论推导所需的资料却极为缺乏，远远落后于形势。

全部机械模拟的范例当推美国费城在 1959—1960 年所进行的宾夕法尼亚－泽西交通规划。该规划主要对人口和经济发展政策、基本交通模式和交通网络以及某些重大项目，如机场、炼油厂和钢铁厂的设立和选址等进行多种模拟。对这些因素的外界制约条件则视作模型的投入。在该模型内，又有一系列的子模型，分别模拟交通可及性、地价和地租等对项目选址、迁址以及交通行为所产生的次级震荡影响。每一模拟循环所代表的时间周期为五年，所产生的系统五年后的新状态将自动投入下轮模拟循环之中。

其中有的子模型用于计算交通网络中连接起讫点之间的最短时间路径，并将其计算结果投入另一子模型，以便将这些结果与人口和经济活动分布结合在一起，并对城市中任意两个地区间的交通可及性加以量化测定。所得结果又可转入最重要的模型——活动分布模型。该模型要涉及用地评定、各类居住区分布、计算人口的年龄结构以及推算人们用于交通、住宅等方面的开支状况等。

根据该模型的产出，可确定某些消费活动的区位，然后可对轻工业、中小工业和仓库的迁址加以模拟。在此阶段中也要对每个地区内的就业人口年龄结构加以模拟。

所有上述模拟的最终结果是以图纸的形式反映活动、人口、企事业机关的分布模式，以及它们所占有的空间和建筑面积、所付开支和相应的交通费用。

显然，该模型可与城市交通网以及城市对外交通模式结合在一起加以模拟。所得结果又可对下一轮模拟循环中的活动区位分析产生影响。在模拟的最后阶段，计算机将给出城市系统的发展演变轨迹。

宾夕法尼亚－泽西的规划模拟，即使根据美国的标准衡量，也仍然是耗资巨大的。模拟过程中碰到了许多非常难办的哲学、政治、专业和技术问题。因此，当初模拟工作的负责人亨利（Henry）曾自豪地宣称：这项模拟是“登月”活动。在英国要想进行此类模拟可能还为时尚远（但参见 Cripps 和 Foot 在 1968 年于英国做出的显著的努力）。宾夕法尼亚－泽西以及其他一些同类规划模拟充分地显示了全部机械模拟是完全可行的，尽管其造价可能极为昂贵。

均衡规划

在本书中曾一再强调城市规划所指导的系统是充满变化、不断演变的系统。所以规划的过程应是一种循环的过程，规划预测应取同等间隔周期，以反映系统变化的规模和速率以及规划应采用递归模型对城市系统所经历的连续空间状态加以模拟等。

然而，有时也难免为了某种需要假设城市或区域系统处于一种脆弱的平衡状态，并采取快捷的表达方法反映这种状态的情况。另外，也可采取与此略有不同的方法，假设如果满足某些条件（如建筑密度、各种活动区位之间的距离要求等），城市系统将处于何种状态。

这些方法与前文所述递归动态模拟方法大不相同。这些方法将城市视作一种处于不稳定平衡的系统，当某些因素的变化，如基于就业增长了10%，或总人口增长了25%，会干扰破坏了系统的平衡。此外，新的交通设施，如高速公路的兴建以及高速公共汽车网络的建成等，也会成为干扰系统平衡的重要因素。

上述方法有时用于模拟新建城市的用地模式，也可用于城市的局部模拟，以测试若完全满足某些区位和交通条件、系统所可能呈现的平衡状态。下面简单介绍劳瑞（Ira Lowry）模型和施拉格（Kenneth Schlager）的用地规划设计模型。

劳瑞（Lowry）城市模型

劳瑞模型的应用起始于1962年对匹兹堡地区所做的经济研究，发展于1963年的美国兰德公司，现已成为城市规划平衡模拟方法的杰出范例（Lowry，1964）。该模型是分析模型。它可根据所预测的城市总人口、就业以及活动区位之间的量化关系，将各种活动分配到城市的不同地区。劳瑞模型所处理的活动可分为三大部类：

1. 基础部类，包括工业、商业以及行政活动等。基础活动的区位不受当地人口分布、市场范围等地方因素的影响，因此可将基础活动的区位和就业人数视为已知条件。

2. 服务（非基础）部类，包括所有直接依赖当地人口的活动均可视为服务活动。其区位分布在很大程度上要受当地人口分布的影响，因此它们的就业人数和区位可由模型决定。

3. 居住活动。居住活动要受就业人数，包括基础就业和服务就业人数的影响，而服务就业其本身又受居住人口的影响。因为居住活动的区位在很大程度上受就业岗位分布的影响，因此也可由模型来决定。如果基础产业活动已知（作为模型的投入），则利用劳瑞模型可导出服务行业、人口和用地的分布（作为模型的产出）。这些活动的空间分布形态可用 1 公里见方的方格来表示，每个方格内的用地情况要根据地形条件和政策规定而确定。

在模拟中，可根据一定的函数关系，求出活动的分布。例如可根据就业岗位的分布决定就业人口和被抚养人口的分布，同样又可根据消费人口的数量决定服务行业的活动等，其具体分布参数可根据对该地区的交通研究（工作和购物的行程）导出。

然后，可根据每平方公里方格内基础就业岗位的分布和相应的劳力需求用计算机求出各区相应的居住人口规模。这些人口又需有相应的服务活动，其区位分布要根据市场效益而定。当然，这些服务活动本身又提供了就业机会，这样又产生了相应的被抚养人口，而这又要有一定的服务活动，因此又干扰了服务活动模式……，这样循环往复，直到达到平衡状态为止（图 9.3）。

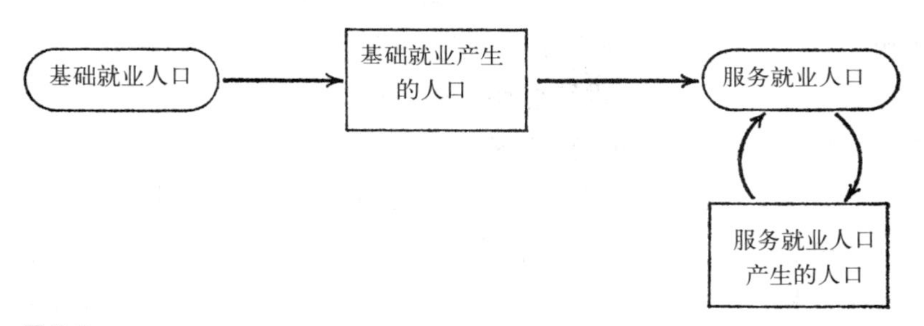

图 9.3
劳瑞大都市模型的理论要点

在模拟时可对居住密度、用地面积及服务活动的标准等，规定若干限制。

劳瑞模型的限定条件也可用九组方程和三组不等式所构成的数学模式来表达。在劳瑞的原始论著中，曾阐述了对这些数学公式的求解计算方法和该模型的塑造原理。在面积为 456 平方公里的城市地区对该模型的实地应用试验表明，通过模型与真实世界的比较，可得复相关系数 R^2 的取值在 0.621—0.676 之间。读者若想详细了解这些数字的意义，可参考劳瑞的原著。如用 IBM 7090 型计算机（1401 配套设备），可在 17 分钟内完成全部计算过程。

劳瑞曾清楚地阐述，该模型没有时序概念，它所产出的只是“瞬间之城市状态”，在真实世界中找不到与其相对应的情况，因此只不过是一种解决问题的方法。

但令人感兴趣的是：静态平衡模型却是动态演变模型的前身。劳瑞进一步说明怎样把这种静态模型转化成半动态的模型。首先要描述系统的完全状态，包括基本活动和非基本活动。然后再将在某段确定的时间内新增加的基础就业分配到某些区位，求出这些变化对人口和就业的影响。在进行新的一轮计算之前，可对计算机所求得的结果进行检验，并对某些参数和限定条件加以修改（例如某地建筑密度达到某些限值时，市场力量和价值作用将会迫使营造商放慢建设速度）。

最后，劳瑞认为上述模型并非是最终的产品，充其量也只不过是一种颇有价值的设计原型。看来，英国许多大城市的规划机构完全能够对劳瑞模型加以修改应用，它们为此所付出的努力绝不会付之东流，而会得到应得的回报（Cripps，Foot，1968）。

施拉格（Schlager）土地规划设计模型

施拉格（1965）认为：城市系统应视作设计的对象，城市规划就是有意识地使城市形式能够满足人们的需要。因此，解决问题的关键是如何设计，而不是如何描述和预测。不管怎样，施拉格论证了土地使用模型在规划过程中的应用（首先确定规划目标和标准，然后进行交通规划设计，最后得出土地使用和交通规划）。

就技术而言，土地使用规划设计模型将亚历山大（Alexander，1964）的理性设计方法、线性规划或动态规划以及计算机资料处理等分析技术结合在一起。然后，根据某些已知设计要求，例如不同用地之间的关系以及总用地需求等（这可根据规划预测求出）来进行土地使用设计，力求以最小的公共投资和私人投资来满足土地使用需求和设计标准。

在施拉格土地使用模型中所考虑的限制条件包括密度、用地功能分区以及学校和商业服务设施的服务半径等。土地形式与设计标准、建设或改建成本费用之间关系密切。对此可用下列线性函数关系式表达：

$$C_{t\,\text{最小值}}=c_1x_1+c_2x_2+\cdots\cdots c_nx_n$$

其中 x_1、x_2，……x_n 代表用地；c_1、c_2，……c_n 代表为满足上述用地需求所需付出的建设成本。

第一，限制条件函数关系可为等量限制函数，其关系式如下：

$$d_1x_1+d_2x_2+\cdots\cdots d_nx_n=E_k$$

式中 E_k 为规划区内对 k 类用地的总需求；x_1、x_2，…x_n 与前式相同，代表用地；d_1，d_2，……d_n，代表服务用地率需求系数，也即初级用地开发所需提供的街道等辅助用地的比率。这些限制条件可保证各类用地相加所得用地之和与规划预测的总用地保持一致。该模型所处理的只是主要用地项目，例如农业用地、工业用地、居住用地和绿化用地等。

第二，根据限制条件函数可求各个小区内每类用地的最大值或最小值，其关系式如下：

$$x_1+x_2+\cdots\cdots x_n \leqslant F_m$$

式中 x_1，x_2，……x_n 与前式相同；F_m 则为 m 区内几类用地的上限。

第三，在每个小区内或小区之间的用地关系也存在某些限制条件，对此可用下列关系式表达：

$$x_n \leqslant Gx_m$$

式中 G 表示在同一地区或不同地区内用地 n 与用地 m 之间相互关系的程度。

需要投入的资料可分为四类：

1. 地价及开发费用；
2. 各项用地之预测总需求；
3. 设计标准（如密度等）及不同的分区对土地使用关系的要求和限制；
4. 现状用地情况，包括用地和土壤的形式和类别等。

根据当初所设计的模型，使用 IBM 7090 型计算机，每个分区的计算仅需一分钟。该模型的主要缺点是需将目的（成本）函数视作线性关系，从而可利用线性规划来演算，因此在模型中以连续的函数关系来表达各种土地使用的量值，但在真实世界中建设用地则是成组成团呈现的。此外，该模型也必须将限制函数同样视作线性函数。

上述缺点和不足均可通过采用动态模型而加以克服，但这由于计算机软件和硬件的限制，使其不可能得到完全解决。

规划制定的一般过程

前文中讨论了系统发展轨迹与目标之间的关系，通过模拟推断城市系统发展轨迹的技巧以及在适当条件下研究系统的瞬时平衡状态等。下文要对土地使用和交通规划的设计过程加以概括描述。这当然要包括评价和测试过程，对此将留待下章详细讨论。

关于规划过程，米切尔（1959）曾做了极为精辟的论述。他首先罗列出一些先决条件，其中包括交通设施和服务的现状；人员、物品和车辆的运输；人口、就业和土地使用；土地和交通的发展和经济状况；中央、地方和其他城市与区域发展机构有关的职责和权力，以及整个地区的人口、就业、人均收入及经济发展预测等。

然后，根据上述研究，设计出动态的城市成长模型，表示系统中各部分之间的关系以及对人口、就业和土地使用布局的影响。同时该模型还必须包括反映交通设施的数量、质量和区位的各种变量。

与此同时，还必须塑造相应的交通模型，以反映各区之间交通出行的发生、分布和路线的分配等。这种交通模型可从关于土地使用和其他交通发生源的起讫点调查资料中得出。* 此外，关于预测交通流量网络分派和不同交通工具分派方面的有关模型也是必需的。

具备上述工具之后，规划目标和所应遵循的原则必须明确，以便于制定各种可行的用地和交通规划方案。

现在可假设交通政策比较稳定（例如过去的趋势将继续下去，建设道路、公共交通以及停车限制等政策仍然继续实施），利用城市发展模型可求出初始的人口和就业的空间分布形式，并可据此设计出若干种不同的交通规划。就公共交通和私有交通而言，每种方案可能均各有所侧重。接着可再次应用城市成长模型，但这次需考虑每种方案交通通达性的不同以及它们对人口和就业空间分布的影响。至此，我们业已建立了一系列同一类别，但大体相同的土地使用和交通规划方案。然而，对公共交通和道路网还未加以检验以测定未来交通流量对其规模和服务水准的要求。因此需要利用交通流量分配模型来求得所需的数据资料。通过研究可知，某些规划方案可能根本不合实际。例如有的方案由于过去依赖私人小汽车，需花费巨额投资，大量修建新路；有的方案又可能因过于依赖高水准的公共交通，所以投资费用太高，难以实施等。在排除某些显然不切实际的方案之后，可对其他方案进行初步的成本效益分析，以便决定公共交通和私人交通的最合理组合。

这时可找出某种近乎最佳的用地交通规划，它既符合需求，又切实可行。然后，还需对用地分布和交通系统加以不断地调整以求得二者之间的最佳平衡（同见 Chapin，1965，p.458）。

除此而外，规划制定过程还涉及投资和基建成本估算，实施规划方案所需要采取的措施和权力等。为保证交通系统在各个阶段能够有效地工作，进行长期发

---

* 现如今，我们构建适合现阶段规划编制过程的简单交通模型成为可能，模型无需对运输进行特别详细的调查或是对家庭、企业等进行抽样拜访，与之相反需要"土地利用数据"（例如区内居民、工人、楼面面积）以及经校对的简单的交通容量数据，甚至需要使用假设或"虚构的"参数。显然，这种模型旨在用于规划编制但不能用于道路、交叉路口等的详细设计（Jamieson，MacKay and Latchford，1967；Farbey and Murchland，1967）。

展阶段研究也是必不可少的。与此同时，为了拟定详细规划，例如道路、公共交通、文化娱乐、文教卫生等分项规划的需求，规划还要有修改补充的过程。

倘若本书严格按照第五章所描述的理想的规划过程加以阐述，则首先要论及的应是对不同规划方案的评定，然后才能探讨规划的形式和内容。但显然按这种程序处理是不可能的，为方便起见，这里首先对规划形式和内容加以描述。

规划的形式和内容

在第七章和第八章中业已讨论了对城市系统的描述、预测和模拟，同时也略略提及了规划的形式和内容。当时曾论到对城市系统的描述关键在于描述各种活动及其空间的区位和规模以及交通流量和交通模式。这种描述也就构成了对系统状态的系列描述，也即对系统发展轨迹的描述。在前文业已讨论了如何应用预测和模拟导出系统变化的轨迹。下面将讨论如何选择其中较为理想的一种作为所应推荐的规划方案。因此城市规划的形式实际上就是城市系统在某段时间间隔内（如五年）的发展变化轨迹。规划的表现形式应尽可能清楚明了，便于日常控制和管理工作的进行。此外，为使公众了解，规划要综合全面，同时也要便于规划师以及其他专业人员的应用。显然，规划的主要文本应利用一切可资利用的表达手段，包括文字、图纸、表格和图表等。现在对规划的内容加以探讨。

规划内容的核心是规划技术部门所编制的系统状态的发展变化轨迹，其中包括反映位于城市各个微小地段内的各种活动数量的图纸和表格等。这些微小地段将是所有技术工作所使用的基本空间单位。例如，如果基本空间单位选作一公里见方的测量格网、行政区或教区，则对系统状态的描述必须表明位于所有这些空间单位内或所有集群空间单位内各种活动的数量。如果活动的构成包括两类人口，一种社会经济指标和四种经济活动，则对每个空间单位内活动的系统状态的描述就涉及七种不同的数值。例如，假设空间可划为农业用地、非农业用地、空地、住宅数量、商业建筑面积、工业建筑面积，则每个微小单位系统的空间状态就需要使用六种不同的数字加以表达。

对交通系统的描述可通过对每种主要交通类别（例如高峰流量、工作交通、小汽车等）的区际流量矩阵图表表达。如果应用了流量网络分配技术，就无须对此再重复描述。否则，就须绘制相应的流量网络分配图示。

这些表达系统在每个时间周期内届时状态的系列文件是规划师所必需的。但有时规划师或许感到还有必要使用其他一些手段来加强对系统的了解，他们往往要根据上述文件绘制出一些简单明了的彩色图表以表明各个阶段中城市或区域的形态、主要用地以及交通网络的情况。图上一般要注明人口、就业、各种活动用地的数量以及其他有关项目等（图 9.4）。如果能将变化的情况和与前期情况的不同也在图上表达出来，将会更有帮助。某些主要活动可能需要单独表达，如在每个阶段所需新征用的居住用地、居住区改建和重建等。同样道路和公共交通系统也需要专门描述。在有些地区，如海滨和内陆风景地带，休假娱乐活动是非常重要的，也需分门别类、单独研究（见下一页）。

但这些数字和图表必须附有详尽的文字说明。下面所做的说明仅是一种示范，绝不应将其视为值得效仿的楷模。因其所表明的无非是泛泛而论的规划内容而已。

首先应该告知公众，特别是广大外行公众：规划文件具有何种法律效力？公众去哪儿可以提出自己的意见和要求？该规划的批准时间、编制机关以及该方案是征求意见稿还是最终定局等。规划报告中对规划目标的阐述必须尽善尽详。例如到 1990 年城市人口将增至 95 万，人均收入将达到 ××× 英镑等。此外报告中对讨论制定规划目标的依据也要一一罗列出来，对提供有关依据的机构也要附以必要的说明，包括规划目标是否由专业规划师根据最完善的资料而导出，是否经由公众机关核定等。某些规划目标随行政区划的不同而有些差别，对此也应尽可能加以详细说明。例如，郡级行政单位既要受国家和区域规划目标的影响，同时也受其上级地方政府以及其他地方机构（例如产业和社会福利团体等）规划目标的影响。当然阐述说明这类问题有时并不可能，也许有时规划的依据只是某些设想和假定。例如政府对就业增长以及对交通和住宅的投资额的增长预测等。因此规划对这些假定的理论基础以及它们对规划内容的影响必须详加说明。

对规划所涉及的各项内容，例如人口的变化、就业和用地的增长等也要加以说明，但对人口预测、建设密度等详细情况可列入附录。同样，对这些变化也应按时间周期分阶段加以表达。政府政策、社会和技术发展以及其他条件所产生的变化对各个发展阶段所产生的影响，也要加以区别和估计。例如，经济发展预测的直接依据是政府政策保持不变，那么在规划中对因政策改变所产生的影响也要区别对待。

规划的主要内容应是关于城市系统的各要素（例如人口、就业、娱乐等）的空间分布形式以及规划方案选定的说明。对每种方案的优点要加以说明。同时也要解释每种规划方案可分别自成体系以及各种方案对土地使用和交通模式的影响。对所导出的城市系统发展变化轨迹——也即主要项目空间分布连续状态的说明也需尽可能完善。除了文字材料外，还要辅之以统计数字图表等形式，同样对于导出结论的技术论证部分可列入附录之中。

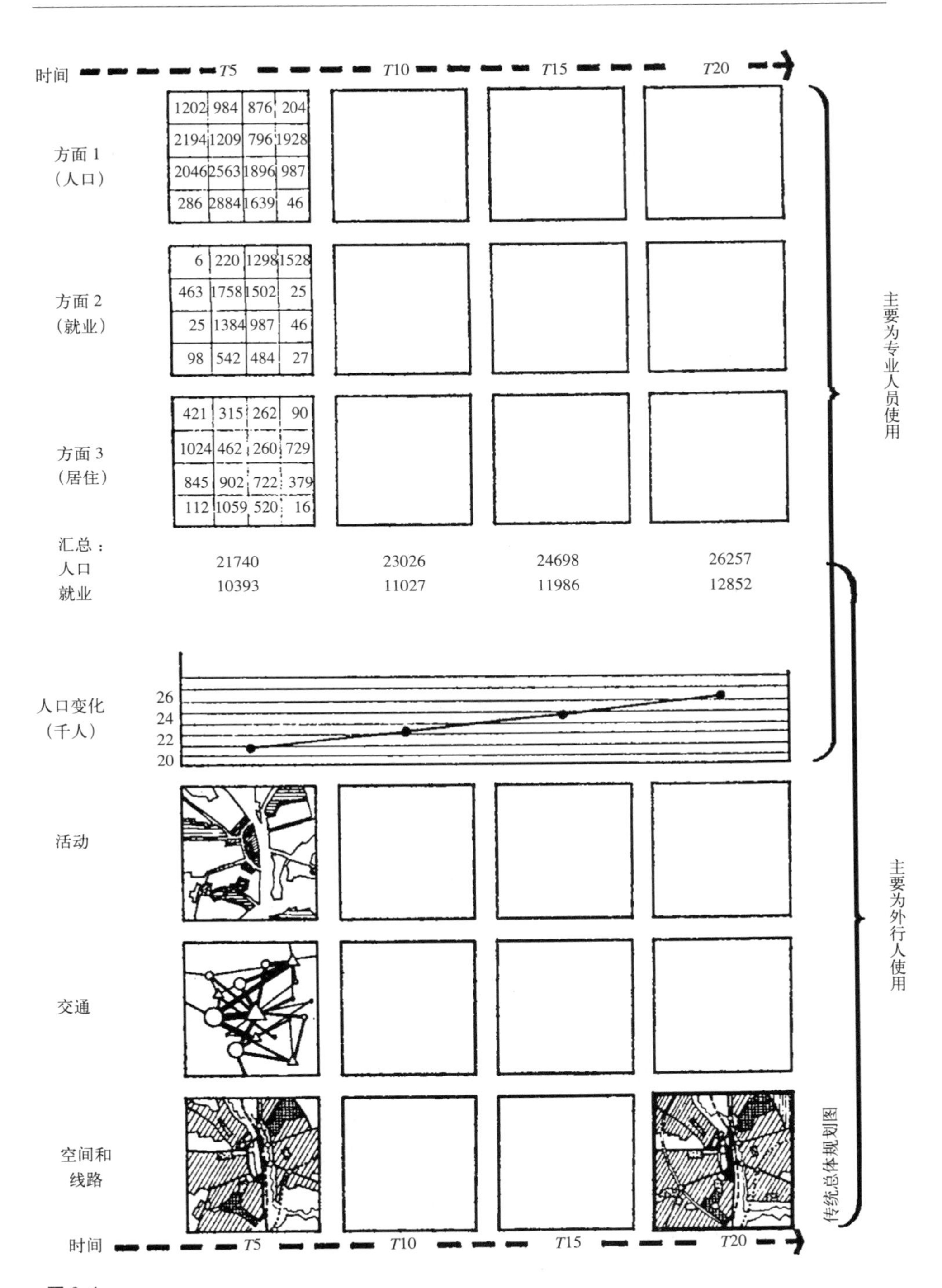
时间
T5
T10
T15
T20
方面 1
（人口）
1202 984 876 204
2194 1209 796 1928
2046 2563 1896 987
286 2884 1639 46
方面 2
（就业）
6 220 1298 1528
463 1758 1502 25
25 1384 987 46
98 542 484 27
方面 3
（居住）
421 315 262 90
1024 462 260 729
845 902 722 379
112 1059 520 16
汇总：
人口
就业
21740
10393
23026
11027
24698
11986
26257
12852
人口变化
（千人）
26
24
22
20
活动
交通
空间和
线路
传统总体规划图
主要为专业人员使用
主要为外行人使用

图 9.4
模拟过程输出

对规划方案的评价标准也要一一罗列出来并附加分项和总体说明。如果要略去某些非必要的评价标准，也需阐述其理由。对于评价标准和规划目标之间的关系也要予以指出。最后，进行综合标准评定时对每项标准所附加的加权系数也要论证其加权理由，并要举例说明变动加权值所可能产生的影响。因为有时推荐规划方案的导出可能归之于某些加权的特定组合。例如，总交通时间和新住宅建设用地的加权组合如稍有改变可能会导致不同规划方案的当选（Hill，1968）。所以对评价标准的选择以及每种标准的加权值需要加以充分的说明，如果想减少评价标准的类别则尽可能换之以货币单位来表达，同时对换算的根据和理由也应予以说明。

最后还需对用地和交通模式的发展变化过程用文字加以说明，其中包括扼要的阐述规划区在既往年代的发展变化，要强调指出某些重要因素对该地区的影响，如基础产业的技术更新、某条干道的修建以及新开发的矿产资源对发展的影响等。

其次，对系统在规划年份的现状也要加以文字说明，并指出空间规划所应处理的问题。然后对系统在规划中各个未来阶段的状况也要加以文字说明（当然要附之以相应的图表）。对拟建的重大项目的建造时间和先后顺序要重点阐述。

此外，规划中关于业工、商业和其他活动对于地点、建设、交通以及工作生活环境的质量等方面的要求也必须加以说明。例如，某些地段限制住宅的建设应解释理由，同样其他地区如鼓励商业的发展也应加以详细说明。

对有些规划内容，图纸、数字等已做了清楚的表达，因此切忌再用文字重复描述。相反，规划文本应集中表达那些只适于用文字阐述的内容，它不应成为图表文件的副本，而应作为它们的补充。

资料来源、调查分析方法、预测、模拟以及评价技术的各种细节应列入规划附件。同样，关于规划实施、管理和修改方面的内容也应列入附录（见第十一章）。此外，为了预测、模拟、控制和资料的改进与提高，不妨建议由规划当局或其他机构对某些项目单独加以研究以及如何对资料加以管理等。

简言之，用地和交通总体规划的形式和内容要满足下列要求：

1. 清楚地表明城市系统在某些特定系列时间内的状态；

2. 能够使广大公众、民意代表以及专业规划师精确地了解规划的意图；

3. 要清楚表明规划依据、规划目标以及规划设计标准；

4. 要表明如何对城市系统进行连续管理，以提供实施规划的方法和手段；

5. 利用一切可资利用的手段，包括图纸、图示、图表、数字统计以及文字表达等方法。以便上述四项要求尽可能得到完整清楚的表达。

第十章
规划方案的评定和选择

现在讨论如何对不同规划方案的优劣加以最后的评定。但规划的评定、判断和选择并非同时发生于某一时刻。正如第四章所论，不可能将整个规划过程明确严格地划分为几个不同的阶段。例如目标的确定和模拟紧密相关，而模拟又和资料调研不可分割；再则发展控制和重新修改审定目标关联密切。实际上在规划设计阶段不时涉及对它的评定问题。本章所列几种评定方法，将会在不断的试验和调整的模拟过程中得到发展。例如对某些规划内容的评定以及对某些指标加以小型量化测定和鉴别有可能导致对某种规划方案的否定和修改，或导致几种不同方案的合并以求出更好的，或许也是更可行的规划方案。

在前面的章节业已论述了个人或团体，包括家庭、公司、社会团体等如何调整各种可行方案，并对它们加以评定，以便从中做出选择。此外，人们制定规划时所依据的信息资料往往是不完整的，其中关于可行机会以及实际成本和效益方面的信息资料也是如此。但不管怎样，就个人或团体而言，因其所考虑的仅是那些能够影响到他们切身利益的问题，因此较为有限，对更广泛的激荡性影响则很少考虑。

但规划师的情况则与此大不相同。他要考虑每种方案的社会成本和效益。但究竟何为社会成本，尤其是何为社会效益，又很难找到明确的定义。此外，在理论和实践方面，福利决策又具有先天性不足，因此使得规划方案的选择变得异常困难。对此可换用简单的语言来阐述：根据古典经济学理论，在自由竞争状态下稀少商品的分配取决于商品的出售价格和消费者的相对支付能力；但如果从公众利益考虑问题，也即自由竞争和企业主追求最大利润法则均不存在时，则在理论和实践上都会出现一些问题。举例言之，在自由竞争的情况下，某条滨河道路的两名冰淇淋商贩在顾客分布均匀的情况下，将会在道路中点处并行设置服务摊点。但与此相反，为缩短顾客总的购物路程，公共官员则会要求他们将摊点分别设在道路四分之一和四分之三两处（Alonso，1964b）。

更难办的是现代社会的组织形式较以前更为复杂，并非仅由处支配地位的少数社会精英和处被支配地位的芸芸众生两部分人所构成。第二次世界大战之后，初级和中级教育在英国得到了广泛的普及，同时接受高等教育的人数也与日俱增，越来越多的人成为教育良好、有一定主见的有识之士。因此政府部门和有关立法所服务的对象不是一个人而是众多观点、喜好和气质均不相同的个人和集团。所以规划以及其他很多政府活动在判断不同的方案对公众究竟产生何种影响时，感到困难至极，难以做出抉择。

这些问题在理论和实践方面逐渐受到了人们的关注，但至今仍然处于争论阶段，难得有何定论问世。在社会和政治领域内，有些研究达到了很高的理论水准；在福利经济领域内，有些研究解决了一些实际问题；此外，有些研究则探讨了社会成本和效益的定义和量度方法等，并对具体实践问题进行了广泛的探讨和具体的验证。

本文无意也不可能对这些问题做详尽的阐述。在此提出这个问题，无非是想提醒读者认识到该问题是复杂的，以便当规划师宣称某种规划方案符合大众利益的时候，能够判断其论断的可靠性。下文讨论的几种方法，均很不成熟，并未得到明确的肯定，尽管它们比自 19 世纪起沿袭至今简单的现代规划方法要先进得多。

前文对规划过程中的目标制定阶段业已进行了探讨，从中可得出规划方案评定所应遵循的指导原则。首先应强调的是综合评定，对此弗里德曼（Friedmann，1965）称之为对系统的整体评定而非对系统的局部或子系统的评定；第二，规划目标最终要转换成判断系统工作状况的标准，并据此导出具体的准则，以便对不同规划方案加以鉴别、测试和评定。换言之，也即规划方案评定的总原则是衡量不同方案满足所有既定规划目标的程度。

下文将简要介绍三种复杂程度各不相同的评定方法，它们在对一些非量化指标加以量化分析方面也存在着一些差别。这三种方法是：成本效益法、平衡表格法以及目标趋近法。

成本效益法

该方法借用了企业管理的理论，以求在不同的方案之中简单地确定效益最大，也即成本效益之比值最小的方案（Prest，Turvey，1965；Mao，1966）。该方法主要仰赖于量化分析。为便于阐述，可对此举例加以说明。假设有六种不同的规划方案和下列五种方案评定标准：

1. 将平均每栋住宅课税额由 1961 年的 100 英镑增至 1986 年的 130 英镑（物价不变）；

2. 将城市毛密度由 1961 年的 11.3 人／英亩降至 1986 年的 10.4 人／英亩；

3. 缩短城市总的工作交通里程；

4. 市区和郊区任意两点间的道路交通选择自由最大；

5. 保护城市景观，并尽可能提高教堂地区、滨河两岸以及北部俯瞰城市全貌的景观效果。

根据第一项标准评定，开始要逐个估算每个方案截至 1986 年底住宅区建设的总费用，其中包括征地、基地整备、房屋建造费等。每个方案的效益，可通过课税额的增值（绝对增值或增值百分比）来表示。按第二项标准评定，需估算降低密度所需总成本，其中包括第一项中所列成本和为降低密度对居住区进行拆迁改建所需成本。每种方案的效益则以与密度指标 11.3 人／英亩的差距程度来衡量。第三项评定指标比前两项更为困难，因为减少工作交通里程所涉及的就业区位调整或居住区位调整等与缩短总的工作交通里程之间，并无直接关系。克服这种困难的唯一办法是根据经验判断哪些行动有助于缩短工作交通里程，并采用同一种标准估算每种规划方案所需的费用。对其所获得的效益可用总人公里、总人小时或其他量度总工作交通的计量单位来表达。第四项成本可用道路投资来表达，但应包括维护费用在内。其效益则可使用第六章中所介绍的道路网连接系数来表达。传统的成本效益分析方法可能并不适用于第五项标准，因为该标准涉及大量主观臆断以及一些无法量化的评定要素。鉴于该项指标将在其他评定方法中探讨，这里就不再费笔赘述了。

按照上述五项标准分别对六种规划方案评定之后，需将评定的结果加以汇总，并对每种方案给出总的评分。以第一项标准为例，1986 年住宅课税增值所需成本可用每增值 1 英镑课税额，不同方案所需的不同成本来表达，然后再对它们进行分析对比，其结果可列下表：

规划方案	*A*	*B*	*C*	*D*	*E*	*F*
平均单位住宅课税额增值 1 英镑所需成本（百万英镑）	10.3	11.2	9.8	9.7	10.1	10.5
住宅建设总成本（百万英镑）	63.7	70.1	62.6	63.3	65.2	69.3

对第二项评定标准而言，可用单位密度每降低 0.1 人／英亩所需成本来表达，

这样可列下表：

规划方案	*A*	*B*	*C*	*D*	*E*	*F*
平均密度降低0.1人/英亩所需成本(百万英镑)	6.2	7.1	6.4	6.9	6.6	7.0

按照第三项标准评定方案的优劣取决于有关交通资料是否足够详细。举例言之，若仅有交通起讫点和交通流量分布的简单说明资料，则只能将每种方案的总人公里或车公里的粗略数字和总投资以及总运营成本加以对比。与此相反若资料很详细，则考虑流量分配时，可与交通网上各路段拥挤成本、交通阻塞成本、运行时间延长成本以及不同的运营及建设成本等结合起来。这样得出的总结果，要比仅用简单的衡量单位求得的结果精确得多，同时对交通成本的估算也比较真实可靠。第三项指标仅仅简单地表明："要缩短总的工作交通里程"，并要求必须做到这一点。但是也应将这些工作交通的成本分析结果同时列出，因为有时成本过高可能会导致对该规划目标的修改或重新审定。工作交通成本分析可如下式：

	A	*B*	*C*	*D*	*E*	*F*
总的交通量（百万人·英里/日）	2.1	2.2	1.9	1.9	1.8	2.0
总交通量（百万车·英里/日）	1.7	1.8	1.5	1.5	1.4	1.6
交通年度成本（百万英镑，1966年物价）	3.2	3.2	3.0	3.0	3.9	3.1
道路和交通总投资（百万英镑）	56.2	59.7	63.1	72.3	68.4	62.0

下表为根据详细的交通成本资料得出的不同计算结果：

	A	*B*	*C*	*D*	*E*	*F*
年度交通成本（百万英镑，1966年物价）	3.1	3.3	3.4	3.6	3.6	3.2
总的道路交通投资（百万英镑）	55.3	60.1	64.7	68.3	73.9	64.7
交通成本比例	26.4	27.3	34.0	36.0	41.1	40.4

关于不同方案对道路交通选择自由之目标要求的满足程度，可用道路连接系数β来表达，对此在第六章中业已论及。

	A	*B*	*C*	*D*	*E*	*F*
路网建设成本及运营成本（百万英镑）	41.3	43.4	48.6	52.7	50.2	49.1
路网连接系数	1.38	1.41	1.36	1.40	1.29	1.35

最后对于第五项中所提到的景观保护目标，不适于做成本效益分析，因为对景观保护所需成本虽可以勉强进行估算（例如，拒绝某类建设项目的申请所导致该地区不动产税收和租金的减少，建筑保护及景点设施的成本等），但这样做所得到的效益，目前还难以找到适当的量化处理方法。因此在进行严格的成本效益分析时，必须将这些项目排除，尽管不同的规划方案在景观效益方面可能有明显的差别。

进行上述分析之后，接下来要将上述分项分析所得出的结果加以合并，从而得出统一的得分数值，并按优劣不同顺序排列起来。这时可能会碰到该方法的主要困难，实际上也是所有多方案比较分析方法所共有的难题。因为虽然很多或几乎所有的成本均可用货币单位来表达，但是与成本对应的效益则无法换算成币值。所以对不同的计量单位难以合并成统一的数值。例如，单位住宅课税额每增加 1 英镑就不能与道路网连接系数增值 0.1 直接加以对比与合并。如何解决这个问题，从而找出最佳规划方案呢？下文所采用的方法是将不同方案对某项目标的趋近程度用序位来表达：

目标	方案					
	A	*B*	*C*	*D*	*E*	*F*
课税额增值	4	6	2	1	3	5
密度降低	1	6	2	4	3	5
交通里程缩短	5	6	2	3	1	4
线路选择自由最大	3	1	4	2	6	5
总计	13	19	10	10	13	19

上列表中所示结果说明方案 *C* 和 *D* 为最佳，其次为方案 *A* 和 *E*，方案 *B* 和 *F* 最差。但采用这种方法的前提条件是每种目标均为同等重要，但实际并非如此。有些目标可能比较重要，有些目标则可能次之。这可通过常用的加权方法来解决。例如，可假设密度降低最为重要，接下来依次为缩短工作交通里程、交通线路的

选择自由和住宅课税额增值，然后对它们分别给以 5、3、2、1 的加权系数。这样就可将上式换算成下表：

目标	加权系数	方案					
		A	*B*	*C*	*D*	*E*	*F*
课税额增值	1	4	6	2	1	3	5
密度降低	5	5	30	10	20	15	25
缩短交通里程	3	15	18	6	9	3	12
线路选择自由最大	2	6	2	8	4	12	10
总计得分		30	56	26	34	33	52
序位		2	6	1	4	3	5

上述分析与第一种方法所得结果有些相同，也即方案 *B* 和 *F* 最差，*C* 为最佳，*E* 为中等，但不同的是它将方案 *A* 提高为第二方案，而将方案 *D* 降为第四方案。虽然在方案 *A*、*E* 和 *D* 之间的差别微乎其微，而且加权系数略为改变，就可能产生完全不同的结果。因为加权系数纯系主观臆定，因此应测试不同的加权值（不改变每种目标重要性的序位）以了解最终排名是如何变更的。这样做可审慎地澄清数值极为接近，但序位不同的方案二、三、四和六的准确地位。

但上述分析的对象仅仅涉及了各方案的效益，现在应对产生这些效益所需的成本一并加以考虑。每种方案的成本估算如下表所示：

成本（百万英镑）

目标	方案					
	A	*B*	*C*	*D*	*E*	*F*
课税额增值 密度降低 }	63.7	70.1	62.6	63.3	65.2	69.3
缩短交通里程	55.3	60.1	64.7	68.3	73.9	64.7
路网选择自由最大	41.3	43.4	48.6	52.7	50.2	49.1
总计（百万英镑）	160.3	173.6	175.9	191.3	189.3	183.1

从上表可知，方案 *A* 最为经济，接下来依次为方案 *B*、*C*、*F* 和 *E*，而方案 *D* 成本最高。但我们所关注的只是成本与效益二者之间的关系。成本一般均可用货币单位来表达，但对效益的测定则各不相同，只有加权序位是唯一通用的测定效

益单位。采用这种方法对成本效益做比较分析时可取两种形式：第一，可分别对每种方案的成本和效益的序位进行比较，例如：

	方案					
	A	*B*	*C*	*D*	*E*	*F*
效益序位（加权后）	2	6	1	4	3	5
成本序位	1	2	3	6	5	4
合并后序位	3	8	4	10	8	9

或者也可将加权序位之指数和做为效益指标的倒数（也即序位数值愈降，则该方案的效益得分值愈高）并将其与相应的成本相乘，其结果如下表所示：

	方案					
	A	*B*	*C*	*D*	*E*	*F*
总成本 × 加权序位指数	160.3 30	173.6 56	175.9 26	191.3 34	189.3 33	183.1 52
= 最终成本 / 效益 （简化成两位数）	48	97	46	65	62	95

现在可得出如下结论：根据规划目标的要求，各方案趋近目标的程度以及它们所需的成本，可知方案 *C* 为最佳，方案 *A* 略次之，方案 *E* 和 *D* 为中等，而方案 *F* 和 *B* 则因耗资过大，趋近目标有限，可不予考虑，但在最佳方案 *C* 和仅次其后的方案 *A* 之间所存在的差别微乎其微。鉴于成本效益分析方法比较粗糙，测定有所失误，某些假设又多属臆断，因此仅仅根据这种分析所得出的结果，不应贸然宣布方案 *C* 为最佳并建议付诸实施。如果成本效益方法对方案的评定只能做到这种程度，则我们还需进一步做一些工作。对成本效益方法所不能处理的其他要素，特别是那些难以量化的项目加以分析评定，这时可采用平衡表格法来处理。

规划平衡表格法

该方法最初系由利奇菲尔德（Lichfield，1956）所创造，它极大地扩展了成本效益分析技术的应用。利用该方法可对规划方案的所有优点和不足加以评定，并测定它们的影响范围。此外，还可对成本和效益充分予以量化。借用该方法可使我们选择能够最大限度地满足规划目标要求的方案。

利奇菲尔德的方法首先将规划方案视为由许多单个发展项目所组成的系列(Lichfield，1964 和 1966)，然后将每个发展项目的生产、运营和消费各方（公方和私方）一一开列出来。并对各项目所需成本和效益以及它们对城市所产生的影响逐项加以评定。每一项目都尽可能以货币单位或其他可测定的实际单位来表达，同时对无法测定的效益也一一列出。用这种方法所得出的初始数字表格还需仔细检查以避免重复计算，然后列出下列平衡表：

规划平衡表

生产者	方案 A				方案 B			
	效益		成本		效益		成本	
	资本	年度	资本	年度	资本	年度	资本	年度
X	£ $_a$	£ $_b$	—	£ $_d$	—	—	£ $_b$	£ $_c$
Y	i_1	i_2	—	—	i_3	i_4	—	—
Z	M_1	—	M_2	—	M_3	—	M_4	—
消费者								
X'	—	£ $_e$	—	£ $_f$	—	£ $_g$	—	£ $_h$
Y'	i_5	i_6	—	—	i_7	i_8	—	—
Z'	M_1	—	M_3	—	M_2	—	M_4	—

来源：Hill（1968）Table 1。

上式中 X、Y、Z 代表生产者一方，而 X' 、Y' 、Z' 则代表同一集团中的消费者一方。符号 £ 代表可用货币测定表达的项目；M 则代表其他可实际测定表达的项目（如矿产品、电力、每日交通量等）；i 则代表无法测定的成本和效益。这些可用年度成本效益或长期成本和效益两种形式表达，方案 A 和方案 B 的总成本和效益也可分别求出。用同一量度单位表达的其他项目所需成本和效益也可合并在一起，这样便可得出每种方案所需的总或本和总效益，其中包括以货币单位表达的成本效益，以其他量化单位表达的成本效益以及用文字说明表达的无形成本和效益。

利奇菲尔德声称：规划平衡表是进行合理决策、对不同规划方案加以比较分析从中进行选择的基础。对成本和效益的量度固然是我们所期望的，但也并非缺此不可。该方法的核心在于准确地描述货币、有形与无形成本和效益，以便规划师能够据此加以平衡，同时该方法清楚地告知人们谁是受益者，谁又是作出贡献的一方。

在最近发表的文章中，希尔（Hill，1968）对规划评估方法进行了回顾，并对利奇菲尔德的规划平衡表方法进行了批评，因为“该方法似乎忘记了成本和效益充其量只不过是一种手段。只有将它们与目的联系在一起的时候，它们才具有实际意义。所以抽象地追求最大效益是毫无价值的。只有当目标相同的时候，对成本和效益进行比较才是可取的。”他认为：如果有的目标对整个社会或对社会的某些阶层意义有限或毫无意义，那么对它所做的成本和效益分析对整个社会或社会的某些阶层自然也就毫无意义可谈。他引证了利奇菲尔德在对旧金山历史性古建筑的研究中所制定的许多各不相同的评定目标做为例证来阐述其观点，并做出结论说：“如果社会公众并不想保存其历史性建筑，那么规划分析人员将有历史价值的建筑的消失作为支出成本计算就是不合理的，即使他个人坚信这是一种损失。”

成本效益的分析方法是三十多年前为某些特定目的而研究出来的，其致命弱点在于把经济效益做为唯一的评定标准，而忽略了其他价值的存在。与此不同，规划平衡表方法则致力于进行综合的分析评定，所以可说是朝着正确的方向迈出了一大步。但也许走得稍许过头，又超出了规划所应致力的公众目标所限定的范畴。希尔提出了另外一种可克服上述缺陷的方法，并相信它可成为多方案评定的基础。

目标趋近矩阵评定法

该方法有两个显著的特点：第一，规划目标尽可能取可测定的形式。换言之，对这些目标的趋近或退离可用适当的方法加以度量；第二，按照各项目标对各阶层重要性的不同，分别给以不同的加权系数，并将它们分别与趋近目标所需的成本和所获效益相乘。

根据第二特点的要求，应正确地划定不同的阶层。这可根据家庭收入、职业、地点或其他特点来加以划分。各阶层为趋近规划目标所采取的措施而付出的成本可用加权的方法来处理，以便反映同一目标相对各阶层的重要性亦不相同。对所获得的效益也取同样的方式来表达。

随着时间的流逝，每种目标的相对价值可能会发生变化，一度曾为最重要的规划目标可能降至中等地位，而过去较低等的目标可能一跃成为最重要的规划目标。对这些剧烈的变化。可通过变动加权系数来调整。正如希尔所论："所有目标的加权系数之集合，可视作整个社会所持有的公正概念的一种反映。"

方案的成本和效益要和其趋近或退离目标的程度结合在一起。在进行量化分析的时候，对成本和效益应取同一度量单位。下表是希尔采用目标趋近法对规划方案进行评定分析所得出的结果。

目标	目标 α 加权系数 2			β 3			γ 5			δ 4		
组别	加权系数	成本	效益	加权系数	成本	效益	加权系数	成本	效益	加权系数	成本	效益
a 组	1	A	D	5	E	—	1		N	1	Q	R
b 组	3	H		4	—	R	2		—	2	S	T
c 组	1	L	J	3	—	S	3	M	—	1	V	W
d 组	2	—		2		—	4		—	2	—	—
e 组	1	—	K	1	T	U	5		P	1	—	—
		Σ	Σ					Σ	Σ			

表中 α、β 等分别代表规划目标，其加权系数分别为 2、3 等。加权系数的取值大小，主要根据公众的希望以及所存在的问题而确定。式中 a、b、c 等代表不同的阶层。他们对同一规划目标的看法均不相同，对此亦用不同的加权系数值来表达。例如，目标 β 对 c 组人员来讲，加权系数为 3，但对 A 组人员来讲，其加权系数为 5。表中字母 A、D 等分别代表可用货币单位或其他可测定的量化单位所表示的成本和效益。如果某个目标的所有成本和效益均可用同一计量单位来表达时，则可将其汇总得出总成本和总效益（表中对此采用符号 Σ 来表示）。显然对不可计量项目，则无法得出汇总结果。

在极个别情况下，所有目标的成本和效益均可用同一计量单位，而且往往采用货币单位来表达。

下面要处理的问题是如何将有形的成本效益与无形的成本效益加以比较。希尔认为：有形与无形之间的差别是人为的，这正如说某个物体是某种颜色，只不过是说该物体所反射的光波有多长而已。虽然对无形成本效益的测定一直在发展，但仍然缺乏有效的量度单位对其加以判别和评定。希尔强调：正确的选择和使用量度尺度（例如，名次、序位、差别和比率等）是非常重要的。对此希尔曾列举了一些例证，以便具体说明怎样用这些尺度来度量某些规划目标的成本和效益。

希尔在他文章的最后一部分探讨了评定结果提交决策人的几种方式。第一种方式是，规划师将方案的评定结果（如上表所示）不加任何评论地呈交给决策人，由他们对各目标的加权值进行讨论和修改；第二种方式是向决策人呈交评定结果概要，并推荐应采纳的也即得分最高的方案。虽然这种方法与利奇菲尔德的规划平衡表格法一样，将不同的规划目标的成本和效益汇总在一起，并为此受到了很多批评，但利用这种方法毕竟能够对各方案满足目标的程度可很容易地得出汇总的结果。由于不同规划方案采用同一评定单位，所以很容易对不同规划方案加以对比。最后一种方法，也是最简单的一种方法，是用序数来度量所有的成本和效益。如果趋近目标则给以 +1 的正值得分，0 代表对目标无作用，而负值得分则代表退离目标，对它们的加权系数同常用加权系数相同。

	目标 α：加权系数 =2			目标 β：加权系数 =1		
	分组加权	方案 A	方案 B	分组加权	方案 A	方案 B
a 组	3	+6	−6	3	−3	0
b 组	1	−2	+2	2	0	−2
		+4	−4		−3	−2

来源：Hill（1968）Table 3。

方案 A 得分 =+4−3=+1

方案 B 得分 =−4−2=−6

因此方案 A 优于方案 B。

希尔承认，目标趋近矩阵法成本昂贵而且复杂，不容易很快地得出所需结果。但应该承认，该方法能够对复杂的城市发展过程加以客观的表达。希尔认为，选择何种加权系统是该方法的关键。假如加权系数不能客观地反映现实，则其所得结果就毫无价值。此外，由于该方法忽略了不同目标之间所存在的相互制约关系，因此其应用仅限于项目单一的规划方案评定。

选择何种评定方法？

本章开篇之初，曾论及对规划方案评定尚处于探讨阶段，难以得出定论。这对于发展变化如此迅速的课题并不足为怪。上面所介绍的三种方法或许有助于规划师进行多方案的选择，但应该承认这些方法的价值只不过是对方案选择的过程加以指导。它们均有各种缺陷和不足，所以还不能按照这些方法进行方案选择。

利奇菲尔德和希尔两人均正确地指出多方案、多目标的选择是一种极为复杂的过程，并承认他们和其他的作者（如 Bruck，Putman，Steger，1966）的方法只不过是协助决策，这实在并非谦谦之词。实际上进行决策是一种复杂的社会和政治过程，他们只不过是提出了一种还在酝酿之中的半成熟工具而已。

在 20 世纪，出现了对决策颇有影响的两种势力集团，也即政府机关和它们的咨询专家。显然专家提供的信息越有效，则越有助于政府在正确的引导下做出卓有远见、负责和合理的决策，这无疑符合社会大众的利益。但是如何对高度复杂的系统进行合理的分析，至今尚无重大突破。这正如消费者对汽车、冰箱以及其他家庭服务设施如何做出最佳购买决策一样，很难有一定之规。他们也面临着确定购买标准并给以不同加权系数的问题。结果，在进行一系列分析之后，总是以人们的价值观念以及他们的需要和欲望是进行决策的关键因素而使分析告终。

迪克曼（Dyckman，1961）曾对规划和决策理论进行过精辟的论述。他说，在多元化的现代社会中，关于复杂系统的决策不应使我们过于苦恼。我们在市场、法律和政治决策方面业已建立了很好的理论方法。希尔的理论似乎支持了迪克曼的论断，也即将目标趋近得分表呈交给决策人，鼓励他们尽职尽责选择应予以优先考虑的目标——决定不同加权系数值的基础。

另外需在这里指出的是，弗里德曼（Friedmann）将城市和区域系统的综合指标应用于国家一级。并对国家规划目标的选择作出了有益的帮助。

但目前最重要的是通过使用更好的、更有效的方案评定方法在规划师和社会公众之间建立紧密的联系，以便能够帮助公众了解规划，并在所“抛售”的不同方案中作出选择。

第十一章
规划的实施：对系统的引导、控制和调整

本章讨论规划循环过程的最后环节，也即规划的实施。在第四章曾论及了规划的实施实际上是对活动施加控制。这里所说的控制，含义较广，即包括否定式的消极控制，又包括诱导式的积极控制。此外，控制的目的是使发展符合规划所制定的方向，也即将任何偏离系统目标的行动控制在所允许的范围之内。这种定义是普遍可接受的（Johnson，Kast and Rosenzweig，1963）。

在第四章也曾简要论及对城市和区域的控制，其方法是每隔一定的时间周期即将城市和区域的届时现状与所规划的状态进行对比，找出偏差，然后定期采取相应的纠偏措施。本章要对上述概论作进一步探讨，并参照前面章节所论方法对规划的实施作详细深入的探讨。

根据第八章和第九章所论，城市和区域系统规划就本质而言是该系统未来发展的系列轨迹。其一般表达形式是多组矩阵和图表，分别阐述系统在未来各个时期的届时状况，包括活动、空间以及交通和线路状况等。对活动和空间的表达则与规划区内的次级地理单位，如人口普查区、行政区、教区、交通区以及 1 公里见方的测量区等结合在一起。

对交通和路线也采取同样的方法来表达，但附以相应的图例，以说明规划路网的分布及今后各个时期每条路线的交通负荷。上述即是系统规划状态的主要内容。

在多数情况下，对系统的实际状态只能部分了解，难以一下子掌握全貌。为了和规划状态进行对比，只能分别从各种渠道获得所需资料，其中包括人口普查以及公开发表的关于商业、生产和道路交通等方面的资料；劳工部发布的关于就业地点、就业人数和就业类别的统计资料，以及其他有关机构的工作记录，等等。上述资料或多或少总是不太符合规划的要求，因此，规划机构必须对此加以修改补充或自己动手进行实地调查。

迄今为止，还难以找到合用的、控制城市及区域发展方面的规划资料，其理由在第八章中业已做了详述。可以预期，今后将每隔五年进行一次全国普查（1971，

1976……)，其结果也会比以前更快地见诸于世。普查的形式和内容也将更适于政府机关，其中也包括规划机构的应用。例如，将来可能对基本人口统计单位——家庭和基本地理分析单位——100 米见方的格网的定义更趋于统一稳定。同时也将给出关于就业、经济活动、小汽车拥有率及家庭收入等方面的更好的资料。但这些资料的质量还有待慢慢提高，并不能完全满足规划的要求。在这种情况下，规划师既不能耗费巨额资金单独组织调查，又不能过于迁就现有的可收集的资料，制定粗糙的规划。因此，只能在二者之间采取最佳的折中办法。

现在假设可在一年之内将所有必要的现状资料收集齐全。换言之，可将对 1971 年年中的规划状态与 1972 年所获得的实际现状（这可从 1971 年的普查资料中得到）加以比较。到 1977 年年中又可将该年度所获得的实际情况与 1976 年年中的规划状况加以对比，并可依此类推。现在假定 1966 年为起始规划年，也就是说当时规划地区的所有基本资料都曾收集整理完毕，绘制出相应的图表，并以此作为人口、就业、住宅和小汽车拥有率等主要预测的基础和起点。

现在假设我们处于 1966 年至 1971 年期间的某时某刻并想检验 1966 年所制定的规划的实施情况。由于系统构件（即空间活动）和系统的连接（即线路上的交通）产生了变化而导致系统的发展和演变。控制的目的在于调节和限制干扰，以使系统的实际发展过程与所规划的发展过程尽可能吻合。每种干扰——也即每种建设申请，包括新建项目、拆迁改建、变换使用性质等，都必须检验其对系统的总体影响以及是否导致系统偏离预定的方向。

申请建设的检验项目，可分为如下四类：

(a) 活动

对拟议进行的活动要检验：(1) 其类别是否与规划所需求的活动类别，如住宅、娱乐以及经济活动等相符；(2) 其规模是否与规划所要求的相符，如：人数、工作岗位数以及产量等；(3) 其他方面是否与规划要求相等，如活动季节性变化和工作时间变动等。

(b) 空间

对拟建立的空间要检验其：(1) 规模和大小是否与规划相符，例如住宅或居住区的数量、建筑面积、停车场面积以及总用地面积等；(2) 区位是否与规划相符，例如能否有碍将来的发展等；(3) 使用强度是否与规划相符，例如人口密度、就业密度等。

(c) 交通

对拟发展的交通项目，要检验其：(1) 交通量，例如就业区吸引的交通流和居住区所产生的交通流的数量和比率是否与规划相符；(2) 交通类别和工具，如私人小汽车、公共交通、航空客运、货物运输等是否和规划相符；(3) 交通频率，例如高峰期间、非高峰时间、每天、每周以及不同季节的交通流量是否与规划相符；(4) 感官质量，如建筑物的布局和组合，建筑结构、景观处理、噪声、空气和水质污染程度是否与规划相符等。

(d) 线路

对拟建线路要检验其：(1) 类别，如 400 千伏架空电缆、单向双车道高速公路、管径 36 英寸的煤气管道等是否与规划相符；(2) 区位和走向是否与规划相符；(3) 连点、进出口和交叉口是否与规划相符；(4) 感官质量，例如交接转弯处的设计和间隔、桥梁设计、堤岸的形式以及景观设计等是否与规划相符。

显然上述所列检验项目仅是示范而已。在实践中可能只对其中的某些项目，或在一定条件之下对其他一些项目加以检验。但这些可划分为四类。

现在可举例详细说明现实与规划加以对比的问题。假设规划区内某居住区拟由 1966 年起至 1971 年止，将人口由 1200 人增至 2000 人。但 1966 年的人口普查证实：该区届时的实际人口是 1350 人而非 1200 人，换言之，也即系统的发展稍稍偏离了预定的轨道。因此，当 1967 年下半年有人申请在该地区征用 30 英亩土地建造 170 套住宅，规划当局是否应批准其申请呢？

首先要审查活动的类别。当然根据申请该项目属住宅类，因此要估算该地区的居住人口等数值。在审定住宅形式、地点及小区布局之后，可采用每户 3.4 人的平均指标测算居住人口，结果得知该地区将新增加 580 人，其总人口也将增至 1930 人。这符合规划要求。

然后要对空间要素加以审议。新建 170 套住宅将导致该地区居住户数由 1966 年的 420 户增至 1969 年的 590 户。这与规划所规定的在 1971 年达到 700 户并无矛盾。然而总用地却提前两年达到规划用地指标。经与营造商讨论，得知所建造住宅为用地标准较高的高收入家庭住宅。这也是导致人口、住宅数量减少以及占去了所有规划预留用地的主要原因。规划人员接下来重新查对拟定规划时的数据资料，尤其是人口和用地密度标准，结果与当初规划要求并无二致。此外，发现假如该住宅项目得到批准兴建，该地区人口社会经济构成中白领阶层比例将高于规划要求，因此小汽车拥有率和购买力都较大。但景观容貌标准和规划要求并无太大差别。

经通盘审议之后可知，对此类建设项目的检验主要分为二级。第一，要考虑其在人口分布、就业区位、主干道和次干道网络的交通流量以及布局形式等方面是否与整个城市的战略规划相符。第二，要考虑项目在道路选线、进出交通、学校、商店、公园和游戏场的区位以及在环境的视觉和其他感官质量等细节方面是否与规划相符。

对任何申建项目，必须按上述两级进行审议。在第一级，也即在城市结构和战略规划一级，以审议活动和交通为主。但在局部地区的详细规划一级，则主要审议项目对空间和线路的影响。

在上述所引例证中，规划人员认为该项目在许多方面均满足规划要求。但是却发现，如该项目被批准兴建，则规划中所规定的密度、社会经济构成，购买力以及小汽车拥有率则会受到影响。因此，需要再做一次简要核对，以检验这些偏差对整个城市战略政策等，将会产生多大影响。

做到这一点，需要重新回顾规划拟定和评价模型。这需要对该地区购买力的增长加以测定，然后再次使用主要商业中心营业额测定模型。所得结果显示，该中心可使周围郊区的营业额大约增长 1%，但对所有其他商业中心的影响则微乎其微。其误差率并未超出 ±1.8%的允许范围之内（误差的原因主要归之于缺乏关于收入、支出和购物旅程方面的详细资料）。使用交通模型得出小汽车拥有率增长对交通流量的影响也并没超出规定。

根据上述结果，规划机构认为该项目的兴建并没违背城市结构规划的要求。所以对其批准与否主要取决于该项目对周围地区的影响。其审查标准主要关于详细规划的内容，如外观、设计形式、景观处理、道路出入口设置以及与原有建筑和环境的关系等。如果该地区未进行详细规划（如对行动区的详细规划），则只能凭规划人员的知识、经验和判别能力等来加以审定。

根据上述结果，在向规划委员会推荐批准该项目时，规划师能够分别阐述该项目的量化和非量化影响效果以及它对其所在的地区和周围地区的影响。

有些地区业已制定了协调今后十年内建设发展项目的详细规划，也可应用上述原理。在上述情况下，只需简单核对建设项目是否符合规划所设计的城市形式，也即仅从空间和线路立场加以检验。审查内容包括住宅形式、建筑面积、进出道路、景观处理等等。但对活动和交通要素同样也需审查。例如，住宅设计是否与规划所要求的规模和形式相同？该项目所产生和吸引交通流量的大小？尽管在空间形式方面建设项目和规划要求相同，但就活动和交通而论，可能会有所不同，这可再次应用规划拟定模型，以测试这些偏差对整个规划区的影响。

综上所述，业已讨论了如何通过对私人建设项目的批准或否决来对系统施加控制和管理。但对公共建设项目，如住宅、医院、学校、游泳池、道路、电厂、车站、商业中心等等也可应用同样的原理。与私人建设项目相比，这类公共建筑项目数量较少，但规模较大，此外，它们的建设时间一般可从中央和地方的有关机构和规划单位得知。这一点与私人建设项目大不相同。有的公共建筑项目，规划对它们的性质和区位业已做出规定。但与私人建设项目一样，它们也需分解成占据空间的活动和使用线路的交通而加以检验（或它们本身就属于交通设施，如：公路和铁路建设项目等）。虽然在英国对政府部门的建设项目施加规划控制的方式有很多不同。但一般而言，它们也应接受同私人项目一样的规划管制。其原因主要有两点：第一，规划当局可能对拟建项目早就有所了解，尽管并不知其细节。但当时为了拟定规划的需要，只求尽可能掌握最完整的资料。然而当项目确定下来的时候，可能与当初设想大不相同。例如，原来的两车道可能改为三车道。某发电厂的设计发电能力，可能会比原规划能力增加一倍，而其规模可能增长三倍。再如，某住宅区可能在用地数量与规划相同，但居住人口可能增长一倍。第二，以往的规划立法使许多公共建设项目免除规划的控制，特别是国家经营的铁路、煤矿以及港口等单位，可在自己辖区土地上建设，无需经规划机构批准，结果常常导致失控现象发生。虽然就物质空间而言，这或许并无太大的影响，但这些项目对城市系统内部的活动和交通的影响，则无法估量。

对此可再举例加以说明。假设在 1969 年初，某中等规模摩托车配件厂向规划机构呈交建设申请，要求建造面积各为 10 万平方英尺的生产厂房和办公室，仓库、总用地面积为 6 英亩，其中包括道路、货场、200 个泊位的停车场以及道路两侧的绿化地带。如果一切顺利，可望于 1970 年 6 月完工，届时职工总数为 230 人，到 1971 年将达到 300 人。

规划人员对该申建项目的下列诸项表示满意：(1) 其区位选在规划工业区内；(2) 用地规模符合规划密度标准；(3) 所产生的交通流量与规划一致。但其存在的问题是：该企业的兴建可能导致制造业总就业人口的过度增长（Lowry, 1964)。

该城市的规划所使用的是经过修改的劳瑞的匹兹堡规划模型，也即制造业和中心商务区的区位和规模决定了人口在整个城市的分布。但受人口分布影响而产生的对住宅用地、学校、商业、游戏场、交通站场等的需求，则比就业布局晚大约五年才能显现出来。因此，若想在 1971—1976 年期间对一些重要方面施加有效的控制，就主要取决于是否能在 1966—1970 年期间对就业岗位的增长和分布施加有效的控制。

该地区 1966 年的总就业人口为 5000 人，1971 年的规划就业人口为 6700 人。

显然对就业人口的控制事关重大，以五年为周期难以精确地测定所需的数值，所以规划人员只能设法对整个规划地区的就业人口按年度加以测定。对此需要考虑各种可行方法。首先，需要按年度获取所有与就业有关的批准项目资料，如工厂、仓库、商店、办公楼、学校等。但是批准的项目未必意味该项目必定上马。所以还需要根据实际动工建设项目记录，核对项目建设与否、其建筑面积以及其他有关细节。这些实际资料比审批记录更为适用，但仍不能令人满意，因为不能根据这些资料测定规划所需求的就业人口。至此，可以肯定地说，关于就业人口的精确数字是必不可少的，只能设法收集。这可从劳工部获取有关的统计资料，也可由规划机构自己直接收集。

这个问题至关重要，尽管对此前文业已多次提及，但仍需要再次重申：获取就业人口的资料并非仅仅便于控制就业人口。它对控制其他重要的规划变量也是极为重要的，其中包括总人口、总劳动人口、学龄儿童数量、退休年龄人口数量、各种车辆数、制造业产值、商业的规模和营业额、用地类别和面积以及交通路网和交通流量等。这里强调指出："控制变量必须与规划变量保持一致，同样所有关键性规划变量也必须通过其控制变量来测定。"

温度调节器是通过温度比较来控制温度的，而蒸汽安全阀是通过压力比较而起作用的。因此内容涉及人口、就业交通量等方面的城市和区域规划的实施，只能将其与人口和就业分布以及交通流量的实际状况加以比较才能做到。规划是统一的，包括很多独立的内容，只是为了方便才将它们分开考虑。但规划能够得以统一的主要因素之一是信息资料的作用，因为究其实质，规划就是一种引导式的控制管理。规划设计资料选择有很多标准，其中关于控制管理的标准最为重要。因为规划若不能实施，即使其设计出类拔萃，规划目标的分析确定十分得体，关于过去、现在以及未来发展趋势的分析又极为精辟，而且也能够得到市民的坚决支持，也只不过是一纸空文。约翰逊等人（Johnson, Kast and Rosenzweig, 1963, p.63）在系统控制通论中说：在所要施加控制的项目与系统运行之间，必须有直接的联系……。要满足这种要求，对控制项目的表达应与反馈中所使用的语言相同。这也是为什么要强调在输出信息之前，必须了解所输出的是什么。

现在必须使用控制论的常用术语来讨论其基本问题。所有高度复杂的系统取得统一或内部稳定主要有两种方式：第一，系统内各部分可通过它们之间的连接体组织在一起；第二，系统对来自外部环境的干扰具有感觉和吸收能力，因此富有生命力，能够按照所期望的方式成长和发展。为了发挥系统的第二种功能，它应具有某些控制器官，使得系统能够感觉来自外部的干扰和威胁，判断它们的影响，并能做出适当的反应。在发挥上述作用的过程中，系统不断地改进其感知功能以便实行有效的控制。

系统所承受的干扰，种类极其繁多。例如动物可能要受其各种天敌所发出的各式各样的攻击和威胁，也要承受各种原因所导致的疾饿的威胁，其身体系统可能要受到肉体或精神上的破坏，乃至于死亡，也即系统的完全失控。社会经济系统也是如此，其内部机体和组织生命经常受到技术发展、战争、饥饿、疾病以及社会集团之间和国家与国家之间抗争的威胁。

为阻止不良结果的出现，如暴乱、内战、极端贫穷等，系统的控制器官必须做出适当的反应，将干扰限制在容许范围之内。这样系统才能继续生存和发展。鉴于外部干扰变化多端，所以系统的控制器官应能随干扰的变化而作出相应的调整。这种情况在日常生活中可谓屡见不鲜。例如，在弈棋或足球赛中，双方各自根据对方的行动而对自己的行动加以调整,以使干扰控制在所期望的范围之内（也即不被对方将军或不让对方进球）。这种情况在其他复杂的系统，如生态系统中也可以看到。由于被捕食动物的行为变异和其天敌的行为变异亦步亦趋、紧密关联，所以生态系统最终能够趋于稳定或达到顶极状态。对此，动物的进化史业已作出了验证。

或许生态系统的进化过于长久，因此难以观察控制调节原理对进化所起的作用。该原理可称之为“变量需求定律”。简言之,任何系统为取得有效的控制调节,其控制变量数目至少应与干扰变量数目相同。在这里无需对该定律加以论证，这可在其他地方找到有力的证明（Ashby，1956，第十一章）。此外，我们所关注的只是如何对城市和区域系统施加控制，没有必要离题太远。

现在可举典型的规划机构为例，对此加以说明。* 复杂的人类环境具有无数的变量，因此为了对某个地区施加控制，就必须大大地删减变量的数目。这可通过制定发展规划来做到。这种规划必须综合全面，所有的政策说明、各种决议、规划的附加条件和法规细则都必须尽量包括在内。尽管规划因过于庞杂经常受到责难（规划顾问组，1965），但同现实世界相比，其变量数目则少得有限。正如我们所知。英国规划控制的基础是要与规划保持一致，所以它面临的问题是：用变量极少的发展规划来控制变量极多的现实世界。

但该控制系统究竟如何发挥作用呢？为什么并没出现绝对失控，而只是出现一些相对失控的现象呢？究其原因有以下两点：第一，也是最重要的一点，城市

* 此段内容归功于比尔（1966，第十三章）的大量研究工作。我强烈建议，想深入了解控制理论基础的读者应拜读比尔的整本书籍。

和区域在很大程度上能够自我调节。以人类为主宰的地球生态系统，20多万年以来，尽管没有得到法定规划的优惠，但却管理得极为出色，因为该系统内部具有数不胜数的内在控制变量或内部调节统一变量。第二，控制者并不仅仅依靠变量数目极少的发展规划。正如比尔所论，通过某些特殊控制，可补充某些必不可少的控制变量。在规划领域内，需要对所有不同类别的项目逐条加以研究，其目的在于对日常控制工作加以指导。如果认识到规划只不过是一种图画，以描绘该地区10年至20年后所可能出现的远景，就很容易理解控制不可能是完美无缺的了。依据1947年至1962年城乡规划法所拟定的传统规划，只是模糊朦胧地反映了规划师所要处理的人口、住宅、工厂、商店、用地、密度以及交通流量等变量在真实世界的状况。这也就是为什么规划师要采取某些特殊控制手段，以弥补规划所遗漏的控制变量。

但是这些特殊控制反馈回来的信息流，涉及内容极广，包括发展决策、申诉决裁、建筑检查人员的报告、登记半年汇总报告、商务报表、劳工部统计数据、郡政府交通调查员报告、场地调查、居民抗议信等。它们的数量及种类如此浩繁，往往使规划师穷于应付。他们不得不用大量人力，包括各类职员、技术和管理助手、信息处理机、分类卡片以及计算机等等辅助工具。正如比尔所论，这种控制形式过于简单，难以很好地发挥作用……系统不得不将真实世界中成倍增长的变量全部罗列出来，因为它对信息不加选择，容许其点滴不漏地全部反馈回来（Beer，1966，p.311—312）。

控制器官中所含有的变量数目，至少应与真实世界等同。如何做到这一点呢？若想不减少变量数目而塑造反映真实世界的模型是很难办到的。但可以采取灵活设计模型的方法，使两组不同变量可以自由加以组合。第一类变量，可称之为结构变量。它以非量化的形式反映现实世界中所固有的关系。例如，人口与就业之间的关系，交通流量与距离之间的关系，密度与地价之间的关系，人口增长与交通通达性之间的关系等。第二类变量可称之为参数变量。它由反映现实状况的实际量化数据所组成。无论是结构变量或参数变量，其数目和现实世界的变量数目相比都少得多。但如果可能，可在仔细研究分析现实世界的基础上，将模型中成双成对的结构变量和参数变量加以组合，从而求得新的所需变量。模型的结构部分反映活动和交通之间所固有的空间关系，而参数部分则按照常规统计分析反映每种关系的发生概率。例如，模型的结构部分表示就业点周围人口分布与交通时间成倒函数关系，也就是随着交通时间的增加而减少；而参数部分则用数字给出时间／距离之间关系的浮动范围。

传统的规划，也即塑造真实世界的标准模型，即粗糙又失真。它没有用量化数值反映事物之间的关系，同时所列数值与所表达的关系之间也无任何联系（Beer，1966，p.319）。本文所论弹性模型设计主要应用了控制论的基本原理，也即允许低级变量自由组合。这样可用少数变量组合成含有极多高级变量的复杂系统。这些原理在对复杂系统的控制中得到了广泛的应用。

现在可用反映真实世界的模型来对系统加以预测，或对系统发展轨迹加以预测。这在第八、九两章业已做了说明。设想当我们第一次把预测结果和现实状况加以比较，也即将规划首期阶段状况与城市或区域现状加以对比时，自然发现两者状况存在很多差异。但这种对比为有效地控制城市和区域的发展奠定了基础。因为，如果对模型和真实世界之间的关系加以分析，并将分析结果反馈到模型结构和参数设计项目之中，则模型的预测能力必将得到扩大。图 11.1 对此做了明确的说明。

图中 C_1 和 C_2 表示若达到规划预求状态 M_2 和 M_3 所需施加的控制和调节（随着时间的推移，该图可向右做无限连续的延伸）。在 C_1 阶段所施加的是单项控制，其目的在于调节现实世界中不断产生的干扰（例如拟建项目等），这可用 S_1（调查）来表达。随着时间的推移可将模型 M_2 所得出的粗糙预测结果与实际调查现状 S_2（例如普查结果等）加以对比，对此可称之为 CP_2。* 比较分析所得结果可在两方面应用：其一，扩大模型的预测能力，如图上指向规划 M_3 的双箭头所示；其二，提高在 C_2 阶段控制器官的灵敏度，使其对发生于 S_2 与 S_3 期间的干扰能更好地起控制和调节作用。

换用实践术语表达，字母 M 系列（也即 M_1，M_2，……M_n）所代表的是系统的预测、模拟和方案的选择等过程所得出的结果。这在第八、九、十章中业已做了描述。字母 S 系列（也即 S_1，S_2……S_n）则代表一系列连续调查过程所得出的结果。对此在第七章中业已得到了描述。显然，系统模拟和调节过程的快慢取决于比较分析（CP）的发生频率。尽管上述 M 和 S 所代表的两种过程最好应同时并存，但实际却做不到这一点。

需要强调指出的是：应有一定的技术和行政手段保证能够不断地获取所需的信息。此外应将规划的拟定、控制、实施和修订等过程按照控制论所述的框架紧密地结合在一起。规划还可视为社会谋求对城市和区域发展加以控制时所求助的

* 在比尔的传统方法中，CP_2、CP_3 等对比系数被称为“黑匣子”——控制论中一个重要的概念。本文没必要对黑匣子进行全面理论探讨，但感兴趣的读者可参阅阿什比（Ashby，1956，第六章）和比尔（Beer,1959，第六章以及 1966，pp.293-298）的研究从而获取全面的介绍。

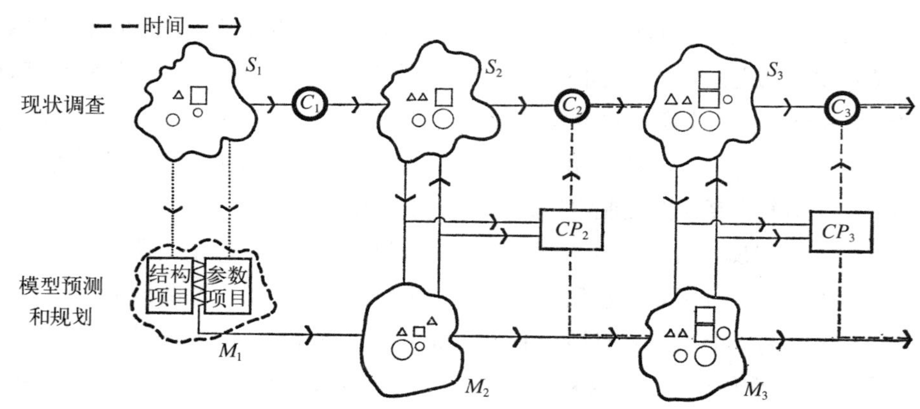

图 11.1
控制过程

服务系统。

按照控制论原理进行规划的范例是蒂塞德（Teesside）的调查和规划（1968 年）。该规划强调要对城市和区域发展进行不断的监测观察。这种监测应包括下列要求：（1）定期收集统计资料；（2）改进预测方法；（3）具有地方规划经验。在蒂塞德规划报告中详细论述了所应收集的统计资料的种类和项目，其中主要包括人口、经济、住宅、家庭收入和开销、商业营业额以及交通运输等方面的统计指标和数据。在规划报告的最后一部分，再次强调："将来收集资料的形式和内容应和现在规划中收集资料的形式和内容保持一致。"这条原则同样也适用于对分区资料的收集。

根据本章所论的城市和区域系统规划，规划的重新修订实际上意味着对系统的规划状态和系统的现实状态之间的差别进行同期性检查，不过检查的周期较长、内容较多、也更彻底而已。但所有基本的检验工作，其实在日常的控制工作中业已包括，不必像现行英国规划那样再花费大量的技术资源和时间进行全面的检验。这样规划实施的检验就变成了规划实施全过程序曲中的一个长音符而已。如果检验结果证实系统的发展已严重地偏离轨迹，则可能采取下列两种方法加以处理：首先要尽规划师之所能，包括使用规划模型找出使系统回归轨道所需采取的措施以及这些措施的优点和不足；如果认为系统所出现的偏差本身并无不好，符合人们的要求，就需对原来的规划目标重新加以审议，并考虑是否应对它们加以修改、撤销或做某些补充。处理这种情况正如上述规划报告中所论："规划目标的改变事关重大，是一种重要的政治决策，因此在采取任何措施之前，必须对其影响做充分的调查。规划目标一旦修改，就要根据新的规划目标，对原来的规划方案进行重大改动。”换言之，也即规划循环的全过程就此告终，已从规划实施、检验转到对规划目标的重新制定。

最后需指出的是规划的实施完全取决于规划师以及社会公众实施规划的意愿。本章强调应有合理的规划实施机构。这虽然是必不可少的条件，但仅此并不充分。此外，还需明确规定中央和地方政府以及其他有关机构的作用；政府机构和个人所拥有的法定权利和义务，它们之间的关系以及有关单位和个人在住宅、道路等公共投资方面所承担的责任等。规划是硬件，它必须有相应的软件，也即社会组织、各种政治和专业团体之间的各作关系相配才能发挥作用（Cherns，1967）。

第十二章 系统理论在规划中应用的意义

本书以人在环境系统中的地位作为开章之篇，现在则以城市和区域规划在人文系统，也即在实践、技术、组织和研究的现实环境中的地位作为收尾之笔。

规划实践

以系统的观点来看待城市和区域以及城市和区域的管理，将会使规划工作得到很大的受益。系统理论有助于在规划过程的不同部分之间建立有机的联系，也有助于所有与规划有关的单位和个人彼此之间进行对话。因为借助系统理论可使他们进一步看清某些机会和问题的实质。同时对于不同规划方案和不同建设项目所可能产生的影响也可进行深入的探讨。过去也包括现在，在很大程度上这类对话一直难以实现。每当讨论不同方案或不同建设项目的影响时，企业家、建造商、有关专业学会以及个人等感到规划机构的意见总是含糊不清，令人费解。当然，任何像现代人类集居模式这类复杂的系统都是不确定的，总会有大量的悬疑问题得不到明确的解答。但是长时期以来，在无法检验规划师的建议以及无法检验他们所采取的各种行动所造成的后果的情况下，规划师与其所服务的业主（也即社会公众）之间一直在尽力进行对话。由于缺乏适当的手段，也导致了在城市和区域规划领域内，一直没有综合理论问世。这也说明英国规划师们忽视了综合规划理论的发展，因而难免落于他人之后（McLoughlin，1966b）。

出现这种情况，究其原因或许可归之于英国的传统规划以建筑和工业设计作为其专业基础。但是在 20 世纪 50 年代，由于英国城市规划学会会员章程的修改，很多其他专业领域的人不断地加入规划师行列，其中包括地理学家、经济学家、社会学家等。他们在规划教育、规划实践、规划会议以及规划学术讨论等不同的场合，发挥了很大的作用。鉴于规划师任务繁忙，迫切需要他们的帮助，他们对很多过去似乎顺理成章的理论设想和工作程序也提出了质疑和挑战。但是由于缺乏共同语言，在讨论规划过程和问题时碰到了一些困难。在规划院系就读，具有其他专业背景的学生所碰到的问题是双重的。他们既要了解规划教师所传授的观点，也要了解其他专业背景的学生所持有的观点。鉴于上述情况，在某种程度上规划院校难以找到统一的通用教材。这些问题又依次转到规划工作实践之中，使规划工作变得更加难办。

但现在这种情况业已发生了显著的改变（例如，Kitching，1966）。一度曾经各自独立的思想和行动，似乎逐渐地以某种共同的理论为基础而结合在一起。因此，一些新的、各方均能接受的统一目标也正在发现（例如，Chisholm，1966）。这种共同的基础就是本书所提出的系统理论。借助这种理论，可在种类繁多的不同事物（例如人们的希望，社会学家的分析见解，建筑师、工程师、测量师、不动产估价师和会计师们的意见和要求以及官员的施政法规等）之间建立起必要的联系。如果我们能够根据迹象而作出正确的判断，就会认识到不同的专业按照系统理论结合在一起所产生的集合作用，远比各专业自行其是而产生的作用之总和要大得多。

上述思想强调城市和区域规划实际上主要是了解和认识城市和区域系统。要做到这一点，需要对系统行为模拟模型不断加以改进。所有关于城市未来的讨论、辩论、试验、分析和创新等方面的信息资料随时都可由模型提供。此外，模型也为日常的建设管理提供了工作要点。因为这些模型可对所有单项建设项目对系统局部或整体的影响加以测试。

基于上述原因，模型应该成为规划部门主要技术工作。因此，所有规划人员，尽管职务和看问题的角度均不相同，但都要在不同程度，以不同的频率参加模型的塑造、操作以及改进和提高等工作（Harris，1967）。技术总负责人负责决定模型的框架结构和次级模型分类结构。此外，并要对模型的全面检查和修改加以指导。负责制定战略规划的人员，则利用模型制定、测试和评价规划方案。从事详细规划的人员，则要将其工作成果整理转换成模型可接受的形式。这样可检验某些政策和详细规划设计（例如滨海区的景观保护政策和居住区规划等）是否与战略规划保持一致。使用模型频率最高的是建设管理审批人员，他们要将有关建设项目的信息定期（每月、每季或每年）输入有关模型。

此外，还需要有专门技术人员负责模型调节的细部工作并负责信息的收集、加工、传送和分配。在过去，这类部门往往称为研究室。但“研究”一词似乎对这些工作人员有阿谀奉承之意，但却贬低了“研究”一词本身的价值。“研究”一词的真正含义是指新知识的开拓，毫无疑问，按此定义在规划领域确实业已做了大量的研究工作。将来很有可能会有很多的新知识问世。上述负责信息处理的重要的规划工作部门，应称其为信息室更为贴切。信息室要负责对数量庞大的资料加以分析和整理，其人员构成包括系统分析人员、数学模拟人员以及卡片处理和计算机使用等方面的专业技术人员。有些规划机构的工作并不需要高档信息处理设备，但大多数规划机构现在或将来总要配备相应的信息处理设施。至少要拥有中小型计算机以及大型自动计算机等高级设备。

但问题是这类人员应隶属规划机构还是隶属当地计划部门的信息部呢？计划部门的信息部负责为所有部门提供各类信息服务，包括卫生、教育、道路、住宅、市场和图书馆等。如果划归计划部门统辖，有以下三条优点：(1) 具有规模经济；(2) 有利于在纷杂的信息世界中进行统一的分类和定义；(3) 许多（如果不是绝大多数）规划问题与其他政府部门有关，便于合作。在这里既无可能也不需要对此详加讨论（Hearle and Mason，1956），但有两点似乎是可以肯定的，其一，大规模的统一计算机信息中心是确有需要的，可为所有政府部门提供信息服务，也可称其为信息库。所有部门均可从中提取或贮存所需信息资料。但各部门在日常工作中或进行专题研究时，也经常需要利用某些局部资料，并非所有这些资料均对所有其他部门有用。其二，有些单位需要的资料，其形式（如定义、地区编号等）也不适于存入中心信息库。所以有些单位似乎也有必要拥有自己的信息处理部门，但应特别注意划清中心信息库与各部门信息库之间的关系。

对上述观点可选择某些例证加以说明。例如，关于行政辖区的人口、经济、土地等方面的详细资料可由中心信息库掌握。所有部门可定期对这些资料加以更新和补充。再如规划部门可以和公共卫生部门合作，将所有建设项目以及它们使用性质的改变等情况随时记录在案，存入信息库。资料的分类、定义以及贮存和修改方式可由中心信息库与部门信息库协商决定。

与此相反，拟定战略规划模型所需要的人口统计和经济方面的资料，一般比较笼统（这可从中心资料库以前所输出的汇总资料中得到）。此外，还需要其他地区的有关资料以供比较之用，其中有些资料即或在中心资料库也并不贮存。根据上述资料规划部门即可对规划模型加以设计和测试。大型模型可借助计算机中心进行，但规划部门为了对城市的发展加以经常的监测和控制，必须设有自己的信息服务单位。同时，这也有助于随时掌握系统的现状和模拟新建项目对系统的影响等。

应用系统原理进行规划的主要作用是使规划过程中各部门之间完整地结合在一起。由于各部分之间共同使用模型和不断地得到所需信息，因此有利于进行综合、完整和统一的规划。规划机构内各部门，如“规划”、“研究”、“控制”及“设计”等单位之间的界限即使不能完全消失，也会逐渐变得模糊不清、难以分辨。但因为至今尚没有任何规划单位完全根据系统原理进行工作，因此上文所论只是一种思考。但最好能将规划机构的组织形式像城市系统一样，按高低等级加以分类，以形成级差系统。这样低级技术人员负责处理次级系统（如绿地、住宅、公共交通运输、工业等）的细节问题，并由中级技术人员领导。职员的级别越高，对系统的了解和控制也就越全面。这样，大多数英国规划机构内部所采用的典型的纵向分工（也即按规划过程中所涉及的主要工作内容分设室处），就将被横向分工所取代。这种横向分工使工作分成等级级差，因此规划工作的各部分之间能充分地结合在一起（图 12.1）。

同时，城市和区域的系统观点也有助于政府部门管理水平的提高。这将会极大的促进规划工作和其他政府活动间的紧密结合。因此，空间规划可与其他关于个人、家庭和阶层的非空间规划更紧密地融合在一起（Bolan，1967；Webber，1965）。

关于地方政府的辖区划定、权力和义务等，其他著作业已作了大量的论述，这里无须对此花费笔墨。因为最近提出的改革意见等与本书所建议的不谋而合。现在大多数人建议应根据用地和交通规划来确定地方政府的辖区范围。这样具有社会、经济及环境共性的地区可以统一规划。同时所有地区只要在就业、教育、商业、娱乐以及文化需求等方面主要依赖同一地市，也应划归同一行政区所辖。此外，也可按城市或区域系统来划分行政范围。

1960 年地方政府法规就是按照上述原则而划定行政辖区的，但其缺点是仅选择大城市连绵区作为特别处理地区。德里克(Derek,1966)对此采取了折中的办法，他建议将全国划分为 30—40 个城市地区，其范围大致与根据工作交通模式所划定的城市相当。地方政府辖区是一个极为复杂的问题，对此众说纷纭，难有定论。但不管提出何种改革建议，将其付诸实施，终非短期所致。目前无论中央政府还是地方政府都认为用地和交通规划的范围应大致与市域系统所辖地区相当。进行这类跨区规划可由毗邻的地方政府联合进行，有时中央政府参与协调，有时也未必如此。这方面的例子举不胜举。它们都证明需要以卓有成效的方式对城市和区域系统加以处理，即使有些安排从短期来看似乎是权宜之计。

本书所阐述的规划理论和实践，与英国规划顾问组（1965）所建议付诸实施的规划和管理方法大体相同。他们认识到目前迫切需要引进和推广新的规划技术，他们建议对关于整个地区的长期战略的结构规划和处理具体细节的短期和中期的

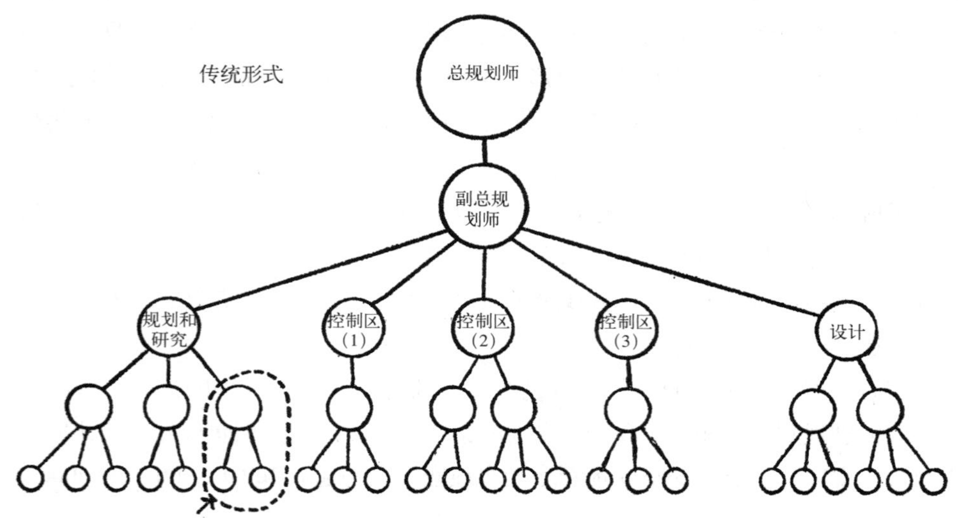

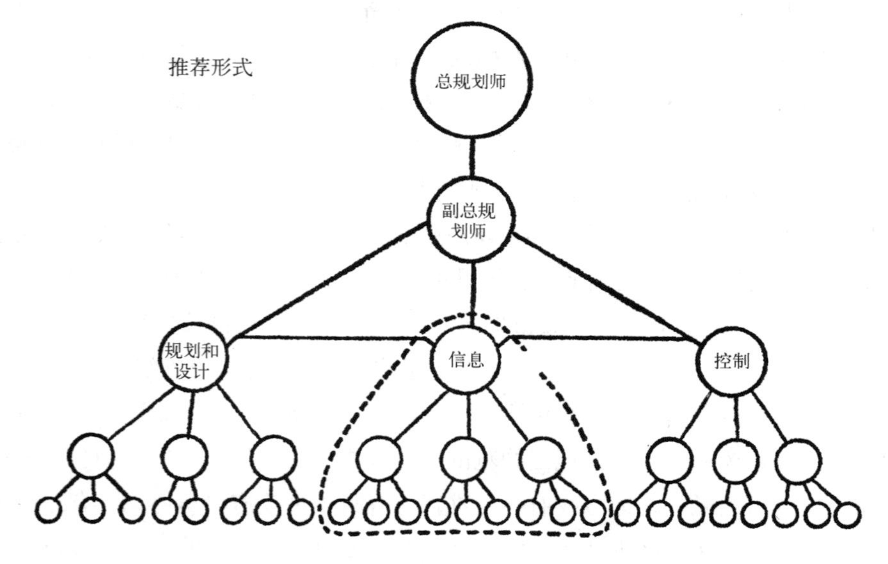

图 12.1
规划的组织机构：传统形式和推荐形式

地方规划要加以区别。上述建议业已被采纳，成为英国新的政府规划的基础。本书所提出的观点，除了在管理控制方法有所不同之处，其他方面几乎与他们的建议完全一样。尽管他们并未提出尽善尽详的实施方法，因而实行起来有些困难，但其主要论点则是无可厚非的。规划机构应该考虑每项发展建设项目对实现预定规划目标所起的作用，也即是促进、阻碍，还是毫无影响。单纯为了控制而控制并不可取。规划机构应利用手中掌握的发展控制权积极而非消极地，主动而非被动地促使规划目标的实现（规划顾问组，1965，第七段：9）。前面章节所论述的技术对此提供了坚实的基础。

规划人员

如按系统原理规划，由什么人来承担此项工作呢（Reade，1968）？毫无疑问规划是极其复杂的，总要涉及人们某些根深蒂固的价值观念，绝不可能被某类单一的专业人员所垄断。同样，所有其他类别的复杂活动，如工业、商业、教育等等也是如此。例如，公共卫生事业不可能被医生所垄断，教育也并非仅为教师所独占的领域，而炼油工业也不可能成为石油化学家们的专利。就实质而言，现代社会充满了多层次、多目标的活动，它要求各种不同的技术人员之间不断地进行组合和再组合。在不同的条件下，具有一定专长的人，会发挥不同的作用。但不管何种情况，由于中心目标的要求，总要有某种技术人员占据主导地位，以保证不同技术之间的正确组合和合作。

过去很多人曾喋喋不休地强调“规划是一组专家的工作”等毫无意义的废话。就某种意义而言，这种论断肤浅至极，因为所有复杂的工作都不是几个同种专业的人所为。此外，这种论述似乎隐喻：过去多年来规划吸收了多种不同的技术，因而能够自己提供各方面的专家来从事不同的规划工作，所以这种说法也有几分自我辩护之意。此外，毕业于建筑、测量及社会科学等专业而后转修规划专业的人，对经过全面训练培养而成的通才规划师进入规划领域的意义也认识不足。

当然，同其他通才一样，综合规划师也有其不足之处。当他们负责进行协调工作时，难免要发号施令地指导其他专业人员从事他们的本职工作。这当然是危险的。任何人即使接受了最良好的教育，也不可能充当万能博士，同时管理建筑师、社会学家、景观建筑师、地理学家，工程师以及许多其他专业人员的工作（Altshuler，1966）。此类问题的出现，究其原因都在于对规划过程以及规划所控制的系统定义不当，因而产生了某些误解（McLoughlin，1965）。

在这里综合规划师确有很多问题需要解决。长期以来，他们一直承受着责难。一方面，人们声称要有综合规划，但却缺乏坚实的理论基础；另一方面，规划教育大纲又杂乱无章。对大多数人而言，很难理解将建筑原理、社会学要点、经济基础、地理学概要和规划实践等等杂七杂八的课程，像破抹布一样一股脑儿地塞入综合规划教程，或者将这些统统作为其他专业技术人员接受规划培训的基础。这些专业人员过去曾讥讽所谓通才是对越来越多的知识知道得越来越少，最后则变得对所有事情都一无所知。现在他们也要受到别人对自己的同样嘲弄了。

很多规划师在学术上故步自封，使得规划难以摆脱困境，他们强调规划应是一门独立的学科，与其他领域的决策科学，如系统论等，不可同一而语。应该承认，医学之所以得到承认和发展，是由于人体长期以来一直被视作系统而加以研究。此外，现代工商业管理科学之所以能得到发展也是因为人们将企业视作系统之缘故（Beer，1959；Johnson，Kast and Rosenzweig，1963）。

任何领域内的通才都不是可代替其他所有人工作的超人。他们只是在一定客观条件之下，处于系统较高层次的专家。这些通才以及其他有关专业人员彼此之间的作用和相互关系，可根据对系统及次级系统的定义来确定（见例子 Loeks，1967；Mocine，1966）。因此通才应做到以下几点：

1. 能够了解系统的性质和行为；

2. 能够区别系统构成部件及次级系统，同时也了解其他学科专业人员处理问题的方式和手段；

3. 能够与其他专业人员合作制定系统的目标；

4. 能够设计出最佳的系统工作方式；

5. 能够负责指导整个系统的连续作业和工作流程。

上述通才标准经过适当的修改可应用于城市和区域规划系统，从而得出综合规划师或通才规划师所应具备的形象。城市规划协会教育大纲经修改之后对通才规划师的训练提供了详细的说明（Kantorowich，1966）。规划师应在关键性、中心性的专业工作中发挥作用。他接受的特殊训练，使其能对整个规划过程加以指导，负责组织协调所有规划工作，其中包括规划设计、建设管理以及规划方案和规划政策的实施。

除了规划师之外，很多其他专业人员也加入了规划领域并作出了重要的贡献。区别规划师和其他专业人员在规划工作中不同的工作性质是非常重要的。作为城市规划师，他必须充分了解其他专业人员工作的性质和意义，以便统一协调制定出其主管地区的规划。在拟定规划期间，由于和其他专业人员的接触，规划师会从中受益。因而在规划实施期间，他能够为其他专业人员的工作加以原则性的指导，但这也并非意味规划师需业业精通，成为所有领域的专家。

根据修改后的城市规划协会教育章程规定，每一申请入会者必须做到：

1. 具备与规划有关的历史、社会、经济、建筑工程等专业的背景知识；

2. 在规划理论、规划技术和规划程序方面有一定造诣，特别在规划的制定和实施等方面要精通；

3. 了解购物、交通、市政以及其他服务活动在城市用地结构中的重要性，并能够将上述领域内的专业知识应用于规划实践；

4. 具备制定城市综合规划或制定城市发展政策的知识和能力；

5. 精通规划法规并深知规划师的责任和义务。

显然，这种规划教育对教与学双方要求都很高。作为主修规划的学生，不仅要对城市和区域系统理论有深刻的理解，同时还要具备实际承担管理和指导城市和区域系统发展的能力。而这种能力，只有通过实践才能获得。对学生而言，这意味着必须接受模拟的实践。此外，还要广泛地接触各类规划问题，充分了解各种人的行为标准和价值观，同时接受教师和同学以及实际规划人员的批评指导，才能够具备上述能力。当然，如果仅在理论和背景知识方面为学生提供了坚实的基础训练，但缺乏关于决策方面的实际培训，则这种培训对规划师而言是远远不够的。

关于规划教育，最后还有一点需要提及。系统以及系统规划的理论认为不管系统实体有多么不同，如城镇、城市、区域以及农村等，也不管它们在活动和交通形式方面的差别有多大，它们均属于同一系统类别，应该用同样的方式进行管理。正如某个法国规划师最近所论：规划可分为国家规划、区域规划和地方规划。但它们之间的差别正在消失。例如就经济规划而论，国家规划现已逐渐与区域经济规划融合在一起；就空间规划而论，城镇规划、市域规划和区域规划之间的界限也变得越来越模糊（Piquard，1967）。基于上述情况的变化，英国城市规划师协会应更改其名称。同样，有些以区域规划和区域研究命名的规划专业也应在名称上作相应的调整。最好的处理方法是名字宁肯长些，也要明确地反映事情的本质。

现在可根据系统的要求，确定规划师与其他专业人员之间的关系。当然，究竟哪些专业人员与规划有关，要取决于规划地区的性质、他们处理的问题以及规划目标等因素。但一般说来，他们应该与活动、空间、交通、线路等城市的子系统有关。例如：

1. 与活动有关的专业人员包括：人口学家、经济学家以及采矿、娱乐、旅游、造船等特殊领域内的专家；

2. 与空间有关的专业人员包括：建筑师、景观建筑师、工程师、测量人员、不动产估价员、农学家、地理学家、地质学家等；

3. 与交通有关的专业人员包括：交通工程师以及空运交通、电信和公共交通等方面的专家；

4. 与线路有关的专业人员包括：各类工程技术人员等，以及建筑师和景观建筑师等；

5. 其他提供一般性服务的有关专业人员包括：

• 目标确定：社会学家、政治学家等；

• 模拟、模型和信息服务：系统学家、数学家、程序设计人员等；

• 方案评价：经济学家、社会学家、心理学家等；

• 规划实施：政府管理人员、公共活动专家等。

规划教育长期以来一直处于混乱状态，忽视了应设计特殊的课程，以便使其他专业人员能够接受规划教育。但愿现在能够对规划的作用以及规划教育有比较清醒的认识，改进规划培训工作。我们衷心地希望英国城市规划协会与其他专业机构之间能够加强合作，共同完成上述任务。

规划研究

系统理论对规划研究所产生的最明显的影响就是将研究重点转向对城市的区域系统本身的研究。只要规划缺少统一的中心理论，则它就始终是乌托邦主义、人道主义、公共卫生、城市设计、应用经济学、人文地理学等相互之间很少关联的学科所组成的大杂烩。所谓的规划研究也只能是零散有限的。或许由于规划师对城市系统研究茫然无知，因而导致规划研究得不到应有的财政支持。幸运的是，现在情况业已改观，英国社会科学研究院及环境研究中心的建立扭转了上述局面。它们对规划理论的探讨极感兴趣，特别值得提出的是环境研究中心对此所作出的努力。它主张规划研究要循序渐进，避免在缺乏通盘考虑之前就花费大量资源进行细节研究。在该研究中心，对城市和区域系统理论的探讨业已成为一项主要工作（Llewelyn-Davies，1967；Wilson，1969）。但是基础理论研究应与应用研究相结合。特别是要研究规划方案拟定、测试、选择以及系统模拟和评价等方面的应用技术。这些研究可使研究人员和实际规划人员均从中受惠。特别是实际规划人员可提高理论水平，从而对日常工作中所接触的实际问题产生更深刻的认识。现在有些规划研究机构业已对模拟技术进行了探讨，其中绝大多数似乎均以系统概念作为其理论框架。但对此还有许多工作要做，要扩大专业合作领域，同时也要扩大研究结果。英国新的规划体制，鼓励新技术的应用。因此政府应努力确保规划师能够掌握正确的技术以做好规划工作。

规划控制是规划研究领域内所遗留的空白项目。现在有大量的论著阐述控制理论以及它们在某些特殊领域（例如工业自动化、电信以及军事系统）的应用。如果本书所提出的系统观点可以接受则意味着要将一般控制理论，特别是对复杂系统施加控制的理论——控制论应用于城市及区域规划。设想控制论能够使石油化工以及原子武器等领域产生变革，那么若将其应用于管理人文行为，其所获效益之巨大是可想而知的。但这也会导出至今可能最难以进行的研究课题，也即对评价标准的研究。因为评价标准涉及人们的价值观念这个最基本的问题。目前单纯的评价技术的发展业已受到人们的关注。当然，应该欢迎继续对成本效益分析一类的应用技术加以完善提高。但是城市和区域系统发展指标（也即对该地区生活质量的局部测定指标）等急需的研究项目尚属空白研究领域。实际上，这些都会对方案评定以及制定目标等方面产生很大的影响。

应有自知之明

最后需要提及的是：系统规划应用的最重要影响是使规划师产生谦卑之感。然而若溯根寻源，早期规划师是作为中产阶级的人道主义者、乌托邦主义者以及权贵富商们的专业顾问而问世的。他们以最知他人疾苦者自居，相信人民的幸福可随着物质空间形式的改善而降临。目前笃信此道的现代规划师已鲜为人知了。随着对系统研究的逐步深入。我们会逐渐发现人类行为动机、决策选择和行动方式，就如同迷宫一样扑朔迷离、令人难解。因此，规划师的能力充其量只不过是处理空间要素（也即人类生活万花筒中的一个瞬息万变的微小侧面）而已。所以如果规划师能够对如此庞大的系统做一点微乎其微的改善工作，也就足以自慰了。

当然除了区位和相互交往之外，人们生活还有很多其他应该关注的方面。然而规划师至少应尽力使城市人口和活动，在空间分布方面有利于人们自由的交往。同时又可以尽情享受大自然景观，并对山林矿产等天然资源施加有效的管理。

这绝非卑贱的任务。但规划师若依然故我，继续袭用根深蒂固的教条，企图以简单的图形模式来限定极端复杂的社会系统，这才是最卑贱的（Webber，1963）。

参考文献

ALEXANDER, CHRISTOPHER (1964) *Notes on the synthesis of form* Cambridge, Mass.

ALONSO, WILLIAM (1964a) *Location and land use* Cambridge, Mass.

ALONSO, WILLIAM (1964b) Location theory. John R. Friedmann and William Alonso (eds.) *Regional development and planning* Cambridge, Mass.

ALTSHULER, ALAN (1965a) The goals of comprehensive planning *Journal of the American Institute of Planners 31*, 186–95

ALTSHULER, ALAN (1965b) *The city planning process, a political analysis* Ithaca, N.Y.

ANDERSON, JAMES R. (1962) The dilemma of idle land in mapping land use *The Professional Geographer, 14*

APPLEYARD, DONALD, KEVIN LYNCH and JOHN R. MEYER (1964) *The view from the road* Cambridge, Mass.

ARTLE, ROLAND (1959) *Studies in the structure of the Stockholm economy* Stockholm

ARVILL, ROBERT (pseud.) (1967) *Man and environment* Harmondsworth

ASHBY, W. ROSS (1956) *An introduction to cybernetics* London

ASHWORTH, W. (1954) *The genesis of modern British town planning* London

BARROWS, H. H. (1923) Geography as human ecology. *Annals of the Association of American Geographers, 13*, 1–14

BECKERMAN, W. and Associates (1965) *The British economy in 1975* Cambridge

BECKMANN, MARTIN and THOMAS MORSCHAK (1955) An activity analysis approach to location theory. *Kyklos, 8*

BEER, STAFFORD (1959) *Cybernetics and Management* London

BEER, STAFFORD (1966) *Decision and Control* London

BEESLEY, M. E. and J. F. KAIN (1964) Urban forms, car ownership and public policy; an appraisal of 'Traffic in Towns' *Urban Studies 1*, 174–203

BEESLEY, M. E. and J. F. KAIN (1965). Forecasting car ownership and use. *Urban studies, 2*, 163–185

BERMAN, BARBARA R., BENJAMIN CHINITZ and EDGAR M. HOOVER (1959) *Projection of a metropolis* Cambridge, Mass.

BERRY, BRIAN J. L. and WILLIAM L. GARRISON (1958) Recent developments in central place theory. *Papers and proceedings of the Regional Science Association, 4*

BERRY, BRIAN J. L. and WILLIAM L. GARRISON (1959) The functional bases of the central place hierarchy. Mayer and Kohn (eds.), *Readings in urban geography* Chicago

BERRY, BRIAN J. L. and A. PRED (1961) Central place studies: a bibliography of theory and applications *Regional Science Research Institute, Bibliographic Series, 1*

BERRY, BRIAN J. L. (1964) Cities as systems within systems of cities *Papers and proceedings of the Regional Science Association, 10*

von BERTALANFFY, LUDWIG (1951) An outline of general system theory *British Journal of the Philosophy of Science, 1*, 134–65

BOLAN, RICHARD S. (1967) Emerging views of planning *Journal of the American Institute of Planners 33*, 233–45

BOR, WALTER (1968) Milton Keynes–The first stage of the planning process *Journal of the Town Planning Institute, 54*, 203–8

von BÖVENTER, EDWIN (1964) Spatial organisation theory as a basis for regional planning. *Journal of the American Institute of Planners, 30*, 90–100

BROWN, MAURICE The time element in planning *Journal of the Town Planning Institute, 54*, 209–13

BRUCK, H. W., STEPHEN H. PUTMAN and WILBUR A. STEGER (1966). Evaluation of alternative transportation proposals: the northeast corridor *Journal of the American Institute of Planners, 23*, 322–33

BUCHANAN, COLIN in association with ECONOMIC CONSULTANTS LTD. (1966) *South Hampshire Study: A report on the feasibility of major urban growth.* 3 vols. London

BURGESS, ERNEST W. (1925) Growth of the city; in R. E. Park et al. (eds.) *The city* Chicago

CARROTHERS, GERALD P. (1956) An historical review of the gravity and potential concepts of human interaction *Journal of the American Institute of Planners, 22*, 94–102

CATANESE A. J. and A. W. STEISS (1968) Systemic planning–the challenge of the new generation of planners *Journal of the Town Planning Institute 54*, 172–6

CHADWICK, GEORGE F. (1966) A systems view of planning *Journal of the Town Planning Institute 52*, 184–6

CHAPIN, F. STUART (jr.) (1965) *Urban land use planning* Urbana, Illinois

CHAPIN, F. STUART (jr.) and SHIRLEY F. WEISS (eds.) (1962) *Urban growth dynamics in a regional cluster of cities* New York

CHAPIN, F. STUART (jr.)and SHIRLEY F. WEISS (1962a) *Factors influencing land development* Chapel Hill, N.C.

CHAPIN, F. STUART (jr.) and HENRY C. HIGHTOWER (1965) Household activity patterns and land use *Journal of the American Institute of Planners, 31*, 222–31

CHERNS, A. B. (1967) *The use of the social sciences* (inaugural lecture) Loughborough

CHILDE, V. GORDON (1942) *What happened in history* Edinburgh

CHISHOLM, MICHAEL (1962) *Rural settlement and land use: an essay in location* London

CHISHOLM, MICHAEL (1966) *Geography and economics* London

CHORLEY, RICHARD J. and PETER HAGGETT (eds.) (1967) *Models in geography* London

CHRISTALLER, WALTER (1933) *Die Zentralen Orte in Süddeutschland* Jena

CHURCHMAN, C. W., R. L. ACKOFF, and E. L. ARNOFF (1957) *Introduction to operations research* New York

CLARK, COLIN (1967) *Population growth and land use* London

CLAWSON, MARION and CHARLES L. STEWART (1965) *Land use*

information Baltimore Md.
Colby, Charles C. (1933) Centrifugal and centripetal forces in urban geography *Annals of the Association of American Geographers, 23*, 1–20
Committee on Higher Education (1963) (The 'Robbins committee') *Higher Education* London
Cowan, Peter (1966) Institutions, activities and accommodation in the city *Journal of the Town Planning Institute, 52*, 140–1
Cripps, Eric and David Foot (1968) Evaluating alternative strategies *Official Architecture and Planning 31*, 928–941
Cullinworth, J. B. (1960) *Housing needs and planning policy* London

Donnelly, Thomas G., F. Stuart Chapin (jr.) and Shirley F. Weiss (1964) *A probabilistic model for residential growth* Chapel Hill, N.C.
Doxiadis, Constantinos A. (1966) *Between Dystopia and Utopia* Hartford, Conn., and London
Duckworth, Eric (1965) *A guide to operational research* London
Dunn, Edgar S. (1954) *The location of agricultural production* Gainsville, Florida
Dyckman, John (1961) Planning and decision theory *Journal of the American Institute of Planners, 27*, 335–45

Ellenby, John (1966) *Research leading to a computer-aided town and regional planning system* (mimeographed) Dept. of Geography, London School of Economics

Fagin, Henry (1963) The Penn-Jersey transportation study: the launching of a permanent regional planning process *Journal of the American Institute of Planners, 29*, 8–17
Farbey, B. A. and J. D. Murchland (1967) Towards an evaluation of road system designs *Regional Studies, 1*, 27–37
Feldt, Allan G. (1966) Operational gaming in planning education *Journal of the American Institute of Planners, 32*, 17–23
Firey, Walter (1961) *Land use in central Boston* Cambridge, Mass.
Foley, Donald L. (1964) An approach to metropolitan spatial structure, in Melvin M. Webber (ed.) *Explorations into urban structure* Philadelphia
Foster, C. D. (1963) *The transport problem* Edinburgh
Friedmann, John (1965) Comprehensive planning as a process *Journal of the American Institute of Planners, 31*, 195–7
Friedmann, John and William Alonso (1964) (eds.) *Regional development and planning* Cambridge, Mass.
Friedrich, C. S. (1929) *Alfred Weber's theory of the location of industries* Chicago

Galbraith, J. K. (1962) *The affluent society* New York
Garrison, William L. (1962) Towards simulation models of urban growth and development *Lund Studies in Geography, Series B, (Human Geography,) 24*, 92–108
Geddes, Patrick (1915) *Cities in evolution* Edinburgh (Revised edition, edited by Jacqueline Tyrwhitt, London, 1949)
Goddard, John (1967) Changing office location patterns within central London *Urban Studies, 4*, 276–85
Gottlieb, Abe (1956) Planning elements of an inter-industry analysis: a metropolitan area approach *Journal of the American Institute of Planners, 22*, 230–6
Gottman, Jean (1961) *Megalopolis: The urbanized northeastern seaboard of the United States* New York
Greenhut, Melvin L. (1956) *Plant location in theory and in practice* Chapel Hill, N.C.
Guttenburg, Albert Z. (1959) A multiple land use classification system *Journal of the American Institute of Planners, 25*, 143–50
Guttenburg, Albert Z. (1960) Urban structure and urban growth *Journal of the American Institute of Planners, 26*

Haggett, Peter (1965) *Locational analysis in human geography* London
Haggett, Peter and R. J. Chorley (1967) *Models in Geography* London
Hall, Peter G. (1966a) *The world cities* London
Hall, Peter G. (1966b) *Von Thünen's isolated state* London
Harris, Britton (1961) Some problems in the theory of intra-urban location *Operations Research, 9*, 695–721
Harris, Britton (ed.) (1965) Urban development models: new tools for planning. Complete issue of the *Journal of the American Institute of Planners, 31*, No. 2
Harris, Britton (1966) The uses of theory in the simulation of urban phenomena *Journal of the American Institute of Planners, 32*, 258–73
Harris, Britton (1967) How to succeed with computers without really trying *Journal of the American Institute of Planners, 33*, 11–17
Harris, Chauncy D. and Edward L. Ullmann (1945) The nature of cities *Annals of the American Academy of Political and Social Science, 242*, 7–17
Heap, Desmond (1965) *An outline of planning law* London
Hearle, E. F. R. and R. J. Mason (1956) *A data-processing system for state and local governments* Santa Monica, Cal.
Herbert, D. T. (1967) Social area analysis: a British study *Urban Studies, 4*, 41–60
Herbert, John D. and Benjamin Stevens (1960) A model for the distribution of residential activity in urban areas *Journal of the Regional Science Association* Fall.
Hill, Morris (1968) A goals-achievements matrix for evaluating alternative plans *Journal of the American Institute of Planners, 34*, 19–29
Hirsch, Werner Z. (1964) (ed.) *Elements of regional accounts* Baltimore, Md.
Hochwald, Werner (1961) (ed.) *Design of regional accounts* Baltimore, Md.
Hoover, Edgar M. (1948) *The location of economic activity* New York
Hoskins, W. G. (1955) *The making of the English landscape* London
Hoyt, Homer (1939) *The structure and growth of residential neighborhoods in American cities* Washington

Isard, Walter (1956) *Location and space-economy* New York
Isard, Walter and others (1960) *Methods of regional analysis* Cambridge, Mass.
Isard, Walter and Thomas A. Reiner (1962) Aspects of decision-making theory and regional science *Papers and proceedings of the Regional Science Association, 9*

Jackson, John N. (1962) *Surveys for town and country planning* London
Jameson, G. B., W. K. Mackay and J. C. R. Latchford (1967) Transportation and land use structures *Urban studies, 4*, 201–17
Jay, Leslie S. (1966) *The development of an integrated data system* London
Jay, Leslie S. (1967) Scientific method in planning *Journal of Town Planning Institute, 53*,3–7
Johnson, R. A., F. E. Kast and J. E. Rosenzweig (1963) *The theory and management of systems* New York
Joint Program, The (1965) *Goals for development of the Twin Cities metropolitan area* St. Paul, Minnesota

Kantorowich, Roy H. (1966) Education for planning *Journal of the Town Planning Institute, 53*, 175–84

KITCHING, L. C. (1966) Regional and county planning–looking beyond P.A.G. *Journal of the Town Planning Institute, 52*, 365–6
KOOPMANS, TJALLING C. and MARTIN BECKMAN (1957) Assignment problems and the location of economic activities *Econometrica*

LEEDS SCHOOL OF TOWN PLANNING (1966) *Scunthorpe: a study in potential growth* Scunthorpe
LEICESTER CITY PLANNING DEPARTMENT (1964) *Leicester Traffic Plan* Leicester
LEONTIEF, WASSILY (1953) (ed.) *Studies in the structure of the American economy* New York
LEVEN, CHARLES L. (1964) Establishing goals for regional economic development *Journal of the American Institute of Planners, 30*, 100–10
LEVIN, P. H. (1966) The design process in planning *Town Planning Review, 37*, 5–20
LICHFIELD, NATHANIEL (1956) *The economics of planned development* London
LICHFIELD, NATHANIEL (1964) Cost-benefit analysis in plan evaluation *Town Planning Review, 35*, 159–69
LICHFIELD, NATHANIEL (1966) Cost-benefit analysis in urban redevelopment: a case study–Swanley *Urban Studies, 3*, 215–49
LICHTENBERG, ROBERT M. (1959) *One-tenth of a nation* Cambridge, Mass.
LITTLE, ARTHUR D. (INC.) (1963) *San Francisco community renewal program–purpose, scope and methodology* Santa Monica California
LLEWELYN-DAVIES, RICHARD (1967) Research for planning *Journal of the Town Planning Institute, 53*, 221–25
LLOYD, P. E. and P. DICKEN (1968) The data bank in regional studies of industry *Town Planning Review, 38*, 304–16
LOEKS, C. DAVID (1967) The new comprehensiveness *Journal of the American Institute of Planners, 33*, 347–52
LÖSCH, AUGUST (1940) *Die Räumliche Ordnung der Wirtschaft* Jena
LOWENSTEIN, LOUIS K. (1966) On the nature of analytical models *Urban Studies, 3*, 112–19
LOWRY, IRA S. (1964) *A model of metropolis* Santa Monica, Cal.
LOWRY, IRA S. (1965) A short course in model design *Journal of the American Institute of Planners, 31*, 158–66
LUTTRELL, W. F. (1962) *Factory location and industrial movement* London
LYNCH, KEVIN and LLOYD RODWIN (1958) A theory of urban form *Journal of the American Institute of Planners, 24*, 201–14
LYNCH, KEVIN (1960) *The image of the city* Cambridge, Mass.

MACKINDER, H. J. (1902) *Britain and the British seas* New York
MCKENZIE, R. D. (1933) *The metropolitan community* Chicago
MCLOUGHLIN, J. BRIAN (1965) Notes on the nature of physical change *Journal of the Town Planning Institute, 51*, 397–400
MCLOUGHLIN, J. BRIAN (1966a) The P.A.G. report: background and prospect *Journal of the Town Planning Institute, 52*, 257–61
MCLOUGHLIN, J. BRIAN (1966b) The current state of British practice *Journal of the American Institute of Planners, 32*, 350–5
MCLOUGHLIN, J. BRIAN (1967) A systems approach to planning *Report of the Town and Country Planning Summer School*, pp. 38–53 London
MAO, JAMES C. T. (1966) Efficiency in public urban renewal expenditures through benefit-cost analysis *Journal of the American Institute of Planners, 32*, 95–107
MEIER, RICHARD L. (1962) *A communications theory of urban growth* Cambridge, Mass.
MEIER, RICHARD L. and RICHARD D. DUKE (1966) Gaming simulation for urban planning *Journal of the American Institute of Planners, 32*, 3–17
MEYER, J. R., J. F. KAIN and M. WOHL (1965) *The urban transportation problem* Cambridge, Mass.
MEYERSON, MARTIN and EDWARD C. BANFIELD (1955) *Politics, planning and the public interest* New York
MITCHELL, ROBERT B. and CHESTER RAPKIN (1954) *Urban traffic: a function of land use.* New York
MITCHELL, ROBERT B. (1959) *Metropolitan planning for land use and transportation* U.S. Government, Washington, D.C.
MITCHELL, ROBERT B. (1961) The new frontier in metropolitan planning *Journal of the American Institute of Planners, 27*, 169–75
MOCINE, CORWIN R. (1966) Urban physical planning and the 'new planning' *Journal of the American Institute of Planners, 32*, 234–237
MORRILL, RICHARD L. (1960) Simulation of central place patterns over time *Lund studies in Geography, Series B, (Human Geography)* 24, 109–20
MOSER, C. A. (1960) *Survey methods in social investigation* London

NATIONAL CAPITOL PLANNING COMMISSION (1962) *A policies plan for the year 2000: the Nation's Capital* Washington, D.C.
NATIONAL PARKS COMMISSION (1968) *Recreational use of the countryside* (Research Register No. 1) London
von NEUMAN J. and O. MORGENSTERN (1944) *Theory of games and economic behaviour* Princeton, N.J.

O.R.R.R.C. (Outdoor Recreation Resources Review Commission). *Public outdoor recreation areas: acreage, use and potential* U.S. Government, Washington, D.C.

PALANDER, TORD (1935) *Beiträge zur Standortstheorie* Uppsala
PALMER, J. E. (1967) Recreational planning–a bibliographical review *Planning Outlook, 2*, (new series), 19–69
PETERSEN, WILLIAM (1966) On some meanings of 'planning' *Journal of the American Institute of Planners, 32*, 130–42
PFOUTS, RALPH W. (1960) (ed.) *The techniques of urban economic analysis* Trenton, N.J.
PLANNING ADVISORY GROUP (1965) *The future of development plans* London
PREST A. R. and RALPH TURVEY (1965) Cost-benefit analysis: a survey *The Economic Journal*, pp. 683 et seq.

RANNELLS, JOHN (1956) *The core of the city* Philadelphia
RATCLIFF, RICHARD U. (1949) *Urban land economics* New York
RATCLIFF, RICHARD U. (1955) The dynamics of efficiency in the locational distribution of urban activity; in Robert M. Fisher (ed.) *The metropolis in modern life*
READE, ERIC (1968) Some notes toward a sociology of planning –the case for self-awareness *Journal of the Town Planning Institute, 54*, 214–18
ROGERS, ANDREI (1966) Matrix methods of population analysis *Journal of the American Institute of Planners, 32*, 40–44
ROGERS, ANDREI (1968) *Matrix analysis of inter-regional population growth and distribution* Berkeley, Cal.
ROSE, JOHN (1967) *Automation: its anatomy and physiology* Edinburgh
ROTH, GABRIEL (1967) *Paying for roads* Harmondsworth

SCHLAGER, KENNETH J. (1965) A land use plan design model *Journal of the American Institute of Planners, 31*, 103–11
SENIOR, DEREK (1966) *The regional city: an Anglo-American discussion of metropolitan planning* London and Chicago
SIGSWORTH, E. M. and R. K. WILKINSON (1967) Rebuilding or renovation? *Urban Studies, 4*, 109–21
SMETHURST, P. R. (1967) The national travel surveys: a source of data for planners *Town Planning Review, 38*, 43–63
SMITH, D. L. (1967) The problems of historic towns in a period of population growth and technological change. *Report of proceedings of the Town and Country Planning Summer School*, 54–62 (Held at the Queens University of Belfast) London
SONENBLUM, SIDNEY and LOUIS H. STERN (1964) The use of

economic projections in planning *Journal of the American Institute of Planners, 30,* 110–23

STARKIE, D. N. M. (1968) Business premises traffic-generation studies *Journal of the Town Planning Institute, 53,* 232–4

STEWART, CHARLES T. (1959) The size and spacing of cities. Mayer and Kohn (eds.) *Readings in Urban Geography* Chicago

STONE, RICHARD (1962a) *A computable model of economic growth* London

STONE, RICHARD (1962b) *A social accounting matrix for 1960* London

STONE, RICHARD (1963) *Input-output relationships 1954–66* London

TANNER, J. C. (1961) *Factors affecting the amount of travel* (Road Research Technical Paper No. 51) H.M.S.O. London

TAYLOR, JOHN L. and K. R. CARTER (1967) Instructional simulation of urban development *Journal of the Town Planning Institute, 53,* 443–7

TEES-SIDE SURVEY AND PLAN (1968) (Wilson and Womersley, chartered architects and town planners, in association with Scott, Wilson Kirkpatrick and Partners, consulting engineers) Volume 1: *Policies and proposals* H.M.S.O. London

von THÜNEN, JOHANN HEINRICH (1826) *Der isolierte Staat in Beziehung auf Landwirtschaft und Nationalökonomie* Hamburg

TIEBOUT, CHARLES M. (1962) *The community economic base study* The Committee for Economic Development, New York

TOULMIN, S. (1953) *The philosophy of science* London

TUCKER, ANTHONY (1968) Research for survival *The Guardian* April 30, Manchester

ULLMANN, EDWARD L. (1941) A theory for the location of cities *American Journal of Sociology*

UNIVERSITY OF MANCHESTER, DEPARTMENT OF TOWN AND COUNTRY PLANNING (1964) *Regional shopping centres; a planning report on northwest England* Manchester

UNIVERSITY OF MANCHESTER, DEPARTMENT OF TOWN AND COUNTRY PLANNING (1967) *Regional shopping centres: a planning report on northwest England: Part 2, a retail gravity model* Manchester

VERNON, RAYMOND (ed.) (1959) *New York metropolitan region study* (10 volumes) Cambridge, Mass.

WAGNER, PHILIP L. (1960) *The human use of the earth* New York

WALKDEN, A. H. (1961) The estimation of future numbers of private households in England and Wales. *Journal of the Royal Statistical Society,* 174–86

WEBBER, MELVIN M. (1963a) Order in diversity: community without propinquity *Cities and Space, the future use of urban land* pp. 23–54 Baltimore, Md.

WEBBER, MELVIN M. (1963b) Comprehensive planning and social responsibility *Journal of the American Institute of Planners, 29,* 232–41

WEBBER, MELVIN M. (ed.) (1964) *Explorations into urban structure* Philadelphia

WEBBER, MELVIN M. (1965) The rôle of intelligence systems in urban-systems planning *Journal of the American Institute of Planners, 31,* 289–96

WEBER, ALFRED (1909) *Ueber den Standort der Industrien* Part I, Reine Theorie der Standorts. Tübingen

WIENER, NORBERT (1948) *Cybernetics* New York

WILKINSON R. and D. M. MERRY (1965) A statistical analysis of attitudes to moving (a survey of slum clearance areas in Leeds) *Urban Studies 2,* 1–14

WILSON, ALAN G. (1969) Research for regional planning *Regional Studies 3,* 3–14

WINGO, LOWDON (1961) *Transportation and urban land* Washington

WINGO, LOWDON and HARVEY S. PERLOFF (1961) The Washington transportation plan: technics or politics? *Papers and proceedings of the Regional Science Association, 7*

WINGO, LOWDON (1966) Urban renewal: a strategy for information and analysis *Journal of the American Institute of Planners, 32,* 143–54

YOUNG, ROBERT C. (1966) Goals and goal-setting *Journal of the American Institute of Planners, 32,* 76–85

ZETTEL, R. M. and R. R. CARLL (1962) *Summary review of major metropolitan area transportation studies in the United States* University of California, Berkeley, Cal.

英汉人名译名对照

Adam Smith 亚当 · 史密斯
Alan Altshuler 艾伦 · 阿特舒勒
Ashworth 阿什沃思
Beer 比尔
Chapin 查宾
Chronos 柯罗诺斯
David Ricardo 大卫 · 李嘉图
Derek 德里克
Guttenburg 古滕贝格
Harris 哈里斯
Hill 希尔
Hoskins 霍斯金斯
J.Friedmann 弗里德曼
Lichfield 利奇菲尔德
Nathan · Keyfitz 内森 · 凯菲茨
Norbert Wiener 诺伯特 · 维纳
Orwell 奥威尔
Patrick Geddes 帕特里克 · 格迪斯
Peter Haggett 海格特
Perloff 佩罗夫
Rodgers 罗杰斯
Stewart 斯图尔特
Tees-side 蒂塞德
Walter Isard 沃尔特 · 艾萨德
Wassily Leontief 华西里 · 列昂惕夫
Wingo 温戈
W · R · Ashby 艾什比